自然灾害损失、恢复力、风险评估理论与实践丛书

主 编 李 宁
副主编 李春华

洪涝灾害间接经济损失评估理论与实证研究

李春华 著

———— 本书研究获 ————

·国家重点研发计划重点专项课题
"全球变化人口与经济系统风险评估模型与模式研究"
（2016YFA0602403）

·教育部人文社会科学研究规划基金项目
"基于投入产出局部闭模型的雾霾灾害社会经济影响评价"
（14YJA790021）

·湖南省哲学社会科学基金项目
"湖南省与美国州域尺度重大气象灾害综合风险防范模式对比研究"

·湖南省教育厅科学研究重点项目
"长株潭城市群雾霾灾害间接经济损失发生机制、影响评估及调控措施研究"
（15A202）

———— 支持 ————

科学出版社
北 京

内 容 简 介

本书以洪涝灾害间接经济损失为研究对象,对其发生机制、影响路径、损失评估和管理决策进行了理论探讨和应用研究。以1998年中国洪涝灾害为案例,从孕灾环境、承灾体和致灾因子角度,分析洪涝灾害的发生机制;从供求和时空变化角度,评估洪灾间接经济损失;通过设定不同的目标情景,比较洪涝灾害给不同经济部门造成的直接和间接经济损失。该项研究拓宽了灾害影响评估领域,把洪涝灾害间接经济损失评估结果纳入洪涝灾害治理决策体系中,延伸了灾害脆弱性评估研究,使灾害脆弱性评估涵盖灾后状况。

本书可供全球变化及灾害管理相关领域的科研和决策工作者参考阅读,也可作为地理、经济、应急管理等专业师生的参考用书。

图书在版编目(CIP)数据

洪涝灾害间接经济损失评估理论与实证研究/李春华著. —北京:科学出版社,2018.10

(自然灾害损失、恢复力、风险评估理论与实践丛书/李宁主编)

ISBN 978-7-03-059018-3

Ⅰ.①洪⋯ Ⅱ.①李⋯ Ⅲ.①水灾–经济–损失–评估方法–研究 Ⅳ.①P426.616

中国版本图书馆CIP数据核字(2018)第227818号

责任编辑:林 剑／责任校对:彭 涛
责任印制:张 伟／封面设计:盛世图阅

科学出版社 出版
北京东黄城根北街16号
邮政编码:100717
http://www.sciencep.com

北京虎彩文化传播有限公司 印刷
科学出版社发行 各地新华书店经销

*

2018年10月第 一 版 开本:787×1092 1/16
2018年10月第一次印刷 印张:17
字数:382 000
定价:168.00元
(如有印装质量问题,我社负责调换)

前言

随着全球变化和社会经济的发展，洪涝灾害发生的频次和损失越来越大，它已经成为对人类产生巨大影响的自然灾害之一，对其直接经济损失评估已经受到广泛关注，但是，隐蔽性和复杂性较大的间接经济损失未得到应有的重视。事实上，间接经济损失有时会超过直接经济损失，特别是对于一些重大的跨区域的洪涝灾害，随着直接经济损失的增大，其间接损失呈非线性递增。可见，目前基于直接经济损失为依据的防灾减灾决策存在严重偏差，因此，探讨洪涝灾害间接经济损失具有重要的理论和实际意义。

本书主要就洪涝灾害间接经济损失发生机制、影响路径和评估及管理问题展开研究，主要研究内容和各部分之间的关系如图0.1所示，其核心部分及价值如下。

研究内容：①灾害间接经济损失发生机制及评估。基于产业关联的经济系统分析，分析洪涝灾害间接经济损失发生机制，评估洪涝灾害的间接经济损失；②基于间接经济损失的洪涝灾害脆弱性评估研究。借鉴经济系统生产效率评估理论，用数据包络分析方法对洪涝灾害的直接脆弱性和间接脆弱性进行区分和评估；③基于间接经济损失或者直接经济损失最小化目标，基于多目标规划和投入产出模型结合，评估不同目标设定下，洪涝灾害的间接经济损失控制路径和进行关键部门识别研究。

研究理论及方法：①灾害系统理论。灾害发生是系统要素相互作用的结果，这些要素包括致灾因子、承灾体、孕灾环境和灾情，系统要素之间的作用决定了灾情的特点；②投入产出分析技术。投入产出法主要是以投入产出表为基础，综合分析和确定国民经济各部门间错综复杂的技术经济联系和再生产中的重要比例关系。本研究主要采用 Haimes 等开发的 IIM 模型（inoperability input-output model）及其扩展模型来分析洪涝灾害的间接经济损失；③数据包络分析技术。数据包络分析方法（data envelope analysis，DEA）是 A. Charnes 等首先提出来的以相对效率概念为基础发展起来的一种崭新的效率评价方法，该研究引入二阶段数据包络模型对洪涝灾害脆弱性进行评价；④多目标优化模型。多目标规划

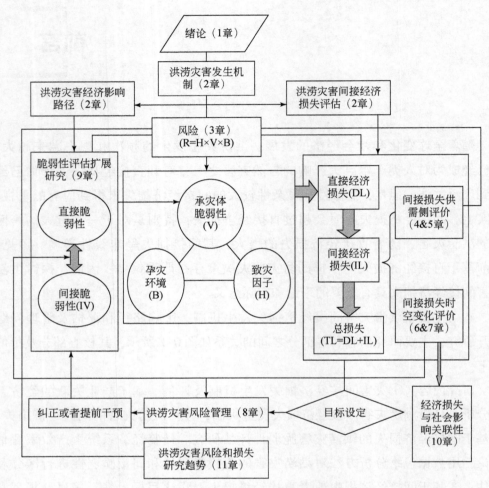

图 0.1 研究内容及相互关系

与投入产出损失评估模型的结合是灾害损失优化的定量化方法,两者的结合可以找到灾害损失最小化的调整路径,能够反应灾害管理目标和手段之间的关系。

理论观点、方法及应用价值:①灾害系统是灾害要素的投入产出系统,灾害脆弱性是灾害系统投入产出过程效应的表达,这个效应必须涵盖间接经济损失。灾害发生类似于经济系统生产过程,灾害系统是投入产出系统,另外,灾害发生是负向投入产出生产过程,脆弱性就是负向生产过程的效应,与灾害损失分为直接经济损失和间接经济损失一样,灾害脆弱性也要区分直接脆弱性和间接脆弱性;②损失评估和脆弱性评估密不可分。灾害间接经济损失和脆弱性评估的各种方法中,投入产出方法具有可靠的理论基础,其评估结果应用性较大,以此为基础建立的损失评估模型(IIM)模型,具有较大的适应性改进能力，是一种很有理论和实践价值的技术方法。另外，应用数据包络分析方法（DEA）量化直接脆弱性和间接脆弱性，可以分析灾害间接经济损失发生的核心机制，该方法拓展了灾害脆弱性的研究领域；③灾害风险管理受规划目标的影响，不同目标取向决定风险管理决策。耦合多目标规划方法（MLP）和损失投入产出方法（IIM）可以分析洪涝灾害间接经济损失管理效应，对比不同目标设定下的洪涝灾害管理效果。

总之，该项研究拓宽了灾害损失评估领域，把洪涝灾害间接经济损失评估结果纳入洪涝灾害治理决策体系中，不仅可以提高决策的科学性，而且整合洪涝灾害影响的风险回溯研究和间接经济影响的延深评估，可为自然科学研究者和社会科学研究者提供对话平台，使前者明确研究的社会去向，后者清楚洪涝灾害的自然源头。

李春华

2018 年 5 月

目录

- **1 绪论** ········· 1
  - 1.1 洪涝灾害及其经济影响 ········· 1
  - 1.2 洪涝灾害研究进展及评述 ········· 5
  - 主要参考文献 ········· 37
- **2 洪涝灾害发生机制、传播路径与影响评估** ········· 46
  - 2.1 洪涝灾害发生机制 ········· 46
  - 2.2 洪涝灾害经济影响路径分析 ········· 49
  - 2.3 直接经济影响和间接经济影响评估 ········· 57
  - 主要参考文献 ········· 61
- **3 洪涝灾害系统及要素分析** ········· 63
  - 3.1 洪涝灾害系统及要素 ········· 63
  - 3.2 孕灾环境 ········· 66
  - 3.3 致灾因子 ········· 67
  - 3.4 承灾体 ········· 72
  - 3.5 灾情特点 ········· 76
  - 主要参考文献 ········· 78
- **4 基于消耗系数的需求侧 IIM 的洪涝灾害间接经济损失评估** ········· 79
  - 4.1 灾害影响经济系统的途径 ········· 79
  - 4.2 灾害影响经济系统的定量化描述 ········· 80
  - 4.3 研究理论假设与方法 ········· 81
  - 4.4 基于消耗系数的需求侧 IIM 的灾害损失评估 ········· 83
  - 4.5 部门合并及数据处理 ········· 84
  - 4.6 结果及分析 ········· 88
  - 4.7 讨论 ········· 91

主要参考文献 …… 95

5 基于分配系数的需求侧 IIM 洪涝灾害间接经济损失评估 …… 97
5.1 分配系数投入产出模型 …… 97
5.2 基于分配系数的 IIM 灾害分析模型 …… 99
5.3 消耗系数与分配系数的需求侧计算的灾害损失评估比较 …… 102
5.4 部门数量和区域数量对总的损失评估影响 …… 105
5.5 灾害经济损失关系分析 …… 105
5.6 间接经济损失发生机理分析 …… 109
主要参考文献 …… 114

6 洪涝灾害地域波及影响机制及效应分析 …… 115
6.1 引言 …… 115
6.2 1998 年洪涝灾害地域经济影响评估 …… 116
6.3 小结 …… 129
主要参考文献 …… 129

7 洪涝灾害损失动态分析 …… 132
7.1 动态损失率投入产出模型构建 …… 133
7.2 动态 IIM 的应用领域 …… 136
7.3 洪涝灾害损失变化情景模拟 …… 138
7.4 洪涝灾害损失变化动态分析 …… 143
7.5 小结 …… 156
主要参考文献 …… 156

8 洪涝灾害间接经济损失管理研究 …… 157
8.1 前言 …… 157
8.2 单目标优化模型 …… 158
8.3 多目标优化分析 …… 164
8.4 讨论 …… 167
主要参考文献 …… 169

9 洪涝灾害间接经济脆弱性理论拓展及案例评估 …… 170
9.1 洪涝灾害经济脆弱性和投入产出测度 …… 170

- 9.2 二阶段数据包络模型 …… 173
- 9.3 讨论 …… 179
- 9.4 小结 …… 182
- 主要参考文献 …… 183

■ 10 基于社会核算矩阵的洪涝灾害损失估算 …… 186
- 10.1 前言 …… 186
- 10.2 基于SAM分析灾害影响的路径模型 …… 187
- 10.3 SAM路径分析与乘数分析 …… 190
- 10.4 结果分析 …… 194
- 10.5 小结 …… 203
- 主要参考文献 …… 204

■ 11 洪涝灾害风险及损失评估拓展路径及趋势 …… 206
- 11.1 风险及直接经济损失评估 …… 206
- 11.2 灾前风险损失预估与灾后调查统计 …… 210
- 11.3 经济系统尺度界定及直接损失的表达 …… 213
- 11.4 评估模型和评估过程改进 …… 215
- 主要参考文献 …… 221

■ 附录 洪涝灾害经济损失调查问卷表 …… 224

1 绪 论

1.1 洪涝灾害及其经济影响

1.1.1 洪涝灾害风险及过程

随着全球环境演变和社会经济的高速发展,自然灾害发生的频次和强度也越来越强,减灾与可持续发展已成为当前区域研究,甚至全球变化研究的焦点之一。尽管洪涝灾害发生有其不同的自然因素和社会经济因素,但是,其发展过程均涉及灾前、灾中和灾后三个阶段,灾害影响包括经济、社会和环境三个方面(图1.1)。对于灾害损失,人们容易感知的是直接损失,所以,灾害影响评估关注的重点是直接经济损失,这种损失评估从分析洪涝灾害风险开始,包括灾害因子和脆弱性分析,就灾害管理整个过程而言,这属于一种前端分析。然而,灾害经济、社会和环境影响分为直接影响和间接影响,间接影响具有滞后性和隐蔽性,分析灾后恢复和重建过程是灾害治理的重要阶段(Mechler, 2005)。

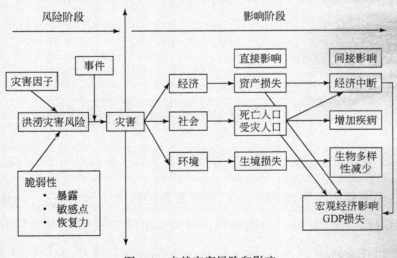

图1.1 自然灾害风险和影响

洪涝灾害经济损失评估是洪涝灾害管理的基础，但是，就如前面显示的那样，传统的评估更多的是评估其直接经济损失，就可持续发展而言，这种评估结果显然存在片面性，因为对大型灾害而言，其间接经济损失是巨大的，尤其不能忽视的是，间接经济损失随着直接经济损失会呈现指数增长的趋势，因而整合间接经济损失评估结果进行灾害管理成为现实的需求。灾害脆弱性在灾害风险管理中处于核心地位，因为随着对灾害发生和控制的认识加深，人类发现对自然灾害的控制能力有限，所以适应灾害的社会和生产方式成为重点，把间接经济损失评估结果整合到脆弱性评估中，可以为减轻风险损失提供更坚实的基础。

灾害经济损失是灾害系统和经济系统相互作用的结果，灾害的发生受灾害机制和人类适应机制的双重作用，反馈机制是系统功能发挥的前提，不同的经济系统优化目标的设定会对经济系统的正常功能产生重要影响。

1.1.2 洪涝灾害经济影响趋势

从全球范围来看，随着环境演变和经济社会的快速发展，洪涝灾害的发生次数越来越多，灾害损失越来越大（图1.2）。

图1.2 洪涝灾害的频次

图1.2中数据显示了自1950年以来世界各地洪涝灾害的趋势。EM-DAT灾难数据库/CRED（v.12.07）数据表明：1950~2011年全世界发生的7849次水文气象学事件中，洪涝灾害有3954次，其中52.2%发生在2000~2011年。此

外,数据还显示:约有2%发生于1950~1959年,3.9%发生于1960~1969年,6.6%发生于1970~1979年,13.2%发生于1980~1989年及21.9%发生于1990~1999年。

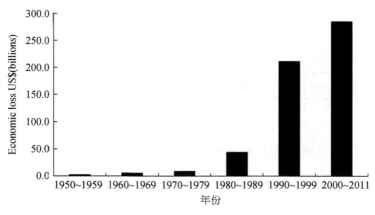

图1.3 洪涝灾害的损失

如图1.3所示,2000~2011年发生的洪涝灾害造成了超过2850亿美元的经济损失,其中,1990~1999年造成的经济损失超过了2110亿美元,相反,1950~1959年的洪涝灾害相关损失仅为18亿美元,1960~1969年仅为49亿美元,1970~1979年为88亿美元,1980~1989年为430亿美元。同时可以发现,这些经济损失在各个大洲上并不均衡。例如,亚洲1950~2011年遭遇了最大的经济损失,共计占全球经济损失的60%多,其后是欧洲(19%)、美洲(16.8%)、大洋洲(2.5%)和非洲(1.2%)(Dewan,2013)。另外,洪涝灾害也是中国损失最大的自然灾害,表1.1显示了1990~2016年中国洪涝灾害直接经济损失的变化情况(裴宏志等,2008)。多年平均年损失为1472.9亿元,平均占GDP 0.6%。20世纪90年代损失占GDP的比例高于其后年份,其中,1991年、1994年、1996年和1998年的损失占GDP的比例在3%以上。

表1.1 1990~2016年中国洪涝灾害损失统计表

年份	1990	1991	1992	1993	1994	1995	1996	1997	1998	1999
直接经济损失/亿元	239.0	779.1	412.8	641.7	1796.6	1653.3	2208.4	930.1	2550.9	930.2
占GDP的比例/%	1.29	3.61	1.55	1.85	3.84	2.83	3.25	1.25	3.26	1.13

续表

年份	2000	2001	2002	2003	2004	2005	2006	2007	2008	2009
直接经济损失/亿元	711.6	623.0	838.0	1 300.5	713.5	1 662.0	1 332.6	1 071	955.0	655.0
占GDP的比例/%	0.72	0.57	0.70	0.96	0.45	0.90	0.63	0.39	0.29	0.18

年份	2010	2011	2012	2013	2014	2015	2016	平均值		
直接经济损失/亿元	3 745.0	1 301.0	2 675.0	3 146.0	1 574.0	1 661.0	3 661.0	1 472.9		
占GDP的比例/%	0.91	0.26	0.50	0.53	0.24	0.24	0.49	0.60		

1.1.3 洪涝灾害与经济增长的关系

Tol 和 Leek（1998）研究了20世纪60年代以前的文献，认为灾害对GDP产生积极影响的原因很容易解释，因为灾害破坏的是资本存量，而GDP计量的是新创造价值部分。他们强调储蓄和投资在减灾和恢复工作中的刺激作用，但他们实证分析都是在对一部分灾害事件的一系列宏观经济变量的单变量分析基础上进行的，因而结果可能不太准确。Skidmore 和 Toya（2002）计算了1960～1990年每个国家（用土地面积标准化）的自然灾害发生频率，并对过去30年中自然灾害发生频率与平均经济增长率、实物和人力资本积累及全要素生产率（total factor productivity，TFP）的相关性进行经验分析，发现自然灾害对长期经济增长有促进作用，特别是气候灾害频繁发生的地区反而人力资本积累、TFP 和人均 GDP 的增长速度更快。他们认为这是由于在气候灾害的影响下，人们对物质资本投资回报的预期下降，对人力资本投资的回报预期上升，从而加大人力资本投资、减少物质资本投资，使人力资本投资回报上升速度快于物质资本投资回报下降速度，产生较高的经济增长率。Okuyama（2003，2004）研究地震灾害问题时发现，旧设备更容易在地震灾害中受损，重置这些设备使新技术得以更快转化进而加速资本周转率，从而对经济产生积极的后果。这个效应即"生产效应"，使整体经济增长率获得永久性上升。

但 Stewart 和 Fitzgerald（2001）与 Benson 和 Clay（2004）认为，GDP 的增长主要是由于"追赶效应"，以及灾害引起的凯恩斯繁荣（增长），而不是由于新技术的更快转化。Benson 和 Clay 还强调，由于缺少时间和经济能力有限，灾后实施新技术是比较困难的。Cuaresma 等（2008）研究了灾害对发达国家与发展中国家之间技术转移的中长期影响，发现外国知识溢出与灾害风险之间存在偏正相关。Hallegatte等（2007）认为，自然灾害为一些企业重建投资新项目，进行技术和资本升级提供了机会，从而在一定程度上促进了经济繁荣。熊彼特的"创造性破坏"是以上学者得出结论的关键解释，"创造性破坏"是指每一次大规模的创新都要淘汰旧的技术和生产体系并建立起新的生产体系。由于灾害破坏了旧的技术和生产体系，提供了更新资本存量和采用新技术的机会，因此使灾害本身称为重新投资和资本升级的催化剂，反过来促进经济繁荣。Cuaresma等（2008）对"创造性破坏"假设进行了检验，发现"只有发达国家才能实现创造性破坏"，因为只有发达国家才有充足的资金对重置资本进行技术升级，而发展中国家更可能在原有的技术水平上重置资本。

一般认为极端气象灾害会对宏观经济增长造成负面的长期影响。例如，Noy（2009）认为自然灾害会给一个国家或经济体带来短期和长期的损失。持相反观点的是Skidmore和Toya（2002），他们发现天气类自然灾害风险（除干旱）使实物资本投资的期望收益在下降的同时会刺激人们对人力资本的投资从而对长期经济增长产生积极的影响。Hallegatte等（2007）通过对索洛模型的改进和拓展形成了一个非均衡动态模型（nonequilibrium dynamic model，NEDyM），用以评估剧烈气候变化对宏观经济的影响。他们发现，灾后重建能力不光取决于财力，影响有限财力在短期充分发挥效能的技术和组织约束同样重要。

1.2 洪涝灾害研究进展及评述

1.2.1 灾害间接经济损失内涵

随着自然环境演变和经济社会的发展，洪涝灾害造成的经济损失越来越大。在洪涝灾害经济损失评估中，洪涝灾害直接经济损失评估越来越受到重视，评估技术手段不断改进，评估方法不断完善；但是，洪涝灾害间接经济损失因其隐蔽性未受重视，而且评估难度大因而研究较少。洪涝灾害间接经济损失与洪涝灾害直接经济损失相比，具有影响程度大、时间长、范围广、损失的可控制性较强等特点，所以洪涝灾害间接经济损失评估重要性更大。

洪涝灾害间接经济损失包含内容十分广泛，合理界定洪涝灾害间接经济损失对评估结果有重要影响。一般洪涝灾害间接经济损失定义主要从两个方面进行：第一个方面从时空表现，就时间特点而言，定义为流量型间接损失，就空间方面特点而言，定义为地域波及型间接损失；第二个方面是就内在发生机制特点而言，定义为停产减产间接损失、产业关联型间接损失、投资溢价间接损失等。

(1) 产业关联型间接损失

产业关联型间接损失是指不能迅速调整布局，摆脱灾害造成的各部门生产能力的不均衡状态而产生的损失，简单来说，就是一个产业部门受灾后，对相关产业部门造成的间接损失，通常，产业关联型间接损失可以利用投入产出模型进行评估。

Cochrane（1997）认为间接损失是灾害引起经济部门前向产出（依赖于区域市场产出）和后向供给（依赖于区域资源）错位，引起的生产运转中断导致的损失，这种定义与目前世界上大多数国家国民核算体系相匹配，从而便于利用投入产出法计算灾害对经济整体的影响，这个定义也与 FEMA（Federal Emergency Management Agency，美国联邦应急管理署）灾害管理系统平台（Hazus）中对灾害间接损失的定义一致（图1.4）。

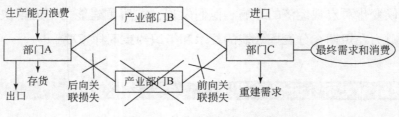

图1.4 产业关联损失示意图

图1.4显示，若产业部门B因灾害遭到破坏，则可能引起部门A的后向关联损失，部门C的前向关联损失，并影响最终需求和消费，造成市场供需不平衡，引起物价、劳动力就业与失业、国民收入、储蓄和投资水平等的变化，进而影响国民经济总产值和经济增长速度。

从投入产出角度分析，间接经济损失等同于流量损失。Parker等（1987）基于经济学中存量和流量的差异，对洪涝灾害的间接经济损失评估方法的实用性做了理论的说明，指出存量是指在某一个时间点上某一变量的量值，属静态概念，对应于灾害中的直接经济损失；流量是指在一个时段上所累积变动的量，对应于间接经济损失，其大小有时间维度（图1.5）。

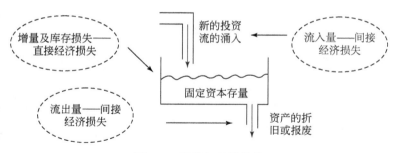

图1.5　流量与存量关系

（2）地域波及型间接损失

灾害间接经济损失涉及灾区内部及灾区对非灾区的间接关联影响，这样就产生了灾害间接经济损失的空间尺度界定问题。魏一鸣等（2002）考虑了洪涝灾害产业关联型间接损失的地域性，由于洪水淹没区内工商企业停产、农业减产、交通运输受阻或中断而停工停产及产品积压造成的经济损失，以及淹没区外工矿企业为解决原材料不足和产品外运采用其他途径绕道运输所增加的费用等造成的"地域波及损失"；他们同时考虑了"时间后效性波及损失"，提出洪涝灾害以后，原淹没区内重建恢复期间农业净产值的减少；原淹没区与影响区工商企业在恢复期间减少的净产值和多增加的年运行费用，以及恢复期间用于救灾与恢复生产的各种费用支出等。Cochrane（1997）用损益分析的方法对间接经济损失的影响因素及尺度问题进行了分析（图1.6）。图1.6（a）显示，从区域角度计量，灾区由于保险赔付和政府援助而受益［图1.6（a）上半部分］，同时也存在间接经济损失［图1.6（a）下半部分］，但是从国家范围来说，因灾害而得到的收益就不存在了［图1.6（b）上半部分］，与此相对应，间接经济损失反而增大了［图1.6（b）下半部分］。

对洪涝灾害而言，洪涝灾害间接损失时空变化是相联系的（图1.7）。

Ishikawa和Katada（2006）通过对比灾害及波及地区的主要经济变量的变化特点，建议利用区域间投入产出模型进行洪涝灾害影响分析。他们认为获取和了解因为意外事故所造成的区域经济影响，需要了解自然灾害发生前后的经济系统投入产出结构，这是衡量一种自然灾害对区域经济影响的最简单方式，然而事前准备的投入产出表中的划分区域无法直接对应受灾的区域，因为大部分的投入产出（input-output，IO）表都是针对区域内部而不是区域之间的。因此，

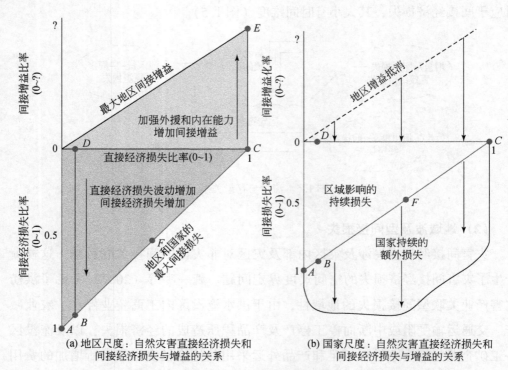

(a) 地区尺度：自然灾害直接经济损失和间接经济损失与增益的关系

(b) 国家尺度：自然灾害直接经济损失和间接经济损失与增益的关系

图 1.6　灾害对国家和地区尺度的直接经济损失和间接经济损失对比

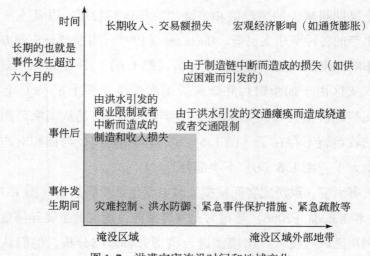

图 1.7　洪涝灾害淹没时间和地域变化

用这些表格分析突发事件的经济影响时候没法考虑区域之间的影响。此外，在灾后短时间内，人们不能建立一个具有代表性的区域经济的投入产出模型表。例如，工厂可能将供应商从受灾区域换成另外其他未受灾区域的供应商。按正常时期、灾后停滞期、灾后恢复期三个时段分析洪涝灾害的经济影响,从时间动态分析灾区与影响区的生产能力、最终需求和总产出的变化特点(图1.8),洪涝灾害主要对需求造成影响,这种影响不同阶段和地域差别较大,主要包括三种类型:①在灾后停滞期内,每个地区经济都受到最终需求的影响,这种影响和区域间贸易模式的变化是有关的。②在灾后恢复期内,受灾区的私人部门对工厂设备和国内物品的需求也对其他地区需求产生影响。③受灾区重建对其他地区最终需求造成的影响。

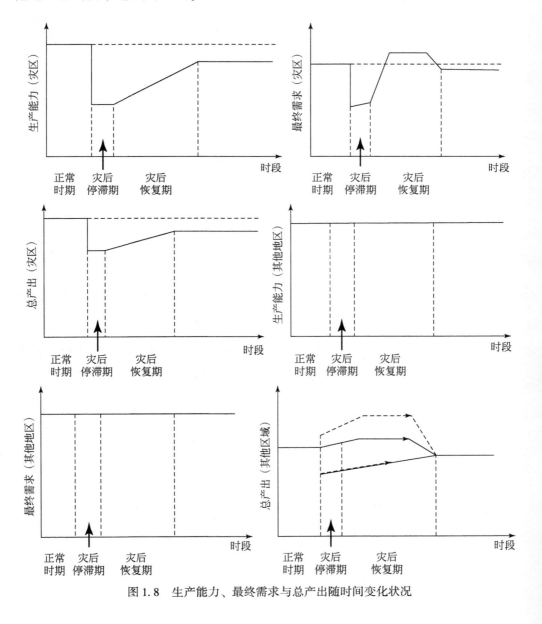

图1.8 生产能力、最终需求与总产出随时间变化状况

利用在正常时期和灾后停滞期的两区域间投入产出表，可以分析灾害对各个区域的经济影响，该过程分为两步进行：首先，在正常时期，利用投入产出表构建一个双区域的区域间投入产出结构；其次，计算正常时期、灾后停滞期及灾后恢复期的区域间投入系数，这三个时期的投入系数的比较就可以显示出产业关系的变化。

区域间投入产出表可以根据类似钱纳里-摩西方法进行构建，因此，三种最终需求变化的经济影响可以用下面的公式来分析。

$$X^h = [I - (A^{gh} - \overline{M}^h A^*)]^{-1} [F_D^{gh} - \overline{M}^h F_D^* + E^h] \tag{1.1}$$

$$M^h = \overline{M}^h (A^* X^h + F^* D) \tag{1.2}$$

$$A^* = \begin{pmatrix} A^{11} & & & 0 \\ & \ddots & & \\ & & A^{gh} & \\ & & & \ddots \\ 0 & & & A^{nn} \end{pmatrix} \quad F^* = \begin{bmatrix} F_D^{11} \\ \vdots \\ F_D^{gh} \\ \vdots \\ F_D^{nn} \end{bmatrix} \tag{1.3}$$

式中，A^{gh} 为从 g 地区到 h 地区的投入系数矩阵；X^h 为 h 地区的总产出向量；F_D^{gh} 为从 g 地区到 h 地区的最终需求向量；E^h 为 h 地区的输出向量；M^h 为 h 地区的输入向量。

一般而言，由于经济活动的关联性，产业关联经济损失和地域波及经济损失往往是耦合在一起的，生产单位、行业和部门有着紧密的投入-产出关系。一个企业的停减产会间接地影响有投入-产出关系的其他企业的产出，即便后者的生产功能未受灾害的直接破坏。这种耦合通过三种联系进行：区内产业关联、区际产业关联和产业时间关联（图1.9）。

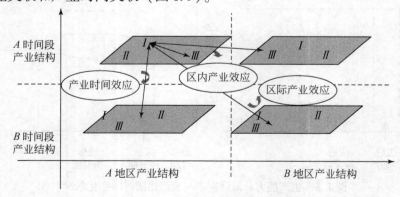

图1.9　生产部门经济损失的传导

(3) 其他类型

灾害损失的传播大多具有关联特性。徐嵩龄（1998）从广义角度把洪涝灾害间接经济损失分为三类：①社会经济关联型损失，其中最主要的是产业关联型损失；②灾害关联型损失，如水灾引发的地质灾害；③资源关联型损失，它既包括传统意义上的人力资源和资本资源的损失对未来经济增长的影响，又包括自然资源破坏在可持续意义上对未来发展能力的影响。类似的，CGER（1999）把洪涝灾害间接经济损失也分为三类：引致损失（induced loss）、关联损失（linkage loss）和支出损失（spending reduction）。

第一种是停产或减产的经济损失。企业停减产损失是指企业或产业部门在更换、修复因灾损毁、流失的资产和充实伤亡人员之前，不得不暂停生产经营活动或减小生产经营规模而造成的一种损失（黄小莉等，2017）。在进行定量计量时，经常考虑洪涝灾害造成的生产能力幅度和生产能力恢复到灾前水平的时间两个方面因素，使用有无对比法（with and without）按下面步骤进行评估。

设"无灾时"和"有灾时"，某企业的产出曲线分别为 $f_1(t)$，$f_2(t)$，用 D_1 表示企业停减产损失，则 $D_1 = \int_0^\infty [f_1(t) - f_2(t)] \mathrm{d}t$，若考虑货币时间价值，则 $D_1 = \int_0^\infty [f_1(t) - f_2(t)] \frac{1}{(1+r)^{t-t_0}} \mathrm{d}t$，$r$ 为贴现率。

第二种是投资溢价损失。对多数发展中国家经济而言，投资的资金相对不足，可用于生产性投资的单位资金比用于消费的资金更有价值，其超出的部分称为溢价。灾害后的恢复过程需要动用原来（如果没有灾害）可用于生产性投资的资金加以弥补，这种由于财产补偿引起生产性投资减少所产生的机会损失称为投资溢价损失。魏一鸣等（2002）认为投资溢价损失包括抗洪抢险、抢运物资、灾民救护、转移、安置、救济灾区、开辟临时交通、通信、供电与供水管线等的费用。武靖源等（1998）投资溢价损失是一种资金的机会成本损失，并用影子价格的方法对投资溢价损失进行了计量。黄渝祥（1987）具体说明了其计算步骤：设灾害以后的第 t 年，动用原拟用于生产性投资因灾害而用于补偿和恢复生命财产的资金为 A_i，则由此产生的投资溢价间接经济损失 L：

$$L = \sum_{i=0}^{n} A_i (\mathrm{prinv}' - 1)(1+i)^{-1}$$，式中，n 为灾害以后政府动用生产性投资来补

偿居民生命财产损失的年数；i 为社会折现率；修正后的影子价格为 prinv′，其计算公式是 $prinv' = \dfrac{prinv}{(1-s)+s\times prinv}$，$s$ 为国民生产总值中用于积累的升值率；prinv 为以消费现值为计算单位的投资的影子价格，国民生产总值中再投资的比例为 s，消费的比例为 $1-s$。

这类损失实际上是从系统延迟性来分析的，存量是延迟的来源，延迟是经济系统产出落后于投入的过程，正因为如此，Toyoda（2008）阐述了间接经济损失时间的模糊性。图 1.10 中灾害发生的初始损失为直接经济损失（黑粗线）是静态的。灾害可能使区域经济发展产生 A（最终恢复到原有状态）、B（最终低于原有状态）、C（最终高于原有状态）三种情形，而间接经济损失则是指原有状态线下方范围，即图中阴影部分。由此可以看出间接损失的大小和灾后恢复到原有状态的时间有着直接的关系，而这个恢复时间不仅受直接破坏程度影响，也和救灾恢复能力有着密切的联系。

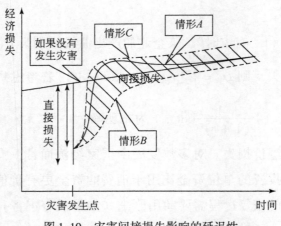

图 1.10　灾害间接损失影响的延迟性

（4）洪涝灾害间接经济损失的关系

洪涝灾害间接经济损失的三个部分相互联系构成一个整体（图 1.11）。洪涝灾害直接经济损失导致了灾区各产业部门的生产能力损失，通过各产业部门间的投入产出关系，使灾区各产业部门产生停产或者减产损失及产业关联损失。D. Parker 的学生 Islam（1997）把停产或者减产的损失称为一次间接损失（primary indirect loss），把投入产出乘数计算的损失称为二次间接损失；Koks 等（2015）称前者为恢复前期间接损失（prerecovery），后者为恢复期间接损失。停产或者减产损失及产业关联损失不仅与直接经济损失及各产业部门间的投入产出关系有关，而且与灾区灾后生产恢复模式密切相关。由于洪涝灾害损失使投资改变了原有在社会生活中的流向，产生投资溢价损失。

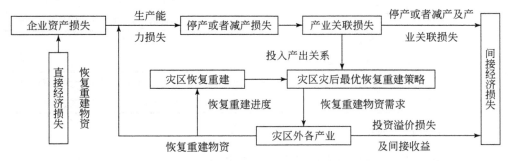

图1.11 洪涝灾害间接经济损失的组成及关系

从两种定义方法理论基础来分析，上述间接经济损失两种定义之间既有区别又有联系（表1.2）。

表1.2 产业关联间接损失与存量流量间接损失比较

项目		产业关联分析	存量-流量分析
相同	核算体系	平衡表体系、账户体系	平衡表体系、账户体系
	模型构建	行模型、列模型	行模型、列模型
不同	实用领域	国民经济核算	国民经济核算、偏重社会核算
	数据基础	投入-产出表	存量-流量表
	建模基础	直接消耗系数、间接消耗系数	转让系数、转出系数
	数学基础	线性代数	线性代数、概率论和马尔科夫过程

1.2.2 间接经济损失评估方法

(1) 洪涝灾害直接损失的定义与评估方法

回顾间接经济损失评估方法之前，必须明确直接经济损失及其评估方法，它是间接经济损失评估的基础。路琮等（2002）认为直接经济损失有不同定义（最终产出、最终需求、增加值等），但是一般定义为生产要素损失，并且最终归为总产出损失（表1.3）。

表1.3 直接经济损失的不同定义

方法	计算过程	文献	注释
比例系数法	资本-增加值比例	Hallegatte（2008）	增加值损失为间接经济损失
生产函数法	C-D 函数和面积估算	Islam（1997）；Koks 等（2015）	定义了阶段间接经济损失：恢复前阶段间接经济损失+恢复阶段间接经济损失
面积估算法	数量统计方法（农业受灾面积/播种面积比例）	路琮等（2002）	
面积估算法	空间统计方法（GIS 估算单位面积资产价值）	Bockarjova（2007）；Jonkman 等（2008）	Basic Equation（总产出于投入数量关系定义恢复前阶段间接经济损失）

注：GIS 指 geographic information system，即地理信息系统

(2) 洪涝灾害间接经济损失的评估方法体系

根据间接经济损失的界定视角不同，可以把洪涝灾害间接经济损失的评估方法分成两大体系，即基于存量-流量方法体系和基于投入-产出方法体系。前者包括比例系数法、模拟法和系统动力学方法；后者包括经济增长模型法、投入产出法和可计算一般均衡（computable general equilibrium，CGE）方法。

第一，比例系数法。美国学者 James 和 Lee（1971）在评估洪涝灾害间接经济损失时，提出了分行业间接经济损失影响系数法，将行业分为：①居民生活，②商业，③工业，④公用事业，⑤公共产业，⑥农业，⑦公路，⑧铁路；并给出了各行业的洪涝灾害间接经济损失影响系数。把各行业洪涝灾害直接经济损失值乘以间接经济损失影响系数即为各行业的间接经济损失。刘希林和赵源（2007）等用 $IEL = \sum_{i=1}^{n} \lambda_i \cdot DEL_i$ 来计算间接经济损失，式中，IEL 为间接经济损失；DEL 为直接经济损失；λ_i 为某行业或部门的损失折算系数；n 为被自然灾害破坏的各种行业或部门总数。而且他们给出 λ_i 的确定方法：$\lambda_i = \dfrac{P \cdot G \cdot A}{F \cdot T}$，式中，$P$、$G$、$A$、$F$、$T$ 分别表示受灾地区人口数量、经济总量、受灾面积、救灾资金和影响时间的转换赋值，即在最大值和最小值之间分别赋以不同值。

第二，马尔科夫过程的蒙特卡罗模拟法。显然，比例系数法间接经济损失评估过于简单，直接经济损失与间接经济损失并非简单的线性关系，因为洪涝灾害间接经济损失不仅与直接经济损失有关，而且与灾后是否能够迅速恢复生产能力、形成最佳生产力布局等经济管理体制因素有关。所以，从风险概率角度分析的蒙特卡罗模拟法被用来作直接经济损失和间接经济损失关系的分析。

第三，系统动力学模型。最早采用系统动力学模型研究美国灾后经济的是Hill 和 Gardiner（1979），他们认为系统动力学方法在描述灾后经济特征方面非常有效。该模型包括四个主要部门：生产与设备制造、中间产品、劳动力和食品供应，其中食品供应又进一步分为生产、运输和分配三个环节。系统动力学模型考虑的新因素包括：生产系统的延迟、动态变化、不确定性、可变的生产系数关系、投入产出的非线性、管理政策的选择等。系统动力学模型的研究表明灾后经济的生存性与灾前预防措施及灾后资源管理方案非常相关。在不同的管理政策下同样的系统可以表现出生存和崩溃两种结果。Peterson 等（1980）构建了另一种系统动力学模型，其特点是对经济系统中的投入产出结构做了准确的描述，对资本的资产负债情况有所反映，对灾后人口的结构状况做了描述，对灾后人口心理反应的影响做了分析。该模型研究表明，当经济资源的10%因灾损失时，经济系统的恢复是比较快的，当50%的经济资源因灾损失时，经济系统的恢复就非常慢。作者将其归因于人们在灾后不同的心理反应，以及政府在灾后管理政策的有效性。张幸（1988）发现系统动力学与动态投入产出模型的结合对解决宏观经济中的产业关联问题有很大帮助，因为系统动力学模型考虑了投入产出的非线性关系。武靖源等（1998）通过构造系统状态方程、状态约束方程、初始及终端条件及目标函数，建立了用于洪涝灾害间接经济损失下限预评估及灾后最优恢复重建策略的最优控制模型，通过构造函数空间梯度法及罚函数法，对最优控制模型进行数值求解，对所构造的数值模型进行求解。更重要的是系统动力学与投入产出表的结合方法（图1.12），Cordier（2015）把IO 表中最终需求和总产出作为 SD 中的变量，这样可以利用投入产出经济信息丰富的特点，避免静态的和固定消耗系数的不足，同时也可以利用系统动力学动态反馈的优点，避免较丰富经济信息数据的不足。

第四，经济增长模型法。张显东和沈荣芳（1995）以哈罗德-多马经济增长模型为基础，初步估计了直接经济损失对经济增长率的影响，并由此导出了一个计算灾害间接经济损失的方法。Hallegatte 等（2007）通过对索洛模型（the basic Solow model）的改进和拓展形成了一个非均衡动态模型，用以评估剧烈气候变化对宏观经济的影响，发现灾后重建能力不光取决于财力，技术和组织约束同样重要。

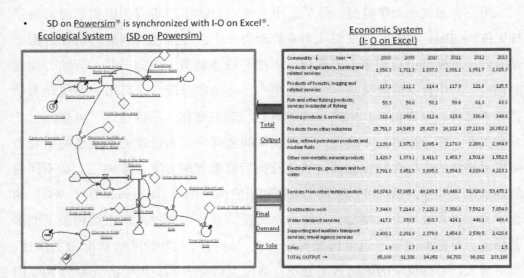

图1.12　系统动力学与投入产出耦合模型

用来量化灾害对经济增长影响的宏观经济模型，比较典型的是新古典经济增长模型。新古典经济增长模型最早由美国经济学家罗伯特·M.索洛于1956年提出，他通过对C-D函数进行改进得出，用于定量地分析经济增长速度和经济增长影响因素等问题，该模型可以表述为

$$G_Y = \alpha G_L + (1-\alpha) G_K \tag{1.4}$$

式中，G_Y为经济增长率，通常用国民收入或GDP增长率来表示；G_L为劳动力的增长率；G_K为资本的增长率；α为某一常数，$0<\alpha<1$。

假设经济增长是由于劳动力投入的增长和资本投入的增长共同引起的，即生产函数有如下的形式：

$$Y = f(K, L) \tag{1.5}$$

式中，Y为产出；L为劳动力投入；K为资本投入。定义第t年资本增长速度为

$$G_K = \frac{K_t - K_{t-1}}{K_{t-1}} \tag{1.6}$$

则该年度的经济增长速度为

$$G_Y = \alpha G_L + (1-\alpha) \frac{K_t - K_{t-1}}{K_{t-1}} \tag{1.7}$$

假定第t年灾害经济损失中需要重置的部分为C，资本增长速度将变为

$$G_K' = \frac{K_t + C - K_{t-1}}{K_{t-1}} \tag{1.8}$$

灾害每年都将造成一定数量的人员伤亡，对劳动力的增长也有一些影响，但是这与劳动力的自然增长率相比是很小的部分，因此灾害对 G_L 的影响可以忽略不计。又因为 α 通常在几年内变化不大，没有灾害发生的年份经济增长速度可表示为

$$G'_Y = \alpha G_L + (1-\alpha)\frac{K_t + C - K_{t-1}}{K_{t-1}} \tag{1.9}$$

灾害对经济增长率的影响可由式（1.8）、式（1.7）相减得到

$$\Delta G_Y = G'_Y - G_Y = (1-\alpha)\frac{C}{K_{t-1}} \tag{1.10}$$

第五，投入产出（IO）模型。使用投入产出法对灾害间接经济损失进行评估已得到广泛应用，如 Rose 等（1997）和 Okuyama（2004）等考虑灾害对需求造成的后果。Tierney（1997）提出通过需求和生产的振荡评估每个部门的重要性和脆弱性，但是，该方法最典型的应用是美国 FEMA 的 Hazus 灾害管理系统平台中的间接经济损失评估模块（IELM）。IELM 以灾后的生产能力作为计算产业供求关系的起点，直接损失按现存能力的百分比计算，通过计算灾后产出效应来计算产业之间的发货量。首先，计算一个部门购买力损失的程度，把部门灾后生产能力比例乘以产业投入，得出的结果是产业之间的部门需求量；其次，计算部门发货的损失程度，用剩余生产能力乘以发货量来计量，这样就可以得出产业之间供求的过剩程度。计算的结果加上灾前的最终需求（家户、政府和出口）就是总的部门过剩程度；利用传统的投入产出表计量间接经济损失主要通过乘数分析方法，即直接消耗系数及其各种转化系数来进行，通常把它称为直接消耗系数体系方法。这种方法是从外界的负向扰动对经济系统的影响来分析。还有一种是通过建立利用投入产出表构建依赖系数来计量外界的负向扰动量方法，通常叫做依赖系数体系方法，以西弗吉尼亚大学系统工程系的 Haimes 为代表。

利用投入产出估算灾害间接经济损失，需要分析以下几个关键问题：首先，表的类型问题。利用不同类型投入产出表，可以分别核算不同类型的产业损失。对于产业关联型间接经济损失一般用普通投入产出表计算。例如，国内学者路琮等（2002）利用投入产出法，计算了自然灾害造成的农业总产值损失对整个经济系统的影响值。胡爱军等（2009）借用了 Haimes 等（2005）的非正常投入产出模型（inoperability input-output model，简称 IIOM），评估了 2008 年中国南

方低温雨雪冰冻灾害对湖南省电力和交通基础设施破坏造成的间接经济损失。吴先华等（2008）用计量经济学方法分析了自然灾害对我国工业制造业的影响，另外，一些学者对地震灾害的间接经济损失进行了评价（黄渝祥和杨宗跃，1994；王海滋和黄渝祥，1997a，1997b，1998）。

国外许多学者试图克服投入产出表的线性约束和价格静止不变等缺陷，用扩展后的投入产出矩阵模型计算灾害给各产业造成的间接损失（Rose，2004）。例如，Haimes 和 Jiang（2001）提出了 IIOM 模型，Crowther 等（2007）用该模型评估了 Katrina 飓风给美国基础产业系统造成的经济损失，并按照受影响的大小对各产业进行排序。Barker 和 Santos（2010）采用动态投入产出模型（dynamic inoperablitity input-output model），假定灾害造成美国基础产业系统的功能失效比例分别达到 15% 和 20% 时，计算了灾后产业恢复政策的成本效益等。Okuyama（2009）用投入产出模型及社会核算矩阵（social accounting matrix，SAM），计算了全球自然灾害对各产业的影响，结果发现，制造业和服务业产业受到的影响最大，农业和采掘业受到的影响反而次之等。

另外，对进出口贸易关系造成的地域波及损失，国内学者应用区域间投入产出表计算灾害引发的地区间间接经济损失。例如，梅广清等（1999）运用投入产出和生产函数方法建立了自然灾害影响区域产出的模型。张永勤和缪启龙（2001）建立了气候变化影响区域经济的投入产出模型。日、美学者多应用投入产出矩阵模型（IO model），如 Okuyama 等（1999）以 1995 年的日本阪神大地震为例，采用两地区的区域间投入产出表（two-region interregional IO table），评估了地震对其发生地及日本其他地区的影响。Gordon 等（1998）基于区域间投入产出模型（interregional IO table），计算了 1994 年美国洛杉矶北岭大地震造成交通中断带来的间接经济损失，其认为该损失接近直接经济损失的 1/3。Sohn 等（2004）在列昂惕夫-斯特劳特-威尔逊模型（Leontief-Strout-Wilson-type）的基础上，应用区域间商品流模型（interregional commodity flow model），计算了假想中的新马德里地震对美国的影响。Yamano 等（2007）将该技术进一步细化，提出了 500 平方米尺度的多地区投入产出分解模型（disaggregation multiregional IO model），以显示经济活动的区域分布情况及其间接经济损失的大小。细化后的地理模型能更清晰地说明哪些地区的经济损失更为重要。结果显示，经济损失的区域分布与人口及产业活动的分布并不完全一致。由于灾害应急需要考虑受影响区域的优先次序，该结论对灾害救助体系的设计颇具借鉴意义。其次，直接灾害损失在投入产出表中的表达问题。分析现有的文献，发现通常有三种表达方式：①需求侧损失。这种表达方式最典型的例子是IIOM，该模型的最初的开发者，如Haimes和Jiang（2001）、Haimes等（2005）、Santos和Haimes（2004）、Santos和Rehman（2012）、Santos（2006）都是借鉴系统风险分析中的预期故障分析方法，认为自然灾害是经济系统需求侧由于受自然灾害的影响产生某种比例的需求损失，这种损失通过经济系统进行传播，他们认为损失传播与产业关联成正比。②供给侧影响。自然灾害有时从供给侧影响，导致经济系统不平衡，Leung等（2007）和Xu等（2011）从供给侧对IIOM进行了扩展，这些是价格模型，因为他们分析了灾害引起的劳动力、税收等增加值的改变。灾害对供给侧的影响通常是通过一种叫瓶颈限制发生的，这种瓶颈包括供应瓶颈和能力瓶颈。瓶颈是指构成产业关联的产业系统中，那些不能适应其他产业发展的产业。在一国经济中，产业与产业之间存在着投入和产出的关系，各个产业部门的生产能力也是相互依存、互相衔接的，客观上要求它们之间应该存在一定的比例关系，即在从原材料到最终产品这样一个生产序列中，只有各个产业的规模保持一种相互适应的比例，产业之间才能正常运行，国民经济才能得到均衡的发展。如果某个产业或某些产业在产业部门序列中，出现了规模大小倒置即比例上不协调，某些产业的产品供给不能满足其他产业的需要，一国经济中，就会出现特定领域的商品或劳务等的短缺，并因此阻碍进一步进行物质生产，这就出现了瓶颈。一个国家的经济瓶颈越少，说明其经济基础结构就越完善，生产供给就越富有弹性，整体的经济运行就有效率。在发展中国家经济发展的过程中，瓶颈主要表现为一国的基础设施（包括运输和通信系统、电力设备及其他公共服务设施）的匮乏、效率低下和呆滞、运转不灵，以及教育水准、社会风尚、生产技术及管理经验等无形资产的低下和欠缺。经济发展是一个动态过程，瓶颈产业的消除也不是一劳永逸的。随着经济的发展，可能会不断出现新的瓶颈。这通常需要制定长期的产业发展规划和产业政策来尽量避免出现瓶颈产业。

尽管这些模型对灾后恢复阶段的影响分析很实用，但是灾害引起的最初投入的改变如何导致产出量的改变的机制尚不清楚。

第六，社会核算矩阵。为更细致地计算灾害对其他区域的间接影响，Cole

(1995, 1998, 2004) 应用社会核算矩阵计算了灾害的综合影响。Cole (1998) 提出了县级社会核算矩阵 (multi-county SAM), 用县级经济数据 (county-level) 和 GIS 定位数据 (GIS-based location data), 对孟菲斯地区的关键生命线 (lifeline, 如供水、电力等) 的灾害损失进行了评估, Cole (2004) 计算了自然灾害对加勒比岛的能源—电力—水关键生命线的危害, 评估了恢复措施的成本效益。van der Veen 和 Logtmeijer (2003) 将县级社会核算矩阵进一步细化, 用 GIS 描绘经济高敏感点的轮廓图, 将投入产出表的计算结果可视化, 但该研究仅能判断敏感点的经济脆弱性, 没有直接提供经济损失值的信息。

第七, 可计算一般均衡模型。在灾害经济研究中最早使用可计算一般均衡模型的是 Mcgill 等 (1972) 建立的一个名为 MEVUNS 的模型体系, 用于评估国民经济系统的灾害脆弱性。该系统包括 5 个子系统: 工业和人口的数据库、防御-攻击生成系统、灾害损失评估模型、经济恢复模型、数学规划模型。可计算一般均衡模型是其中使用的一个经济模型, 该模型包含了一个 87 个部门的投入产出表, 最终需求被综合为六个部门: 消费、投资、库存、联邦政府支出、州政府支出和州政府出口。可计算一般均衡模型的求解基于两个原则: 供给和需求的平衡; 劳动力充分就业。Cochrane (1984) 为研究自然灾害对区域经济的影响也构建了一个可计算一般均衡模型, 该模型的基础是新古典经济学中关于生产者和消费者行为的描述。Cochrane 选取了合适的生产函数和效用函数, 提出应以消费者恢复到灾前效用的补偿大小作为灾后损失真正度量。Cochrane 在对预想的自然灾害进行模拟后, 认为自然灾害对区域经济的影响与收入的边际效用、消费和生产函数中的替代弹性、区域间的价格差异、最大劳动力人口及资本的流动性有关。这些因素中资本的流动性最重要, 在可以快速重置资本的情况下, 补偿变量与资本损失是相同的。他还认为, 对区域的各类经济援助, 如现金、物质资本、消费品等, 对补偿变量的影响是相同的, 即援助的形式不影响福利。有的国内学者还应用可计算一般均衡模型计算了灾害间接损失。例如, 邓书玲等 (2009) 利用中国动态金融可计算一般均衡模型分析了"5.12"汶川大地震灾区房屋贷款问题。Tsuchiya 等 (2007) 在区域可计算一般均衡模型 (SCGE) 中嵌入了交通流模型, 通过估计区域间的货运流和乘客流的变化, 计算了新潟大地震对邻近区域的间接影响。Rose 和 Liao (2005) 提出了社会系统"恢复力"(resilience) 的概念, 在此基础上, 采用可计算一般均衡模型计算了地震后波特兰城市水系统中断给其他部门和地区所带来的经济损失，具有很好的参考价值。

1.2.3 灾害脆弱性研究

20世纪80年代，灾害学研究逐渐将视线从单纯的致灾因子研究扩展到承灾体的脆弱性研究，并将脆弱性研究列为可持续性科学的七个核心问题之一。

(1) 灾害脆弱性内涵

一般研究认为脆弱性涉及两个方面：外部的风险或者不测事件对承灾体影响和承灾体内部抵抗能力的缺失（Mitchell et al.，1989；Chambers，1989；IPCC，2001a，2001b；Wisner et al.，2007）。前者强调承灾体易于受到损害的性质，后者强调人类自身抵御灾害的状态（Alexander，1993；Birkmann，2013）。在此基础上，Aysan（1993）根据抵御能力的不同缺失状况，把脆弱性分为经济脆弱性（缺乏资源）、社会脆弱性（社会结构的分离）、组织脆弱性（缺乏强有力的国家和地方组织机构）等类型。

Birkmann（2013）研究认为，虽然脆弱性的概念已经在不同的领域，如灾害管理、环境变化研究及发展项目等领域广泛使用，但其概念还是有点模糊，常常无法达到很高的辨识度具有不同的内涵使用。在这种情况下，可能会产生误导，因此，他试图建立一个由五环结构构成的统一的灾害脆弱性定义：第一圈表示脆弱性是内部风险的一个要素，第二圈表示脆弱性由损害和概率组成，第三圈表示脆弱性是由敏感性和应对能力构成的二元结构，第四圈表示脆弱性由敏感性、应对能力、暴露度、适应能力构成，第五圈表示脆弱性由自然、社会、经济、环境和体制特点五个要素组成，虽然这种系统脆弱性定义未必是全面的，但是可以提供脆弱性概念的不同领域解释（图1.13）。

(2) 定性概念化分析模式

最初脆弱性研究通常采用定性方法，定性地分析不同收入人群在灾中和灾后的反应程度（Pelling，1997）。但是随着脆弱性研究的深入，定性分析逐渐转入模型化定量评估。Blaikie等（1994）提出了脆弱性评估的压力释放模型（PAR），认为自然灾害是致灾因子与区域脆弱性的共同作用结果。Bohle等（1994）提出了一个社会空间脆弱性的评估模型来揭示人类的恢复能力。杨修等（2005）利用英国Hadley中心PRECIS模型对我国未来玉米对气候变化的脆弱性进行了研究。

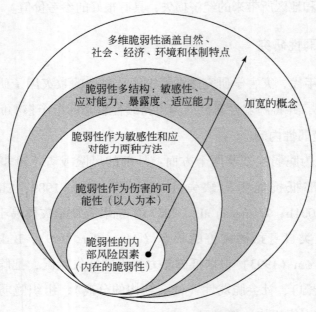

图 1.13　脆弱性概念的五环结构

因为脆弱性评价的概念模型是脆弱性评估方法建立和脆弱性识别的基础，所以，本书在综述脆弱性评估方法之前分析典型的脆弱性评估概念模式（表 1.4）。

表 1.4　灾害脆弱性研究的六大流派

流派	代表作者	构成要素	理论观点
双层结构	Bohle	暴露、减灾能力	"外部"因素在人类生态学、政治经济学科及权利理论中用于指代社会经济因素，而"内部"因素在财产获取理论、危机和冲突理论，以及行为理论方法中用于指代行为主体活动产生的影响（Bohle，2001）
风险视角分析框架	Davidson；Bollin	由物理、社会、经济和环境四个维度组成	认为风险是由致灾因子、暴露、脆弱性和应对能力组成，脆弱性是风险的要素之一（Davidson，1977；Bollin et al.，2003）
环境演变视角	Tuner	暴露、敏感性和响应能力与适应能力	认为脆弱性是暴露和应对能力的上位概念，同时该理论从人和环境相互作用的角度分析问题（黄渝祥，1987）
压力释放模型	Wisner and Blaikie	危险源、脆弱性	强调脆弱性的社会危险源因子，带有明显的政治经济学观点（Wisner et al.，2004）
全息结构模型	Cardona	暴露、社会经济脆弱性和处置能力缺乏	用复杂系统动力学方法论述脆弱性问题，提出硬风险和软风险概念（Cardona，1999）

续表

流派	代表作者	构成要素	理论观点
BBC 模型	Cardona; Birkmann and Bogardi	暴露和处理能力	把脆弱性和可持续发展研究联系起来（Cardona，2001）

注：BBC 模型指 business to business to customer

以下对几个典型的概念模型进行分析。

第一，洋葱模型。洋葱模型强调灾害防御能力在脆弱性中的作用，它把灾害防御能力分为自然、经济和社会三个不同的圈层，把灾害对社会造成的影响分为可能性和实现性两种状况。以这个理论假设为基础，用洪涝灾害脆弱性实例加以说明，洪水首先作用于环境圈，造成灾害事件，然后影响到经济领域并可能造成损害，如果人类能够抵御洪灾，那么灾害只是成为一种可能性（风险轴），但是，如果洪水灾害超过了人类的防御能力，一场灾难因此发生（现实轴）（图1.14）。经济资产可以被取代，但灾害造成的社会混乱会造成长期伤害和损失，而这正是该模型所揭示的脆弱性关键部分。社会领域存在不同的灾害防御能力（$C_1 \sim C_3$），灾害是否发生不仅取决于灾害事件本身，同样也取决于灾

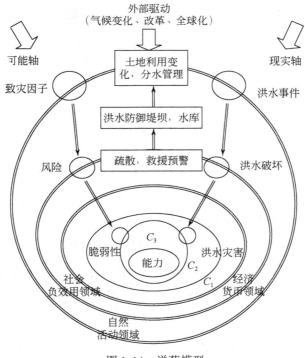

图 1.14 洋葱模型

害防灾和恢复能力。

第二，压力释放模型（PAR 模型）。PAR 模型认为风险（灾害）是脆弱性和致灾因子两个因素作用的结果。该概念框架强调一个事实，即脆弱性和潜在灾害的产生一方面可以被看做是增加压力过程，另一方面也可以被看做是减轻压力的过程。PAR 模型的表达式为

$$风险 = 致灾因子 \times 脆弱性$$

在此背景下定义的脆弱性发生包括三个渐进的过程：根本原因、动态压力和不安全条件（图 1.15）。

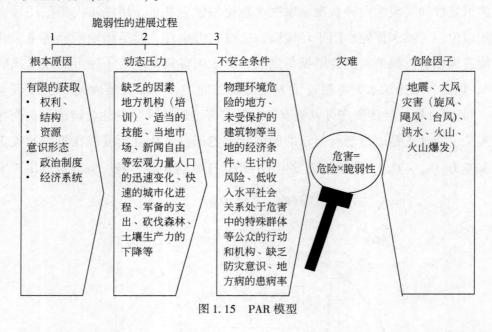

图 1.15　PAR 模型

第三，适应性脆弱性模式。de León（2006）把脆弱性作为灾害损失研究的核心，他认为引起脆弱性因素包括增大、减小、维持三种类型因子，他不仅强调导致灾害脆弱性增加和维持的内部因素，更强调脆弱性的影响受灾前对脆弱性因素的减缓作用，同时他也认为灾中灾害防御能力也可能对实际脆弱性状态产生影响，灾后恢复与重建努力能减缓灾害损失。概括来说，他所定义的脆弱性不仅是承灾体所固有的特性，也强调主体在风险过程的主观措施与能力（图 1.16）。

此评价方法的优点是简单，缺点是没有反映动态性，把脆弱性限于危险损失方程中，没有反映脆弱性的原因，通常采用的技术手段是指数方法和损失方程方法。

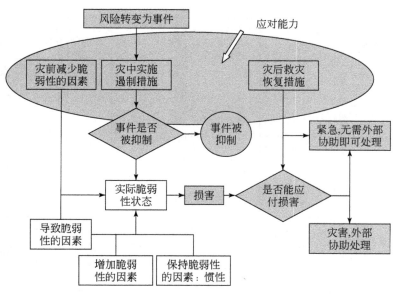

图 1.16 脆弱性与处理能力

(3) 脆弱性定量评价

指标设定是脆弱性定量评价的基础,所以得到环境和灾害学者的关注。Birkmann(2013)对目前主流的灾害脆弱性分析的指标设定进行了分析(表 1.5),他认为设定灾害脆弱性标度指标需要考虑指标的空间尺度、目标群体、目的和指标的聚集程度等。

表 1.5 脆弱性评价指标体系

标准	世界风险指数	社会脆弱性指数	山地环境气候变化和自然灾害脆弱性	CATSIM 模型	社区为基础的灾害风险评价指标	自我评估
空间尺度	全球性的(国家单元)	国家尺度(应用于美国)	阿尔卑斯山山区(次国家级)	国家级	市区级	当地社区(个人或群体)
方法功能	确定脆弱性和风险,国家间脆弱性和风险的比较	确定脆弱性和决定美国不同州的脆弱性的关键因素	确定脆弱性,分析潜在干预因素以提高适应能力	确定财政的脆弱性和弹性,增强意识	知识生成,授权于人(激励自主),推进男女平等	确定人们处理自然灾害和不良事件的脆弱性与能力,授权于人
专题重点关注的脆弱性	社会脆弱性,环境、经济脆弱性治理、体质脆弱性,以及选定危害和暴露人口的分析,应对和适应的差异	脆弱性包括:人口统计特征(如年龄);社会经济特征如人均收入和民族特性等非裔美国人所占百分比等	通过分析潜在影响和社区或区域的适应能力来确定脆弱性	政府部门的财政或金融脆弱性(经济脆弱性的一部分)	关于物质、人口、社会、经济、环境和精神基础的脆弱性	人口,他们的资产和资源协同应用于解决根源问题

续表

标准	世界风险指数	社会脆弱性指数	山地环境气候变化和自然灾害脆弱性	CATSIM 模型	社区为基础的灾害风险评价指标	自我评估
数据基础	预测全球自然灾害风险数据,如水灾、旱灾和地震等;脆弱性数据是基于各种国际上可用的数据源,如世界银行、世界卫生组织、联合国儿童基金会、联合国粮食及农业组织或透明国际组织的数据	统计数据(如美国人口普查数据)和专家知识	欧盟的气候变化数据,统计数据,如人口数据、专家访谈获得的定性数据	国家数据	基于问卷调查的数据	专题小组讨论
目标群体	国际社会和国家、国际非政府组织(媒体)	风险管理者,次国家级和地方级的决策者及公众	在该地区的适应性管理机构(South Tyrol),涉及不同部门的利益相关者	当局政府和私营部门	当地人口、当地政府	面对风险的人
与目标的联系	联系于不同的,基于不同指标及其对脆弱性和风险的解释价值的目标	许多指标联系着一个特定的目标,比如减轻贫困。然而,这些目标并不是明确提及或制定的	脆弱性的分类。如农业部门涉及间接考虑目标。重要性和指标选取也间接涉及目标	事态,没有明确联系于目标	脆弱性的分类(低等、中等、高等)没有明确联系于目标	没有明确联系于目标
聚集程度	高	高、中等(多风险规划和对气候变化的潜在脆弱性规划涉及了几种指标,所以归类为高、中等聚集)	高(分区域和特定部门聚集值,如农业部门)	中等,经济差距相比于其他潜在资助和收入来源	中等,高指标和指数(47个单一指标,聚集到四个因子得分和一个风险指数)	低,不聚集

然而以上指标设定大多仅涉及直接经济脆弱性,只有很少研究讨论间接经济脆弱性问题。典型的代表如 van der Veen 和 Logtmeijer(2005)根据 Parker 等(1987)的间接经济脆弱性敏感性、依赖性和冗余性三要素,定义间接经济损失的影响因素 V,把灾害间接经济脆弱性定义为敏感性、依赖性和可传递性的函数,即 $V=F(D, S, R)$。在他的脆弱性的定义中,依赖性是指系统要素对其他要素的依靠程度,用投入产出的消耗系数表示。敏感性指灾害的影响的规模和发生的概率。可转移性是指经济系统的替代能力和重新定位能力,用系统中心度指标计算。Khazai 等(2013)也认为经济正常运行由三个要素构成,即 $Y=F$ (factor, intrastructure, supply chain)。他从这三个方面建立指标评价体系,采用 DEMATEL(决策试验和评价实验室)方法计算洪涝灾害脆弱性指数来分析间接

经济脆弱性，对德国南部巴登-符腾堡州和州内九大主要城市的洪涝灾害间接经济脆弱性进行了评价。

众多研究者都认为，间接经济脆弱性可以基于生产理论进行估计。当生产所要求的生产要素（劳动力、资本、设备、材料等）不可用时，生产损失可能发生，如未足量或质量不合格（Varian，2004；Hackman，2008）；而且关键基础设施（Rose，et al，1997）和供应链中的物流与信息流生产过程持续是必不可少的（Rose and Lim 2002；Yoshida and Deyle，2005；Wagner and Bode，2006）。在此理论基础上，评估间接产业脆弱性评价指标可分为三类：生产要素依赖、对基础设施的依赖和对供应链的依赖。企业灾害脆弱性评价指标一共有15个子指标用来描述间接经济脆弱性程度，分层评价指标框架如图1.17所示。

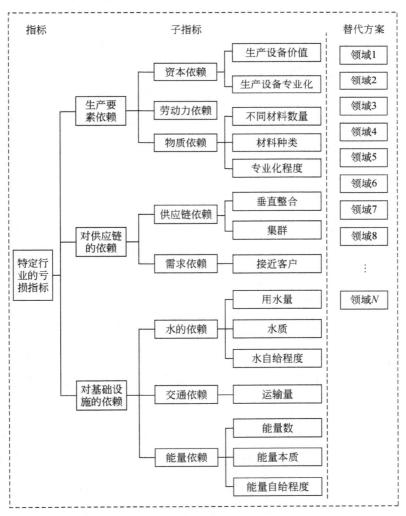

图1.17 企业灾害脆弱性的评价指标

以上所提出的一套评价指标首先考虑到具有较高的资本要求和广泛的材料要求工业部门可能比其他部门受到灾害影响严重。首先，生产设备专业化程度起着重要的作用，因为一旦直接的资产损失影响到更专业的设备，寻找替代要素非常困难。较低专业化程度的标准工业材料、零件比高度专业的少数供应商才能提供的特殊材料、零件更容易采购（Wagner and Bode，2006）。因此，专业化的生产灾害的脆弱性和停产时间较长。其次，该评价指标考虑到经济系统对交通、水和供应等关键基础设施的依赖性，极端事件可能会导致严重的生产损失（Jiang et al.，2005）。一个工业部门对水、电的依赖程度取决于生产产品和生产过程的特点（Zhang et al.，2009）。此外，水和电力的需要量（电力和水消耗量）是很重要的，因为在灾难随后的基础设施中断的情况下，重新建立"更小"的电力或供水系统被认为是更容易和更快的。最后，更高程度的水和电力自给率增加了工业企业的应变基础设施毁坏的能力（电、水自给程度）。

产业部门整体间接的潜在脆弱性的第三个驱动因素是供应链（Yoshida and Deyle，2005）。供应链复杂度、密度和节点临界结构的特性在脆弱性中发挥着重要作用（Falasca et al.，2008）。由于这些因素很难在产业部门层面上进行评估，所以供应链设计的特点是通过不同工业部门的供给和需求的依赖关系是通过某种指标来描述的。例如，垂直整合就是一个非常简单的，且容易操作（使用投入产出表）的供应依赖的指标。这里的假设是较高程度的垂直整合公司需要更少的材料供应，因此其不容易受供应链中断的影响。然而，它忽视了在工业生产系统中存在单一的缺失可以中断整个生产过程的问题。增加间接灾害风险的另外一个因素是区域采购和供应商的地理集中度（Zidisin，2003），本书把它称为一个部门集群化倾向性。

综上分析可见，目前多数研究从经济生产理论的角度（生产函数），同时考虑经济运行的关键基础设施条件及生产产业链关系，建立一次间接经济脆弱性评价指标体系，定量化一次间接经济脆弱性指数。多数一次间接经济脆弱性评估与二次间接脆弱性评估单独进行，少有两种评估结合进行的例子（Khazai et al.，2013）。例如，van der Veen 和 Logtmeijer（2005）用模拟方法分析洪涝灾害潜在直接经济损失，他认为这就是直接经济脆弱性，在此基础上叠加间接经济脆弱性影响要素（依赖性和冗余性），构成复合洪涝灾害间接脆弱性指数。比较来看，两者都是考虑灾害潜在经济损失，都没有考虑灾害的实际经济损失，都属于潜在脆弱性评估，不同的是前者考虑了经济运行的环境条件，后者考虑了脆弱性空间属性。这些定义把直接经济损失扩展到间接经济损失，同时把直接经济脆弱性评估扩展到间接经济脆弱性评估，由此可见，该定义不同于直接脆弱性定义，同时也不同于社会脆弱性定义，所以洪涝灾害脆弱性内涵就存着这几种不同的定义（表1.6）。

表1.6 洪涝灾害脆弱性维度

项目	直接脆弱性	间接脆弱性
显性（实际）损失	显性直接脆弱性	显性间接脆弱性
潜在（期望）损失	潜在直接脆弱性	潜在间接脆弱性

从静态角度来看，间接经济脆弱性受直接经济损失大小、传播长度和经济部门规模三大因素影响（Yu et al., 2014）。间接经济脆弱性指数是这三大因素的复合效应，它们通常采用多指标加权求和方法进行定量化计算。每种因素的影响程度受决策者偏好所决定，洪涝灾害间接经济脆弱性大小公式如下：

$$V_i = w_1 p_{i1} + w_2 p_{i2} + w_3 p_{i3},$$
$$0 \leq w_1, w_2, w_3 \leq 1, \quad (1.11)$$
$$\text{and } w_1 + w_2 + w_3 = 1,$$

式中，V_i 为部门 i 的脆弱性指数；而 w_k 为 k 个成分优先考虑的权重。当 w_k 的值接近1，更偏好向 k 要素。此外，p_{ik} 为就第 k 个要素而言，第 i 个部门的相应的影响程度。例如，p_{i1} 为就第1个要素的第 i 个部门的对应影响。实际上，通过一个单独的方法来反映决策者偏好的结构可以系统地确定权重。例如，层次分析法。

要素1：经济影响。利用故障产出乘数比率［式(1.12)］，衡量经济的影响。它代表一个部门关于整个经济的收益风险比率。在标准化之前，用 $\dfrac{o_i}{\gamma_i}$ 表示收益风险比率。产出乘数（o_i）反映部门 i 在生产上的收益，由里昂惕夫逆矩阵测量。同样的，γ_i 表示一个部门的风险。标准化公式如下：

$$P_{i1} = \dfrac{\dfrac{o_i}{\gamma_i}}{\sum_i \dfrac{o_i}{\gamma_i}} \quad (1.12)$$

当产出乘数（o_i）大于故障乘数（γ_i），分子将会大于1，这意味着相对于整个经济带来的风险来说，获得的收益更高一些。当产出乘数小于故障乘数，分子将会小于1，意味着从具体部门的投资中获得的收益不足以抵消故障风险。通过增加更高的收益风险比率部门需求可以降低整个经济的脆弱性水平。因此，这些部门应该获得更多的优先权。

对收益风险比率$\left(\dfrac{o_i}{\gamma_i}\right)$进行归一化，确保其值小于1，这结果是用收益风险比率除以所有部门的产出损失乘数比率之和得到的。这允许在联系经济的情况下表达故障收益风险比率。

要素2：传播长度。这个要素旨在评估一个部门影响其他部门的能力。传播长度指数衡量了部门联系的范围和程度，实际上反映了通过相互联系实现的多样性。平均传播长度是所有经济部门在传播指数标准化后的总和。

$$P_{i2} = \dfrac{\left(\sum\limits_{l=1}^{n} s_{li} + \sum\limits_{l=1}^{n} s_{il} - 2s_{ii}\right)}{\sum\limits_{i=1}^{n}\left(\sum\limits_{l=1}^{n} s_{li} + \sum\limits_{l=1}^{n} s_{il} - 2s_{ii}\right)} \qquad (1.13)$$

式中，$\sum\limits_{l=1}^{n} s_{li}$为部门$i$后向的平均传播长度，或者部门$i$的最终需求的变化所引起的产业间相互作用程度；而$\sum\limits_{l=1}^{n} s_{il}$为部门$i$前向的平均传播长度或者部门$i$的初级成本的变化引起的行业间相互作用程度；$2s_{ii}$为平均传播长度矩阵对角线元素的2倍；$n$为经济部门的数量。

要素3：经济部门规模。用产出（x_i）对整个经济总量的比例来衡量部门的相对规模，即，$P_{i2} = \dfrac{x_i}{\sum\limits_{i=1}^{n} x_i}$，由于度量值的统一，部门更有经济意义。因此，这一指标显示了部门需要更大的优先权来得到大量额外资金，以促进经济发展。

由于脆弱性不是一个可以直接观测的现象，因此Kally（2002）和Downing等（2001）认为这些模型化的概念框架只能通过一些指标来计算，从而体现脆弱性的大小。南太平洋地理科学协会选取了54个独立变量指标用加权求和方法来评价环境易损度。Cutter等（2003）选取影响社会脆弱性的46个指标，用因子分析等统计方法以县域为空间单元综合计算社会脆弱性大小。蒋勇军等（2001）用加权平均得到综合易损度的方法对重庆市进行了区域脆弱性分析。商彦蕊（1999）采用德尔菲法评价了河北省138个县旱灾的脆弱性，发现旱灾风险与旱灾脆弱性之间存在正相关关系。刘兰芳等（2002，2005）采用因素成对比较法计算权重，对湖南省衡阳市农业旱灾脆弱性的空间格局进行了分析。崔欣婷和苏筠（2005）采用层次分析法，对湖南省常德市双桥坪镇16个村的农业旱灾的易损度进行了评价。

目前，大量的研究一直致力于构建指标来衡量人群的脆弱性与全球气候变化相关的危险（Clark et al.，1998；Cutter et al.，2000；Wu et al.，2002；Rygel et al.，2006；Eakin and Bojorquez-Tapia，2008），所有这一切都利用一些加权和方法计算脆弱性指数或属性，主观上得到各个指标的权重，其权重构建过程是求算综合指数。构建综合指数有很多的方法，最常见的方法是创建属性的加权线性求和（或加权乘积）、加权平均（或加权几何平均数）。例如，Ott（1978）用加权平均方法开发灾害脆弱性指数。

通常用于构建脆弱性指数的加权平均方法的通用公式如下：

$$I_j = \sum_{i \in A} W_i M_{ij} \quad \forall j \in J \tag{1.14}$$

式中，I_j为综合脆弱性指数研究区域内的地理区域j（人口普查，块或块组）；W_i为脆弱性属性的重要性权重分配i；M_{ij}为脆弱性属性i在地理区域j。

简单和直接的加权求和确定脆弱性指数的方法仍然存在许多问题。主要表现在如下几个方面：首先，用普遍接受的理论来获得表示指标重要性的权重，但是，对于许多类型的决策问题，这种权重处理并不合适；其次，通过专家咨询或相关利益团体参与确定权重（Saaty，1990；Korhonen et al.，1992；Yoon and Hwang，1995；Eastman et al.，1993）。参与者的主观判断可能会导致不稳定的权重集，因而脆弱性的权重也需要进行调整；此外，不同的指标值的计量单位，将对最终脆弱性计算值产生影响，考虑所使用的测量尺度为每个属性取得的差异也是必须的；最后，加权平均可能掩盖一个单一的或重要的属性的子集对总脆弱性评估结果的影响。

数据包络分析（data envelopment analysis，DEA）指数法。Ratick等（2009）开发构建相对使用DEA综合脆弱性指数的另一种方法。这种方法可以对加权求和方法进行补充，并且可以克服它们的一些缺点。DEA有其运筹学理论和生产的经济理论基础（Farrell，1957；Charnes et al.，1978）。DEA利用线性规划生产措施的比较决策单位的相对效率（DMUS），采用多种输入和输出。任何组织的运作效率的一个方面是该组织的方式选择和使用资源，以生产其产品、资源、设备，或人们提高效率的措施是否善加利用。对于一个给定的资源量，生产产品越多，那么生产的产品（即减少浪费）就更有效率。在数学上，效率比率的加权输入输出可以被定义为

$$E = 效率 = 总产出/总投入$$

Ratick 等（2009）研究美国波士顿海岸地区四县风暴潮灾害的脆弱性，选取西班牙或者葡萄牙移民后裔人口数、少数民族人口数、65 岁以上老人的数量、18 岁以下儿童的家庭数量和单亲家庭数、大住宅数量六个指标来量化灾害脆弱性。根据 DEA 模型的数学公式构建脆弱性概念，其目标函数是求取最大值。

$$最大值 \quad I_0 = \frac{\sum_{i \in A} W_{i0} M_{i0}}{\sum_{i \in AD} \mathrm{WD}_{i0} \mathrm{MD}_{i0}} \tag{1.15}$$

限制条件是

$$\frac{\sum_{i \in A} W_{i0} M_{ij}}{\sum_{i \in AD} \mathrm{WD}_{i0} \mathrm{MD}_{ij}} \leq 1 \quad \forall j \in J \tag{1.16}$$

$$W_{i0} 和 \mathrm{WD}_{i0} \geq \varepsilon \quad \forall i \in A 或 AD$$

式中，I_0 为正在考虑的研究区内的地理区域（0）（人口普查，块或块组）的综合脆弱性指数；W_{i0} 为地理区域（0）分配变量属性 i 的权重；M_{i0} 为地理区域（0）衡量变量属性 i；M_{ij} 为地理区域 j 衡量变量属性 i；WD_{i0} 为地理区域（0）最重要的权重；MD_{ij} 为在地理区域 j 衡量的变量属性 i；AD 为提高应对能力在一个区域的属性集（Cummings-Saxton et al., 1993, 1994; Haynes et al., 1994）。

1.2.4 间接损失与脆弱性研究述评

(1) 两大洪涝灾害间接经济损失评估方法体系比较

两大方法系统之间既有区别又有联系，第一，看存量-流量方法体系。正如 Parker 等（1987）所定义的存量损失对应于直接经济损失，流量损失对应于间接经济损失，直接经济损失和间接损失的比例系数就是存量与流量关系的反映。第二，存量和流量是系统的一种状态，直接经济损失和间接经济损失之间也并非简单的线性关系，系统状态的转移是随机过程，马尔科夫模拟方法恰好是这个关系的反映。第三，系统状态转移描述的数学方法可以用状态方程表示，也可以用系统动力学方法描述，其中系统动力学方法是定量分析系统反馈性的直

观化方法。由此可见，存量-流量方法体系中的几种方法的本质是一致的。

分析投入产出方法体系。传统的经济增长模型是基于生产函数理论由参数估计方法得到，它是从生产要素损失的角度来进行灾害损失评估的方法，其生产要素损失可以看做是经济系统的投入损失，经济增长损失就是产出损失，所以，其实质就是投入产出分析，只是分析的是多投入、单产出问题。部门投入产出法是一种重要的经济核算方法，是从部门之间前向关联损失和后向关联损失角度来分析灾害损失的。可计算一般均衡理论方法的数据基础是投入产出表，它是投入产出与线性规划相结合的优化模型方法，所以把它归为投入产出的衍生方法。但是，基于存量-流量角度和投入产出角度评估的两大方法体系之间的区别也非常明显（表1.7）。

表1.7 洪涝灾害间接经济损失评估方法体系比较

方法		间接损失评估的关键	数学（经济学）基础
基于存量-流量分析	比例系数法	直接损失评估及与间接经济损失系数的分析	代数运算
	蒙特卡罗法	直接损失评估及直接损失的概率分布类型	概率论
	系统动力学	存量损失及速率变量之间的反馈关系	微分方程
基于产业关联分析	增长模型	生产函数的建立	参数估计
	投入产出法	部门的划分及投入产出表的建立	矩阵运算
	可计算一般均衡	社会核算矩阵表的建立及参数标定	瓦尔拉斯均衡理论

极端气象灾害间接经济损失产生机理虽然非常复杂，但是从它对经济系统影响路径看，极端气象灾害仅仅是外生冲击，间接经济损失产生根源在于经济系统中各种经济变量的传导，所以对间接经济损失的评估关键在于如何用模型来捕捉极端气象灾害对经济系统冲击的传导过程。从成熟的理论和以往的研究看，一般运用IO模型、CGE模型。

第一，IO模型。IO模型评估极端气象灾害间接经济损失思路，是假定灾害发生之后，产业部门不能迅速改变灾前与其他产业建立的关联模式，即投入产出系数不变，再利用投入产出系数重新分配现存的生产能力。由于投入产出系数能够很好地刻画产业部门之间的依赖关系，所以可以比较好地模拟和计算极端气象灾害对经济扰动产生的连锁反应。而且IO模型简单易用，结果可以清晰反映部门损失，因而被广泛应用。在具体建模时候，也必须考虑IO模型的优缺点（表1.8）。

表 1.8 IO 模型的主要特点

优点	缺点
(1) IO 模型经济变量可测量和验证，部门设计便于数据收集，矩阵运算简便； (2) IO 表和相关乘子便于分析公共与私人部门决策的经济影响； (3) 使用广泛性，便于比较分析。世界 100 多个国家建立了 IO 表并进行投入产出经济结构分析； (4) IO 模型考虑了几乎所用的生产要素，这不同于新古典经济学所用的方法，这种完全要素投入方法在能源经济、资源经济、环境和实体经济分析中得到广泛应用	(1) 主要是静态分析，不考虑时间因素，不能反映灾害影响的动态时空变化特征； (2) 不考虑经济系统自身的恢复能力，使灾害损失评估的结果偏大； (3) 一般从最终需求角度评估灾害对经济的影响，从生产角度考虑灾害影响研究较少，如 Haimes 等提出通过需求和生产下降程度来评估产业部门遭受间接影响； (4) 评估结果为产业关联效应； (5) 没有考虑中间投入的替代性，没有考虑相对价格效应

第二，CGE 模型。CGE 模型评估基本思路：通过比较灾前均衡状态中各经济变量与灾后经济系统重新达到均衡状态之后的变化，得出间接经济影响。由于 CGE 模型具有非线性特征，并考虑了市场和价格因素，所以被广泛应用于极端气象灾害间接经济损失评估。尽管 CGE 模型对 IO 模型进行了优化，但是，其缺陷也不容忽视（表 1.9）。

表 1.9 CGE 模型的优缺点

优点	缺点
(1) 考虑了替代性。考虑生产要素投入和商品投入的替代性更接近现实生活，如一场灾害发生后对电力系统造成破坏，供电能力下降，居民和企业尽可能寻求电能的替代品，如煤炭、石油等，或者考虑进口商品对本地商品的替代性。 (2) 用非线性方程描述经济系统。在经济系统中，产业部门之间的关系、灾害对经济系统的影响都是非线性的，用非线性方程来模拟更符合经济系统实际。 (3) 考虑了市场行为。在市场经济中，价格是市场发挥资源配置决定性作用的驱动机制。CGE 模型很好地嵌入了价格机制，把价格信号作为经济主体决策的依据，这样在评估中能充分考虑经济主体根据实际做出有限的理性决策。例如，居民遭受灾害之后，将要考虑如何减灾或者储蓄等行为。 (4) 研究目标更加具体。CGE 模型可以根据研究的需要来确定分析的基本单元，如产业部门可以具体细分到企业，消费者可以细分到具体不同类型的群体等。 (5) 能够将非市场因素纳入 CGE 模型中。极端气象灾害对重要基础设施的破坏，如电力、交通等，这些部门可能因为是公益性的，没有被定价或者定价不能反映其真实价值，CGE 模型可以通过影子价格来确定其在新的经济系统均衡过程中合理配给规则	(1) 均衡的限制。CGE 模型模拟的是经济系统达到新的均衡状态后的结果，应该说从长时间看，经济系统达到均衡状态是合理的。但是，一般气象灾害对经济系统的冲击都是非常短的时间，在比较短的时间经济系统不可能达到均衡状态。 (2) 没有考虑金融变量。在国家尺度，相比传统宏观经济模型，这是一个非常重要的缺陷。一般来说，对于一个国家来说，可能会考虑货币供给和利率调整等因素。作为区域尺度，可以不考虑货币供给因素和利率的调整

（2）间接经济损失评估分析

尽管国内外在洪涝灾害间接经济损失评估研究领域有所涉及，并取得了一些成果，但是仍有许多重要的科学问题亟待解决。突出表现在以下几个方面。

第一，产业关联损失是间接经济损失评估的核心问题。根据现有的研究，间接经济损失包括：停产或者减产损失、产业关联损失和投资溢价损失三个部分。其实，三个部分之间，既有联系又有区别。洪涝灾害发生首先导致企业停产或者减产损失，接着由产业之间的关联产生关联损失，前者是产业内部的损失，后者是产业之间的损失。一般而言，停产或者减产损失是由于经济系统受洪涝灾害的直接冲击，属于直接损失，投资溢价损失是由于灾害导致投资者行为改变，从而减小了资金的利用效益，这是一种引致的损失，也不应该是间接经济损失。因此，洪涝灾害间接经济损失的评估应该集中于产业关联损失的评估，鉴于目前区域之间关联损失评估薄弱情况，今后的灾害间接经济损失评估对洪涝灾害间接损失的波及损失评估应该有所加强。

第二，投入产出法是灾害间接经济损失评估的实用方法。总体而言，在洪涝灾害各种间接经济损失评估方法中，比例系数法和生产函数模型的评价结果相对粗糙，而一般均衡模型、蒙特卡罗法和系统动力学较难且需要的数据量比较大，在实际的灾害评估中应用有一定的困难，IO 模型可以根据获得的数据而选择多部门或少部门的投入产出表，具有很大的灵活性，是一种有效的定量损失评估方法，该方法已经形成较完整的方法体系（图 1.18）。

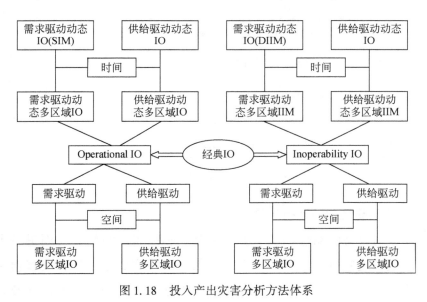

图 1.18　投入产出灾害分析方法体系

第三，投入产出法存在许多亟待改进地方。投入产出法在以下几个方面有待继续改进：首先，部门适应性改进。产业关联的 IO 表有两种，一种是部门级的产业关联,另一种是公司(企业)级的产业关联。由部门级的投入产出分析到公司(企业)级的投入产出变化的最大影响是经济网络的节点急剧增多,由几十个部门增加到数十万个部门。从经济学的角度来说,这种分析把分析维度降低到市场经济的细胞尺度——企业水平,从图论的理论看来,节点越多,系统分析越深入,便于从企业的供应链理论加以分析。其次,模型本身的改进。考虑经济系统的自适应能力,自我调节生产能力,因为如果 IO 模型对经济系统弹性考虑不足,往往使灾害损失评估的结果偏大;利用投入产出法进行灾害损失评估的动态分析,因为没有考虑时间因素的作用,就不能反映灾害影响的动态时空变化特征,特别是灾后相对较短时期内的变化特征。最后,用投入产出法进行灾害影响经济系统供给方的损失评估理论模型及其实证研究缺乏。

(3) 灾害损失与脆弱性的关系

在目前研究性文献和减灾实践中,脆弱性、影响评估和损失评估经常交叉使用或者作为同义词语使用。但是,一般研究者认为,灾害脆弱性是灾害损失的原因之一,脆弱性是灾害损失的重要影响因子,灾害发生过程如图 1.19 所示。

```
危险:对人类和福利的潜在威胁
        +
脆弱性:暴露和易受破坏性
        =
风险:危险发生的可能性

1.灾害:风险变成现实
2.损失:直接损失和间接损失
```

图 1.19　脆弱性与损失关系

(4) 灾害脆弱性内涵有待扩展

目前学者对灾害脆弱性性质、脆弱性概念和脆弱性测量等方面进行了深入的研究。但是,这些研究忽视了灾害损失的一个重要特点,即,灾害损失影响不仅在灾害发生地,而且也可超越灾害发生地波及其他地区,不仅涉及直接作用的对象,而且可以传播到间接作用的部门,所以间接经济脆弱性评估不能缺失。

（5）脆弱性评估方法客观性不足

目前脆弱性评估的方法主观性较强，通常采用多指标体系加权求和评价方法，虽然这种方法具有简明、直观、易于理解的优点，但是在指标赋权方面，主观性太强，在一定程度上削弱了分析结果的说服力，需要采用一些较客观的数学方法加以改进。

主要参考文献

崔欣婷，苏筠．2005．小空间尺度农业旱灾承载体脆弱性评价初探——以湖南省常德市鼎城区双桥坪镇为例．地理与地理信息科学，21（3）：80-87．

邓书玲，付强，黄肆晰．2009．用灾害经济学模型分析震后房贷问题．西南民族学院学报（自然科学版），35（3）：583-587．

胡爱军，李宁，史培军，等．2009．极端天气事件导致基础设施破坏间接经济损失评估．经济地理，29（4）：529-535．

黄小莉，李仙德，温家洪，等．2017．极端洪灾情景下上海汽车制造业经济损失与波及效应评估．地理研究，36（09）：1301-1816．

黄渝祥．1987．费用—效益分析．上海：同济大学出版社．

黄渝祥，杨宗跃．1994．灾害间接经济损失的计量．灾害学，（3）：7-11．

蒋勇军，况明生，匡洪海，等．2001．区域易损性分析、评估及易损度区划．灾害学，16（3）：59-64．

刘兰芳，关欣，唐云松．2005．农业灾害脆弱性评价及生态减灾研究——以湖南省衡阳市为例．水土保持通报，25（2）：69-73．

刘兰芳，刘盛和，刘沛林，等．2002．湖南省农业旱灾脆弱性综合分析与定量评价．自然灾害学报，11（4）：78-83．

刘希林，赵源．2007．自然灾害间接经济损失评估．福州：地貌、环境与发展会议论文集．

路琮，魏一鸣，范英，等．2002．灾害对国民经济影响的定量分析模型及其应用．自然灾害学报，11（3）：15-20．

梅广清，沈荣芳，张显东．1999．自然灾害对区域产出的影响研究．管理科学学报，2（1）：102-107．

裴宏志，曹淑敏，王慧敏．2008．城市洪水风险管理与灾害补偿研究．北京：中国水利水电出版社．

商彦蕊．1999．农业旱灾风险与脆弱性评估及其相关关系的建立．河北：河北师范大学学报，23（3）：420-424．

王海滋，黄渝祥．1997a．从供给角度对地震灾害国民经济体系易损性的分析．灾害学，（03）：

18-22.

王海滋, 黄渝祥. 1997b. 地震灾害间接经济损失的概念及分类. 自然灾害学报, (02): 13-18.

王海滋, 黄渝祥. 1998. 地震灾害产业关联间接经济损失评估. 自然灾害学报, (1): 42-47.

王海滋, 肖光先. 1998. 从多侧面评估地震灾害的产业关联间接经济损失. 灾害学, (02): 1-5.

魏一鸣, 金菊良, 杨存建, 等. 2002. 洪水灾害风险管理理论. 北京: 科学出版社.

吴先华, 李廉水, 郭际, 等. 2008. 气象因素异常指数对我国典型工业产业的影响研究. 气象, 34 (11): 74-83.

武靖源, 韩文秀, 徐杨, 等. 1998. 洪灾经济损失评估模型研究（Ⅰ）——直接经济损失评估. 系统工程理论与实践, (11): 53-57.

武靖源, 韩文秀, 徐杨, 等. 1998. 洪灾经济损失评估模型研究（Ⅱ）——间接经济损失评估. 系统工程理论与实践, (12): 84-88.

徐嵩龄. 1998. 灾害经济损失概念及产业关联型间接经济损失计量. 自然灾害学报, 7 (4): 7-15.

杨修, 孙芳, 林而达, 等. 2005. 我国玉米对气候变化的敏感性和脆弱性研究. 地域研究与开发, 24 (4): 54-57.

张显东, 沈荣芳. 1995. 灾害与经济增长关系的定量分析. 自然灾害学报, 4 (4): 23-26.

张幸. 1988. 系统动力学在解动态投入产出模型中的应用. 数量经济技术经济研究, (4): 44-48.

张永勤, 缪启龙. 2001. 气候变化对区域经济影响的投入—产出模型研究. 气象学报, 59 (5): 633-640.

朱靖. 2015. 自然灾害对经济增长的影响. 北京: 中国科学技术出版社.

Alexander D. 1993. Natural Disasters. London: UCL Press.

Aysan Y F. 1993. Vulnerability Assessment//Merriman P A, Browitt C W A. Natural Disasters: Protecting Vulnerable Community. London: Thomas Telford.

Barker K, Santos J R. 2010. Measuring the efficacy of inventory with a dynamic imput-output model. International Journal of Production Economics, 126 (1): 130-143.

Benson C, Clay E J. 2004. Understanding the Economic and Financial Impacts of Natural Disasters. Washington, D C: World Bank.

Birkmann J. 2004. Monitoring and Controlling Einer Nachhaltigen Raumentwicklung, Indikatoren Alswerkzeuge Implanungsprozess. Dortmund: Dortmunder Vertrieb Fur Bau Und Planungsliteratur.

Birkmann J. 2013. Indicators and Criteria for Measuring Vulnerability: Theoretical Bases and Requirements//Birkmann J. Measuring Vulnerability to Natural Hazards (second edition). Tokyo: United Nations University Press.

Blaikie P, Cannon T, Wisner B. 1994. At Risk: Natural Hazards, People's Vulnerability and Disasters. London: Taylor Francis Ltd.

Bockarjova M. 2007. Major Disasters in Modern Economies: An Input Output Based Approach at

Modeling Imbalances and Disproportions. Enschede: Universiteit Twente.

Bohle H G. 2001. Vulnerability and criticality: Perspectives from social geography. IHDP Update, (2): 1-7.

Bohle H G, Downing T E, Watts M J. 1994. Climate change and social vulnerability: Toward a sociology and geography of food insecurity. Global Environment Change, 4 (1): 37-48.

Bollin C C, Hahn C H, Vatsa K S. 2003. Natural disaster Network Disaster Risk management by Communities and Local Governments. Washington, D C: Inter-American Development Bank.

Cardona O D. 1999. Environmental Management and Disaster Prevention: Two Related Topics: A Holistic Risk Assessment and Management Approach //Ingleton J. Natural Disaster Management. London: Tudor Rose.

Cardona O D. 2001. Estimacion Holistica del Riesgo Sismico Utilizando Sistemas Dinamicos Complejos. Barcelona: Technical University of Catalonia.

Chambers R. 1989. Vulnerability, coping and policy. Institute of Developmental Studies Bulletin, 20 (2): 1-7.

Charnes A, Cooper W W, Rhodes E. 1978. Measuring the efficiency of decision making units. European Journal of Operational Research, 2 (6): 429-444.

Clark G E, Moser S C, Ratick S J, et al. 1998. Assessing the vulnerability of coastal communities to extreme storms: The case of revere, MA, USA. Mitigation and Adaption Strategies for Global Change, 3 (1): 59-82.

Cochrane B H. 1997. Economic impacts of a midwestern earthquake. The Quarterly Publication of NCEER (National Center for Earthquake Engineering Research), 11 (1): 1-5.

Cochrane H C. 1984. Knowledge of Private Loss and the Efficiency of Protection. Gainesville: Presented at the Conference on the Economics of Natural Hazards and Their Mitigation, University of Florida.

Cole S. 1995. Lifelines and livelihood: A social accounting matrix approach to calamity preparedness. Journal of Contingencies and Crisis Management, 3 (4): 228-246.

Cole S. 1998. The delayed impacts of plant closures in a reformulated leontief model. Papers in Regional Science, 65 (1): 135-149.

Cole S. 2004. Geohazards in Social Systems: An Insurance Matrix Approach //Okuyama Y, Chang S E. Modeling Spatial and Economic Impacts of Disasters. Germany: Springer-Verlag.

Commission on Geosciences, Environment and Resources (CGER). 1999. The Impacts of Natural Disasters: A Framework for Loss Estimation. Washington, D C: National Academy Press.

Cordier M, Uehara T, Hamaide B, et al. 2015. An input-output economic model integrated within a system dynamics ecological model: A methodology for feedback loop applied to fish nursery restoration. Ecological Economics, 140: 46-57.

Corell R W, Maston P A, Mccarthy J J, et al. 2003. A framework for vulnerability analysis in sustainability science. Proceedings of the National Academy of Science of Science, 100 (14): 8074-8079.

Crowther K G, Haimes Y Y, Taub G. 2007. Systemic valuation of strategic preparedness through application of the inoperability input-output model with lessons learned from hurricane Katrina. Risk Analysis, 27 (5): 1345-1364.

Cuaresma J C, Hlouskoba J, Obersteiner M. 2008. Natural disasters as creative destruction: Evidence from developing counteries. Economic Inquiry, 46 (2): 214-226.

Cummings-Saxton J, Ratick S J, Desai A. 1993. Pollution Prevention Frontiers (PPF): An Approach to Measuring Pollution Prevention Progress. Cambridge: Industrial Economics, Inc.

Cummings-Saxton J, Ratick S J, Garriga H M, et al. 1994. Pollution Prevention Frontiers (PPF) and other Approaches to Pollution Prevention Assessment: Comparisons Based on New Jersey Materials Accounting Data. Cambridge: Industrial Economics, Inc.

Cutter S L, Mitchell J T, Scott M S. 2000. Revealing the vulnerability of people and places: A case study of Georgetown County, South Carolina. Annals of the Association of American Geographers, 90 (4), 713-737.

Cutter S L, Boruff B J, Shirley W L. 2003. Social vulnerability to environmental hazards. Social Science Quarterly, 84 (2): 242-261.

Davidson R. 1977. An Urban Earthquake Disaster Risk Index, The John A. Blume Earthquake Center, Department of Civil Engineering, Report NO. 121. California: Stanford University.

de León J C V. 2006. Vulnerability: A Conceptual and Methodological Review. United Nations University: SOURCE-Publication Series of UNU-EHS.

Dewan A. 2013. Flood in a Megacity: Geospatial Techniques in As, sessing Hazards, Risk and Vulnerability. Germany: Springer.

Downing T E, Butterfield R, Cohen S, et al. 2001. Climate Change Vulnerability: Linking Impacts and Adaptation. Oxford: University of Oxford.

Eakin H, Bojorquez-Tapia L A. 2008. Insights into the composition of household vulnerability from multicriteria decision analysis. Global Environmental Change, 18 (1): 112-127.

Eastman J R, Kyem R A K, Toledano J, et al. 1993. GIS and Decision Making. Geneva: UNITAR.

Falasca M, Zobel C W, Cook D. 2008. A Decision Support Framework to Assess Supply Chain Resilience. Washington, DC: Proceedings of the 5th International ISCRAM Conference.

Farrell M J. 1957. The measure of productive efficiency. Journal of Regional Statistical Society, Series A, 120: 253-281.

FEMA (Federal Emergency Management Agency). 2001. HAZUS 99 Estimated Annualized Losses for the United States. Washington, DC: Federal Emergency Management Agency.

Gordon P, Richardson H W, Davis B. 1998. Transport-related impacts of the Northridge earthquake. Journal of Transportation and Statistics, 1 (2): 22-36.

Hackman S T. 2008. Production Economics: Integ Rating the Microeconomic and Engineering Perspectives. Berlin: Springer.

Haimes Y Y, Horowitz B M, Santos J R, et al. 2005. Inoperability input-output model (IIM) for interdepen-dent infrastructure sectors: theory and methodology. Journal of Infrastructure Systems, 11 (2): 67-79.

Haimes Y Y, Jiang P. 2001. Leontief-based model of risk in complex interconnected infrastructures. Journal of Infrastructure Systems, 7 (1): 1-12.

Hallegatte S. 2008. An Adaptive Regional input-output model and its application to the assessment of the economic cost of Katrina. Risk Analysis An Official Publication of the Society for Risk Analysis, 28 (3): 779-799.

Hallegatte S, Ghil M. 2008. Natural disasters impacting a macroeconomic model with endogenous dynamics. Ecological Economics, 68 (1-2): 582-592.

Hallegatte S, Hourcade J C, Dumas P. 2007. Why economic dynamics matter in assessing climate change damages: Illustration on extreme events. Ecological Economics, 62 (2): 330-340.

Haynes K E, Ratick S, Cummings-Saxton J. 1994. Toward a pollution abatement monitoring policy: Measurement, model mechanics, and data requirements. Environmental Professional, 16 (4): 292-303.

Hill G, Gardin P. 1979. Managing the U. S. Economy in a Post attack Environment: A System Dynamics Model of Viability. California: Analytic Assessments Corp.

IPCC (Intergovernmental Panel on Climate Change). 2001a. Climate Change 2001: The Scientific Basic. Cambridge: Cambridge University Press.

IPCC (Intergovernmental Panel on Climate Change). 2001b. Climate Change 2001: Overview of Impacts, Adaptation, and Vulnerability to Climate Change. Cambridge: Cambridge University Press.

Ishikawa Y, Katada T. 2006. Analysis of the Economic Impacts of a Natural Disaster Using Interregional Input-Output Tables for the Affected Region: A Case Study of the Tokai Flood of 2000 in Japan. http://www.katada-lab.jp/doc/w13.pdf [2017-10-25].

Islam K M N. 1997. The Impact of Flooding and Methods of Assessment in Urban Areas of Bangladesh. London: Middlesex University.

James D, Lee R R. 1971. Economies of Water Resources Planning. New York: McGraw-Hill Book Company.

Jiang F, Tatano H, Kuzuha Y, et al. 2005. Economic loss estimation of water supply shortage based on questinaire survey in industrial sectors. Report of the National Institute for Earth Science and Disaster Prevention, Japan, 68: 9-24.

Jonkman S N, Bočkarjova M, Kok M, et al. 2008. Integrated hydrodynamic and economic modelling of flood damage in the Netherlands. Ecological Economics, 66 (1): 77-90.

Kally A. 2002. Framework for managing environmental vulnerability in small Island developing states. Development Bulletin, 8 (12): 54-76.

Kelly P M, Adger W N. 2009. Theory and practice in assessing vulnerability to climate change and facilitating adaptation . Climate Change, 47 (4): 325-352.

Khazai B, Merz M, Schulz C, et al. 2013. An integrated indicator framework for spatial assessment of industrial and social vulnerability to indirect disaster losses. Natural Hazards, 67 (2): 145-167.

Koks E E, Bockarjova M, Moel H D, et al. 2015. Integrated direct and indirect flood risk modeling: Development and sensitivity analysis. Risk Analysia, 35 (5): 882-900.

Korhonen P, Moskowitz H, Wallenius J. 1992. Multiple criteria decision support: A review. European Journal of Operational Research, 63 (3) 361-375.

Leontief W W. 1951. Input-output economics. Operational Research Quarthrly, 3 (2): 30-31.

Leung M, Haimes Y Y, Santos J R. 2007. Supply and output-side extensions to the inoperability input-output model for interdependent infrastructures. Journal of Infrastruct Systems, 13 (4): 299-310.

Luers A L. 2005. The Surface of vulnerability: An analytic framework for examining environmental change. Global Environmental Change, 15 (3): 214-223.

Luers A L, Lobell D B, Sklar L S, et al. 2003. A method for quantifying vulnerability, applied to the agricultural system of the Yaqui Valley, Mexico. Global Environmental Change, 13 (4): 255-267.

Mcgill J T, Bracken J, Davis C D, et al. 1972. Methodologies for Evaluating the Vulnerability of National Systems: Methodologies and Examples. https://www.researchgate.net/publication/235025204_Methodologies_for_Evaluating_the_Vulnerability_of_National_Systems._Volume_1._Methodologies_and_Examples[2015-07-28].

Mechler R. 2005. Cost-benefit Analysis of Natural Disaster Risk Management in Developing Countries. http://www.mekonginfo.org/assets/midocs/0003131-environment-cost-benefit-analysis-of-natural-disaster-risk-management-in-developing-countries-manual.pdf [2015-07-28].

Mitchell J K, Devine N, Jagger K. 1989. A contextual model of natural hazards. Geographical Review, 79 (4): 391-409.

Noy I. 2009. The macroeconomic consequences of disasters journal of development eoncomics. Journal of Development Economics, 88 (2): 221-231.

Okuyama Y. 2003. Economics of natural disaster: A critical review. Regional Research Institute, (12): 20-22.

Okuyama Y. 2004. Modeling spatial economic impacts of an earthquake: Input-output approaches. Disaster Prevention and Management, 13 (4): 297-306.

Okuyama Y. 2009. Economic Impacts of Natural Disasters: Development Issues and Empirical

Analysis. http://www.iioa.org/pdf/17th%20Conf/Papers/968315160_090528_221804_IIOA09_OKUYAMA_W.PDF [2015-05-20].

Okuyama Y, Hewings G J D, Sonis M. 1999. Economic impacts of an unscheduled, disruptive event: a miyazawa multiplier analysis//Hewings G J D, Sonis M, Madden M, et al. Understanding and Interpreting Economic Structure. New York: Springer.

Okuyama Y, Hewings G J D, Sonis M. 2004. Measuring economic impacts of disasters: interregional input-output analysis using sequential interindustry model//Okuyama Y, Chang S E. Modeling Spatial and Economic Impacts of Disasters New York: Springer.

Ott W R. 1978. Environmental Indices Theory and Practice. MI: Ann Arbor Science.

Parker D J, Green C H, Thompson P M. 1987. Urban Flood Protection Benefits: A Project Appraisal Guide. Aldershot, Gower: Avebury Technical.

Pelling M. 1997. What determines vulnerability to floods: A case study in Georgetown, Guyana. Environment & Urbanization, 9 (1): 203-226.

Peterson D W, Silverman W S, Weil H B, et al. 1980. Development of a Dynamic Model to Evaluate Economic Recovery Following a Nuclear Attac. Cambrid, Massachusetts: Pugh-Roberts Associates Inc.

Pompella M. 2010. Measuring vulnerability to natural hazards: Towards disaster resilient societies by Jörn. Birkmann. Journal of Risk and Insurance, 77 (4): 959-961.

Ratick S J, Morehouse H, Klimberg R K. 2009. Creating an index of vulnerability to severe coastal storms along the North Shore of Boston. Biochimie, 13 (3): 143-178.

Rose A. 2004. Economic Principles, Issues, and Research Priorities in Hazard Loss Estimation//Okuyama Y, Chang S E. Modeling Spatial and Economic Impacts of Disasters. New York: Springer.

Rose A, Benavides J, Chang S E, et al. 1997. The regional economic impact of an earthquake: Direct and indirect effects of electricity lifeline disruptions. Journal of Regional Science, 37: 437-458.

Rose A, Liao S. 2005. Modeling regional economic resilience to disasters: A computable general equilibrium analysis of water service disruptions. Journal of Regional Science, 45: 75-112.

Rose A, Lim D. 2002. Business interruption losses from natural hazards: Conceptual and methodological issues in the case of the Northridge earthquake. Environmental Hazard, 4 (1): 1-14.

Rygel L, O'Sullivan D, Yarnel B. 2006. A method for constructing a social vulnerability index: An application to hurricane storm surges in a developed country. Mitigation and Adaptation Strategies for Global Change, 11 (3): 741-764.

Saaty T L. 1990. How to make a decision: The analytic hierarchy process. European Journal of Operational Research, 48: 9-26.

Santos J R. 2006. Inoperability input-output modeling of disruptions to interde-pendent economic systems. Systems Engineering, 9 (1): 20-34.

Santos J R, Haimes Y Y. 2004. Modeling the demand reduction input-output (I-O) inoperability due to terrorism of interconnected infrastructures. Risk Anal, 24 (6): 1437-1451.

Santos J R, Rehman A. 2012. Risk-based input-output analysis of hurricane im-pacts on interdependent regional workforce systems. Natural Hazards, 65 (1): 391-405.

Skidmore M, Toya H. 2002. Do natural disasters promote long-run growth. Economic Inquiry, 40 (4): 664-687.

Sohn J, Hewings G J D Kim T J, et al. 2004. Analysis of Economic Impacts of an Earthquake on Transportation Network//Okuyama Y, Chang S E. Modeling Spatial and Economic Impacts of Disasters. New York: Springer.

Stewart F, Fitzgerald V. 2001. War and Underdevelopment: Volume I. New York: Oxford University Press.

Tierney K J. 1997. Impacts of recent disasters on businesses: The 1993 Midwest floods and the 1994 Northridge earthquake//Jones B. Economic Consequences of Earthquakes: Preparing for the Unexpected. New York: NCEER.

Tol R S J, Leek F P M. 1998. Economic Analysis of Natural Disasters//Downing T E, Olsthoorn A A, Tol R S J. Climate, Change and Risk. London: Routledge.

Toyoda T. 2008. Economic Impacts of Kobe Earthquake: A Quantitative Evaluation after 13 Years. Washington, D C: Proceedings of the 5th International ISCRAM Conference.

Tsuchiya S, Tatanob H, Okada N. 2007. Economic loss assessment due to railroad and highway disruptions. Economic Systems Research, 19 (2): 147-162.

Turner B L II, Kasperson R E, Matson P A, et al. 2003. A framework for vulnerability analysis in sustainability science. Proceedings of the National Academy of Sciences of the United States of America, 100 (14): 8074-8079.

Turner B L II, Matsond P A, Mc Carthye J J, et al. 2003. Illustrating the coupled human-environment system for vulnerability analysis: Three case studies. Proceedings of the National Academy of Sciences of the United States of America, 100 (14): 8080.

van der Veen A V D, Logtmeijer C J J. 2003. How vulnerable are we for flooding: A GIS approach https: //www. researchgate. net/publication/232550414 [2015-07-28].

van der Veen A V D, Logtmeijer C J J. 2005. Economic hotspots: visualizing vulnerability to flooding. Natural Hazards, 36 (1-2): 65-80.

Varian H R. 2004. GLEICHGEWICHT : Grundzüge der Mikroökonomik. Verlag: Oldenbourg Wissensch. Vlg.

Wagner S M, Bode C. 2006. An empirical investigation on supply chain vulnerability. Journal of Purchasing and Supply Management, 12 (6): 301-312.

Wisner B, Blaikie P, Cannon T, et al. 2004. At risk: natural hazard, people's vulnerability and disasters (2nd). http://www.docin.com/p-1095202067.html [2015-07-28].

Wisner B, Blaikie P, Cannon T, et al. 2007. At risk: natural hazards, people's vulnerability and disasters. The Geographical Journal, 173(2): 189-190.

Wu S Y, Yarnel B, Fisher A. 2002. Vulnerability of coastal communities to sea level rise, a case study of Cape May County, New Jersey, USA. Climate Research, 22(3): 255-270.

Xu W, Hong L, He L, et al. 2011. Supply-driven dynamic inoper-ability input-output price model for interdependent infrastructure systems. Journal of Infrastruct. Systems, 17: 151-162.

Yamano N, Kajitanib Y, Shumutab Y. 2007. Modeling the regional economic loss of natural disasters: The search for economic hotspots. Economic Systems Research, 19(2): 163-181.

Yoon K P, Hwang C. 1995. Multiple attribute decision making: an introduction. European Journal of Operational Research, 404(4): 287-288.

Yoshida K, Deyle R E. 2005. Determinants of small businesss hazard mitigation. Natural Hazards Review, 6(1): 1-12.

Yoshifumi I, Toshitaka K. 2009. Purchasing power parities and multilateral comparison of iInput-output structures-2000 real input-output tables of Japan, China and Republic of Korea. Biometric, 15(2): 3-16.

Yu K D S, Tan R R, Aviso K B, et al. 2014. A vulnerability index for post-disaster key sector prioritization. Economic Systems Research, 26(1): 81-97.

Zhang Y, Lindell M K, Prater C S. 2009. Vulnerability of community businesses to environmental disasters. Disasters, 33(1): 38-57.

Zsidisin G A. 2003. A grounded definition of supply risk. Journal of Purchasing and Supply Management, 9(5-6): 217-224.

2
洪涝灾害发生机制、传播路径与影响评估

2.1 洪涝灾害发生机制

灾害经济影响发生机制存在不同的理论流派及学者。例如，Albala-Betrand（1993，2014）建立灾害发生及影响的经济网络机制分析框架，利用社会网络理论（social network analysis，SNA）解释灾害的社会因素；Wisner等（2004）建立灾害发生的压力–释放模型（prsssue and release，PAR），从灾害动力学角度把灾害发生分为压力与释放两个影响机制；而灾害动力学的另外一个理论体系是Kasperson等（1988）和Pidgeon等（2003）建立的社会风险放大理论框架（social amplification of risk framework，SARF）。本章将从灾害动力学角度分析洪涝灾害间接经济损失发生机制。

2.1.1 气候系统与经济系统相互作用的驱动机制

任何灾害系统都是由致灾因子、承灾体、孕灾环境和灾情组成的系统。气候灾害系统是由经济子系统、气候子系统及发生作用的特殊环境子系统组成的。气候灾害系统与经济系统的相互作用过程如图2.1所示：第一，气候系统的异常变化可能导致极端天气事件的发生，极端天气事件使经济系统的经济主体行为（个人、企业、家庭和政府）和经济过程（生产过程、分配过程、消费过程和外贸）发生改变，从而使经济系统的均衡受到破坏，其直接表现是经济总量和价格的变化。第二，人类的经济活动可能改变气候系统的下垫面（地形、土壤、水资源）状况和大气组成要素，如人类大量的能源使用向大气中排放大量的CO_2和热能，使气候系统的正熵增加，这样气候系统的稳定性受到破坏，这种破坏的结果是产生极端的天气事件（低温、干旱等），进而对经济系统产生冲击。从系统科学理论来说，这是正反馈作用过程。第三，经济子系统和气候子系统

的相互作用过程是发生在特定的地域和特定的时间，不同地域的时空状况影响气候子系统对经济子系统的冲击程度，决定了经济系统直接经济损失和间接经济损失的大小。

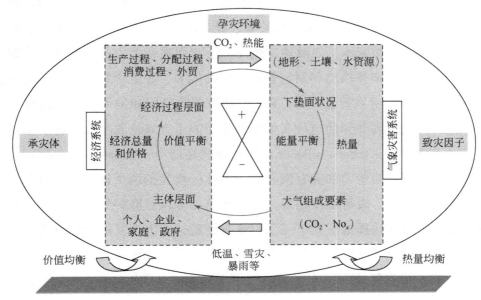

图 2.1　气候灾害系统和经济系统的相互作用

2.1.2　人类自适应能力的灾害缓解机制

如果把灾害对社会经济的破坏定义为灾害发生所造成的损失，那么减缓机制就被定义为经济社会受干扰后恢复原状的机制，个人和社区水平的行动都集中在把社会、经济和环境条件恢复到先前的状态（恢复到正常）。然而，如果把可适应性恢复力的概念作为一种新理论来分析的话，那么，灾害恢复力就可以视为一种适应能力，这种能力就是用反映社区价值和目标方法完成社区的再发展，必须与不断发展外力做抗争。这同样包含了对如何在理想的方向上维持社区功能和结构不断完善，以及如何去除那些不利因素的更深层次的理解。从灾害社会学角度来看，这又再次把注意力集中到"社区资本"上，这些"社区资本"可以为灾后恢复过程的行为做准备或者计划及保证实施；这些"社区资本"一定程度上受当地社会经济条件及如政治、中央级的政策、资源等外力的影响，同时非营利的社区组织的支持也是"社区资本"的基本组成元素。

社区是灾害缓解机制分析的最佳尺度，Kapucu 和 Hawkins（2012）在中佛罗里达大学举行的促进学术和实践相结合的灾难恢复专题讨论会成果基础上，进一步发展和详细地阐述了灾害适应性恢复结构（图2.2）。它的关键要素就是集成学习和适应传统灾难管理（缓解、预防、反应和恢复）在对压力（风险事件）做出反应的阶段，这个结构可以应用到城市和农村，除了强调能力的资源保障，还包括"社区资本"，如社会资金、社会团体、网络等；人力资本，如知识；经济资本；自然资本，如湿地。此外，还特别强调能力的自适应性，即自我学习性，如采取调整措施和制定管理计划的能力。在这个结构中，自适应能力和"社区资本"存在着互惠的关系。自适应能力巩固和发展了"社区资本"。这又反过来通过缓解和预防这种有效的反应影响了灾害恢复能力。这个结构指出灾害恢复能力（disaster resiliency）和风险减轻能力（hazard resiliency）的区别，并认为减轻风险能力和灾害恢复能力是社区恢复的两个重要组成部分，是否贯穿预防、反应、缓解阶段是区分灾害恢复力和风险减轻能力的关键。从这个角度来看，社区选择适应而不是工程恢复措施，灾害恢复能力可以视为社区的自适应能力的一种功能。这种能力有助于社区通过一种自适应治理过程参与适应性管理和持续学习。

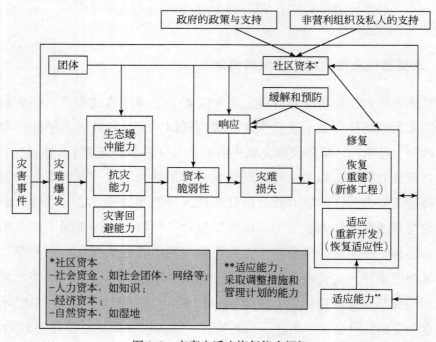

图2.2 灾害自适应恢复能力框架

2.2 洪涝灾害经济影响路径分析

极端气象灾害对经济系统的影响：一方面体现在对原材料、库存品、厂房、设备、基础设施等有形物质资本的损毁，削弱生产能力；另一方面通过强迫性储蓄，推迟当期消费，降低社会总需求，最终结果是通过破坏，抑制现实生产能力，进而影响社会总产出水平或者经济增长，这种机制通过市场环节发生作用。

灾害系统对经济系统的影响节点主要有：①影响经济主体行为改变，如消费、投资等；②最初投入引起的间接经济损失，如固定资产损坏、劳动力缺乏，存货、原材料损失等；③中间投入损失引起的间接经济损失。

气象灾害系统通过极端天气事件，如低温、雪灾和暴雨等，对经济系统产生影响，其影响经济系统的途径表现在目标层面和政策传导层面（表2.1）。

表2.1 气象灾害系统影响经济系统的路径

影响路径				主要表现
气象灾害系统对经济系统影响	目标层面	经济增长		总产出
		物价稳定		通货膨胀、政府最优决策
	政策传导层面	微观经济主体	个人、家庭	消费心理、收入分配
			企业	企业停产减产
		宏观经济	消费	消费信心改变
			投资	投资行为变化
			进出口	贸易、汇率

从投入产出分析技术角度分析，灾害间接经济损失发生和传导，在宏观方面主要表现在对不同部门和经济总体的影响（Rose，1983），具体存在以下路径：①生产过程传导；②消费过程传递；③价格传导；④替代过程（图2.3）。

2.2.1 生产过程传导路径

自然灾害对企业生产产生以下几个方面影响：第一个层面是造成间接收入损失。由于灾害造成企业厂房、生产设备、原材料、库存产品等直接经济损失，这些直接经济损失的产生破坏了企业的生产条件，企业的生产不能正常进行，

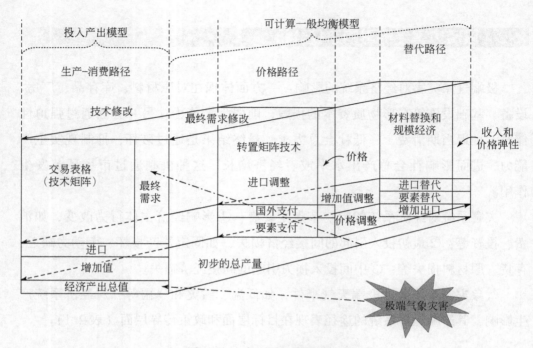

图 2.3 灾害影响经济机制过程

从而产生间接收入损失。第二个层面的间接影响是企业的生产条件遭受破坏，原有的投资计划被打乱，投资不能顺利进行，在当期必定会减少投资的规模。根据凯恩斯的经济增长理论，投资需求的减少，会通过投资乘数效应导致 GDP 的成倍减少。第三个层面的间接影响则是从长期来看投资对经济增长的贡献。企业遭受直接经济损失，为了尽快恢复生产，企业会展开灾后重建，重建会导致对原材料、劳务等的大量需求，也必须有大量的资金投入，因而这个过程会刺激经济增长，这种作用机制如图 2.4 所示。

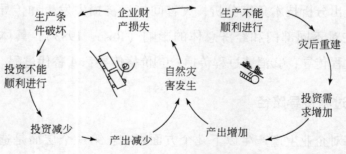

图 2.4 气象灾害对企业生产的作用机制

灾害影响生产的路径主要通过初始投入和中间投入的改变，从而通过生产过程的传导作用产生间接经济损失，图2.5显示了企业产出的变化过程。企业停产或者减产损失的实质就是在企业资本和劳动力受损的情况下，总产出量由Q_1下降到Q_2（图2.5）。经常考虑自然灾害造成的生产能力损失幅度，即生产的资本投入和劳动力投入的比例减少，同时考虑生产能力恢复到灾前水平的时间两个方面因素，使用有无对比法（with and without）按下面步骤进行评估（高燕，2006）。

设"无灾时"和"有灾时"某企业的产出曲线分别为$f_1(t)$，$f_2(t)$，则图2.5中网格状部分的面积即为企业停产或者减产损失（D_1），

$$D_1 = \int_0^\infty [f_1(t) - f_2(t)] \mathrm{d}t \tag{2.1}$$

若考虑货币时间价值，则式（2.1）变为

$$D_1 = \int_0^\infty [f_1(t) - f_2(t)] \frac{1}{(1+r)^{t-t_0}} \mathrm{d}t \tag{2.2}$$

式（2.2）中，r为贴现率。灾害投入损失具有层次性和传递性，通过CES（constant elasticity of substitution，常数替代弹性）函数把这些投入嵌套在一起成为复合投入损失，当极端气象灾害不管是对初始要素投入（劳动力、资本、特定要素等）的冲击，还是对其他产业部门的产品作为生产过程的中间投入造成的冲击，都会通过生产投入的嵌套关系一层一层传导到生产顶端，影响部门产出。同时，一个产业部门的产品作为其他产业部门的中间投入，其总产出的下降还将进一步传递到其他产业部门，导致其他产业部门总产出的下降。

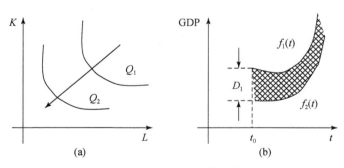

图2.5 生产受损生产函数

极端气象灾害因为改变初始投入和中间投入而影响企业生产，并通过生产过程的传导产生间接经济损失。初始投入和中间投入造成生产过程的间接经济

损失具有层次性与传递性，可以用生产函数清晰地描述间接经济损失在企业生产产生过程。生产函数可以看做生产要素投入（劳动力、资本、中间投入等）的组合，能够进行多层嵌套（图2.6），第一层次部门产出可以看作是增加值和中间投入的合成，第二层次中间投入来自经济系统中各个产业部门的产品的合成，增加值则是由劳动力、资本及特定部门要素（如能源、土地等）初始投入的合成。

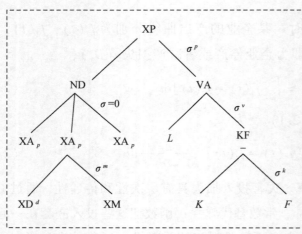

图2.6　生产投入的嵌套结构

XP：产出
ND：总中间需求
VA：增加值束
L：劳动力需求
KF：资本-部门要素束
K：资本需求
F：特定部门要素需求
XA_p：投入产出矩阵
XD^d：对国内商品的需求
XM：对进口商品需求
σ^p：ND和VA之间的替代弹性
σ^v：L和KF之间的替代弹性
σ^k：K和F之间的替代弹性
σ^m：Armington弹性

如图2.6所示，灾害损失从该图所示的路径进行传导：左边显示的国内和国外需求损失直接影响中间投入产出损失，中间投入产出损失通过列昂惕夫生产函数形式产生中间产品需求损失；右边显示的资本和特定部门要素需求损失产生资本-部门要素束损失，劳动力需求（L）、资本需求（K）和特定部门要素需求（F）继续通过嵌套的CES函数引起增加值束（VA）的损失，最后中间投入的总中间需求（ND）和增加值束（VA）的需求损失通过第一层的CES函数产生生产投入的总损失。

2.2.2　消费过程传递路径

经济系统消费过程包括居民消费和政府消费两个主体，洪涝灾害发生后对居民消费和政府消费都会产生影响。

(1) 对居民消费的间接影响

首先会造成居民家庭人财物的损失并增加未来收入的不确定性，这就会使人们的预防动机增强，进而增加储蓄。Mark（2001）研究表明，灾害会导致未来财产损失，居民储蓄率和自然灾害导致的损失之间存在正相关关系。收入是消费的重要决定因素，收入的变化决定消费的变化，另外，灾害带来的畏惧感可能会影响人们的预期，影响消费者信心。

洪涝灾害发生后，最直接的影响就是造成了居民家庭人财物的损失，这些比较直观、相对容易统计。伴随灾害的发生还有一种隐性的影响，即对人们心理层面的影响。Becker 和 Rubinstein（2004）认为，灾害带来的畏惧感可能会影响人的效用，还可能改变人们的预期，影响消费者信心。由于灾害会带来人财物的损失及增加未来收入的不确定性，这就会使人们的预防动机增强，进而增加储蓄。Skidmore（2001）对莫迪利安尼的生命周期假说模型进行了改进，引入了自然灾害而导致未来财产损失的可能性，发现在控制了影响居民储蓄率的其他变量的情况下，居民储蓄率和自然灾害导致的损失之间存在正相关关系。这就显示了人们具有为应对自然灾害而提供自我保险的意识，也为居民储蓄的预防动机提供了新的佐证。Auffret（2003）则证明了自然灾害对人们消费决策的影响，他发现风险管理的低效率使自然灾害等导致的产出冲击传递到消费领域，造成了加勒比地区消费波动的增大。

消费函数是指消费与决定消费的各种因素之间的依存关系。凯恩斯假定，在影响消费的各种因素中，收入是消费的唯一的决定因素，收入的变化决定消费的变化。随着收入的增加，消费也会增加，但是消费的增加程度不及收入的增加多，收入和消费两个经济变量之间的这种关系叫做消费函数或消费倾向。自然灾害引起了消费品的损失，使消费者购买消费品下降，从而产生消费效用的下降，这种下降可以使用 CES 效用函数进行分析，而且消费就像生产活动中的要素投入一样具有嵌套性，这就使灾害对消费活动的影响更加复杂［式(2.3)］。

$$U=A\left[a_1^{1/\varphi}(x_1-c_1)^{(\varphi-1)/\varphi}+\cdots+a_n^{1/\varphi}(x_n-c_n)^{(\varphi-1)/\varphi}\right]^{\varphi/(\varphi-1)} \quad (2.3)$$

不同类型和强度的自然灾害对居民的影响是不一样的，而不同资源禀赋的家庭和群体受同种自然灾害的影响也会有所差别。有研究发现 katrina 飓风给新奥尔良地区大部分居民造成了严重的洪涝灾害损失，但是原来的社会经济条件对居民的即时反应和飓风以后的恢复重建有重要的影响，收入较低者处于不利的地位。

灾害还将给人们带来心理刺激，产生灾害心理，改变人们的决策行为，这些行为可能扩大或减少灾害造成的经济损失。这也是在灾害间接经济损失评估中应该考虑的因素。

(2) 气象灾害对政府消费的影响

洪涝灾害对政府消费也会产生影响。政府作为公共服务部门，不仅要尽快做好洪涝灾害造成的交通、电力等基础设施的恢复重建工作，同时要为企业、居民的恢复生产生活提供救助和帮助。政府对灾后恢复重建的投入，将引起购买需求增加，从而导致 GDP 的成倍增加。灾害对政府的影响过程可以表示为：洪涝灾害发生—公共产品（如基础设施）受损—政府购买支出增加—产出增加。

灾害发生后政府恢复重建对经济增长的影响是假定重建资金充足的前提下。但如果政府恢复重建资金不属于闲置资金，而属于计划投资的资金，那么政府的这种行为必然会挤占经济资源，阻碍经济的增长。政府投资行为改变的损失突出表现在投资溢价损失。黄渝祥等（1994）详细阐述了投资溢价损失的计算步骤：设灾害以后的第 t 年，动用原拟用于生产性投资因灾害而用于补偿和恢复生命财产的资金为 A_i，则由此产生的投资溢价间接经济损失 L 为

$$L = \sum_{i=0}^{n} A_i(\text{pinv}' - 1)(1 + i)^{-1} \tag{2.4}$$

式中，n 为灾后政府动用生产性投资来补偿居民生命财产损失的年数；i 为社会折现率；pinv' 为修正后的影子价格，其计算公式为

$$\text{pinv}' = \frac{\text{pinv}}{(1-s) + s \times \text{pinv}} \tag{2.5}$$

式中，s 为 GDP 中用于积累的升值率；pinv 为以消费现值为计算单位的投资的影子价格，消费的比例为 $1-s$。

2.2.3 价格传导路径

灾害对物价稳定的影响主要体现在两个方面：一个是对局部社会需求的影响；另一个是对政府支出的影响。例如，2008 年低温雨雪冰冻灾害就对当时的物价产生了重大影响，2007 年 4~8 月居民消费价格指数（consumer price index，CPI）和食品价格指数有一个上升过程，通过国家宏观调控 2007 年 8~2007 年 12 月居民消费价格指数稳定在 6.5%、食品价格指数稳定在 17% 左右，但是 2008 年 1 月低温雨雪冰冻灾害之后居民消费价格指数和食品价格指数又开始急

剧上升。国家统计局 2008 年 2 月 9 日发布公告，受春节和低温雨雪冰冻灾害等因素影响，2008 年 1 月中国居民 CPI 同比上涨 7.1%，创出了 1997 年以来单月 CPI 的新高，其中食品价格上涨 18.2%（图 2.7）。

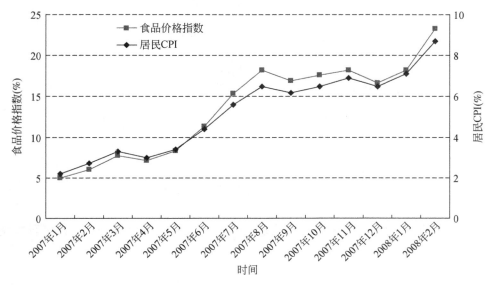

图 2.7　2007 年 1 月~2008 年 2 月价格指数变化

灾害对物价的影响还将在产业间产生传导效应。某一产业产品价格的变化会影响与其有联系的商品价格的变化，这种影响可具体地分为两种形式：一种是直接影响，即 A 部门产品价格的变化直接影响到 B 部门产品价格的变化；另一种是间接影响，即 A 部门产品价格的变化首先影响 B 部门产品价格，然后再通过 B 部门产品价格影响 C 部门产品价格。间接影响可分为一次间接影响、二次间接影响及多次间接影响（图 2.8）。

由此可以看出，某一产品价格的变动不是孤立的，它会引起一系列的连锁反应，进而导致整个物价水平的变化。在自然灾害发生时，灾害使某些产品的价格发生变化，这种变化可能影响整个经济系统损失，因此对这种连锁效应进行测度是完全必要的。

价格的连锁影响效应可以从成本和分配两个方面进行推导，下面基于成本法对价格之间的关联效应进行计算。

设只有 k 部门价格变动如 Δp_k（%），其他 $n-1$ 个部门为受 k 部门影响的部门，其价格由 k 部门价格变化而呈成本推动型变化，设其为 Δp_j（$j \neq k$），Δp_j 应

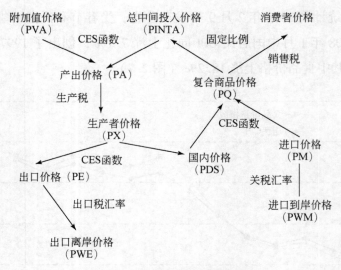

图2.8 经济系统的价格传导效应

该由以下两部分组成,其直接影响为 $\Delta p_k a_{kj}$ (a_{ij} 为直接消耗系数),间接影响为 $\sum_{i \neq k} \Delta p_i a_{ij}$,即

$$\Delta p_j = \Delta p_k a_{kj} + \sum_{i \neq k} \Delta p_i a_{ij} \quad (j \neq k) \tag{2.6}$$

引入矩阵, $\Delta P_{k-1} = (\Delta p_1 \Delta p_2 \cdots \Delta p_{k-1} \Delta p_{k-2} \cdots \Delta p_n)_{1 \times (n-1)}$, $A_{n-1} = A$ 矩阵扣除 k 行 k 列,为 $(n-1) \times (n-1)$ 矩阵。

$A_k = A$ 的 k 行元素扣除第 k 列元素, $1 \times (n-1)$ 矩阵,上式变为

$$\Delta P_{n-1} = \Delta p_k A_k + \Delta P_{n-1} A_{n-1} \tag{2.7}$$

所以, $\Delta P_{n-1} = \Delta p_k A_k (I - A_{n-1})^{-1} \tag{2.8}$

以上就是某一部门价格变动所引起的价格连锁反应公式。

若是有 s 个部门价格变化,对其余 $n-s$ 个部门价格产生连锁反应,则相应公式为

$$\Delta p_j = \sum_{d=1}^{s} \Delta p_d a_{dj} + \sum_{i=s+1}^{n} \Delta p_i a_{ij}$$

$$\Delta P_{n-s} = \Delta P_s A_{s(n-1)} + \Delta P_{n-s} A_{n-s} \tag{2.9}$$

$$\Delta P_{n-s} = \Delta P_s A_{s(n-1)} (A_{s(n-s)} - A_{n-s})^{-1}$$

式中, ΔP_{n-s} 为被 s 个部门影响的其余 $n-s$ 个部门价格变动指数; ΔP_s 为变动价格的 s 个部门; A_{n-s} 为 A 矩阵中变动价格的 s 行与受其影响的 $n-s$ 列所构成的矩阵; $A_{s(n-s)}$ 为 A 矩阵扣除 s 行 s 列的矩阵。

2.2.4 替代路径

利用投入产出表把间接经济脆弱性机制描述为：生产创造收入，收入产生需求，需求导致生产。极端气象灾害对经济系统的冲击：一方面体现在对原材料、库存品、厂房、设备、基础设施等有形物质资本的损毁，削弱生产能力；另一方面通过强迫性储蓄，推迟当期消费，降低社会总需求，抑制现实生产能力，影响社会总产出水平或者经济增长，供求的变化产生价格相应，从而触发经济系统的替代效应。

Rose（1983）认为灾害影响经济系统的几个机制是相互关联的，它们之间构成递归的影响路径（图2.3）。

第一阶段生产改变引起的经济系数变化与其他投入要素一起引起第二阶段价格的变化。经济系统的基本生产要素现在可能随着工资和租金（工资针对人的收入，租金针对固定资产等收益）的变化进行调整。大量的间接生产可能使规模经济机制产生作用。此外，出口保持不变，而进口需求由于地区之内和地区之间相对价格的改变没有调整。储蓄和投资率也需要随着价格的改变而调整。这样，第三阶段就要考虑经济适应性（灵活性或者弹性）问题，主要的参数变化就发生在这个阶段。系数改变按照相反方向进行。首先，在第二阶段计算一组价格。其次，进行要素收入和价格的调整，同时考虑价格和收入弹性可以计算一组新的最终需求。最终需求和要素收入又可以作为第一阶段的投入。

此外，第三阶段系数和第二阶段系数也会进一步影响第一阶段。因此，第一阶段就具备重新计算总产出的所有投入要素。然而，经济系统还没有达到均衡，因为用第三阶段系数计算的总投入和总产出不相等，需要进行一系列迭代过程才能求得一致性解。

2.3 直接经济影响和间接经济影响评估

2.3.1 经济影响评估过程

不同研究者定义的风险要素不同，一般认为风险是两个或三个因素的乘积（Crichton，2002，2007；Wisner et al.，2004；UN/ISDR，2004；Kohler，2005；Kron

2005）。Cutter（1996）认为危害被视为一种威胁，取决于外源因素和内源因素的影响，暴露性对于危险被视为给定的并且是隐含的因素，脆弱性是被视为系统的社会和物理方面的交互作用，对环境危害的脆弱性作为潜在的损失。Wisner 等（2004）将风险定义为危害和脆弱性的产物。Wisner 等（2004）和 Cannon（2000）提出对特定社区的风险随时间和空间而变化并取决于他们的社会经济、文化和其他属性，其表明自然灾害的风险取决于两者的危害性和社区承受灾难冲击的能力。Crichton（2002）用危险性、暴露性和脆弱性三要素来说明风险，相对于风险二要素，其使用前景更加广泛。Davidson 和 Haresh（1997）提出脆弱性被认为是减轻灾害风险方法的一部分，风险是由危害性、暴露性、脆弱性和应对能力四个要素组成。首先，危害性是可能性或严重性的一个事件；其次，暴露性是结构、人口和经济的特征；再次，脆弱性包括物理、社会、经济和环境方面；最后，能力和缓解措施包括实物规划、社会能力、经济能力和管理。使用这四个要素有可能确定社区对危害的脆弱性并采取必要行动减少灾难的风险，这个模型主要是为了估计城市地震灾害风险指数。因此，这适用于单一危害调查，相对于 Crichton（2002）提出的风险三要素，Davidson 和 Haresh（1997）对风险要素进行了完善。

本书根据 Crichton（1999）提出的风险三要素理论体系构建灾害直接风险分析模式，同时参考 Yu 等（2014）间接脆弱性评估的模式，整合成一个直接经济风险和间接经济风险分析一般框架（图 2.9）。根据直接损失和间接损失与脆弱性的关系，把灾害脆弱性推广到直接灾害脆弱性和间接灾害脆弱性。

2.3.2 间接经济损失评估模型选择

投入产出分析未考虑经济系统的自适应能力，把经济系统当做刚性系统（rigidity），CGE 模型由 IO 模型发展而来的，它以投入产出表为数据基础，同时考虑了价格机制和替代机制，所以有人认为 CGE 模型是对 IO 模型的改进，CGE 模型方法包含 IO 模型，是比 IO 模型更先进的建模手段 [图 2.10（a）]，但是，这种观点忽视了 CGE 模型比 IO 模型存在更多的假设，它假设经济系统存在完善的优化过程，经济系统能实现均衡状态，更重要的是 CGE 模型是以投入产出部门相互依赖理论作为其理论核心。另外，在灾害情况下，CGE 模型的假设条件不能总是得到满足。例如，它所假设的均衡条件、经济系统的高度自适应能力，

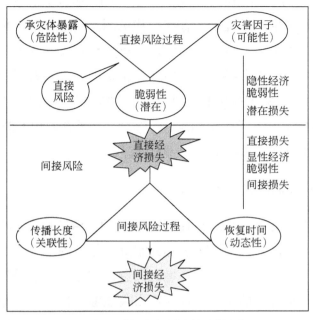

图 2.9　直接经济风险和间接经济风险过程

反而灾后经济系统更多的处于刚性状态，所以 CGE 模型不能替代 IO 模型，两者之间应互为补充 [图 2.10（b）]。

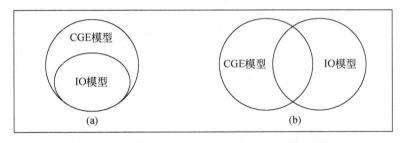

图 2.10　灾害损失评估中 CGE 模型和 IO 模型关系

据此，极端气象灾害间接经济损失评估需要兼顾两个模型的优缺点，根据研究目的和经济系统的特点合理选择 IO 模型和 CGE 模型。IO 模型简便易用，但没有考虑替代性、价格等要素，适用于气象灾害应急处置阶段开展间接经济损失评估，评估结果可以用于优化抗灾救灾资源的分配，提高应急处置能力；CGE 模型考虑了替代性、价格等要素，但假定了经济系统在灾后达到新的均衡状态，CGE 模型则适用于恢复重建阶段的间接经济损失评估，评估结果可以用于恢复重建过程中资源的优化分配，缩短恢复重建期，确保经济平稳增长。

通常认为 IO 模型估计的灾害损失大于实际的灾害损失，因为它们假定价格是固定的，同时假设生产系统中不存在替代机制。相反，CGE 模型计算的灾害损失小于实际的灾害损失，因为它们假设市场机制在灾害条件下能充分发挥调节作用，价格能完全反应市场状况并能调节正常的经济系统供需关系。灾害损失的实际情况是 IO 模型和 CGE 模型估计的两种极端估计的中间值。这种估计必须使用 IO 模型的适应性改进（Hallegatte，2008），或者使用 CGE 模型，但是限制替代效应的作用范围（Rose et al.，2007）。

2.3.3 经济影响评估的投入产出法

投入产出分析法是列昂惕夫于 1933 年提出的，由于投入产出法将深刻而又复杂的经济内涵与简洁易懂的数学表达式很好地结合在了一起，所以已经被广泛地用于描述和解释经济、社会、环境的问题，它是一种经济影响分析、经济系统建模与预测的强有力的工具。投入产出表能够根据获得数据的情况来确定部门的多少，快速地定量评估国民经济受灾情况，并进行短期的分析（孙慧娜，2011）。表 2.2 是一张简化的投入产出表的基本结构，其直观地反映各个产业部门消耗和产出关系。

表 2.2 简化的投入产出表

项目		中间产品					最终使用	总产品
		部门 1	部门 2	部门 3	…	部门 n		
中间投入	部门 1	X_{11}	X_{12}	X_{13}	…	X_{1n}	N_1	X_1
	部门 2	X_{21}	X_{22}	X_{23}	…	X_{2n}	N_2	X_2
	部门 3	X_{31}	X_{32}	X_{33}	…	X_{3n}	N_3	X_3
	⋮	⋮	⋮	⋮	…	⋮	⋮	⋮
	部门 n	X_{n1}	X_{n2}	X_{n3}	…	X_{nn}	N_n	X_n
增加值		Q_1	Q_2	⋮	…	Q_n		
总投入		X_1	X_2	X_3		X_n		

在投入产出分析中，国民经济各部门之间通过中间流量象限的 X_{ij} 元素的传递进行联系。从行向上看，X_{ij} 表示 i 部门向 j 部门提供产品作为生产消耗的数量，可用直接消耗系数来加以反映部门之间的关系。从列向上看，X_{ij} 表示 i 部门分配给 j 部门产品作生产使用的数量，可用直接分配系数反映部门之间的联系。直接消耗系数是从生产消耗的角度来测算间接经济损失，直接分配系数则从分配使

用的角度来计算间接经济损失。

直接分配系数是指某个产业部门的产品分配（提供）给各个产业部门作生产使用和提供给社会最终使用的数量占该部门产品总量的比例，通常用 h 表示。直接分配系数可以分为中间产品直接分配系数（h_{ij}）和最终产品直接分配系数（h_{vk}），以区分中间投入使用和最终使用。而在本书中采用中间产品直接分配系数（简称直接分配系数）。

直接分配系数的计算公式为

$$h_{ij} = \frac{X_{ij}}{X_i} \quad (i = 1, 2, \cdots, n) \qquad (2.10)$$

式中，X_{ij} 为 j 部门生产中消耗的 i 部门的产品数量；X_i 为第 i 部门的总产出；h_{ij} 为 i 部门的产品被 j 部门用作中间产品的数量占 i 部门产品总量的比例，该数值越大，则说明 i 部门向 j 部门提供的中间使用也相对较多。

所谓的完全分配系数则由直接分配系数与间接分配系数之和构成。我们可以利用直接分配系数矩阵（H）来计算完全分配系数矩阵（V），计算公式为 $V = (I-H)^{-1} - I$。式中，I 为单位矩阵。假设直接经济损失为最终使用（Y）的损失，间接经济损失（W）可通过 V 得到 $W = [(I-H)^{-1} - I] Y$。

主要参考文献

高燕. 2006. 防洪决策中灾情评估系统的研究. 上海：东华大学硕士学位论文.

黄渝祥，杨宗跃，邵颖红. 1994. 灾害间接经济损失的计量. 灾害学，(3)：7-11.

尼克·皮金，罗杰·E. 卡斯帕森，保罗·斯洛维奇. 2010. 风险的社会放大. 谭宏凯，译. 北京：中国劳动社会保障出版社.

孙慧娜. 2011. 重大自然灾害统计及间接经济损失评估. 成都：西南财经大学硕士学位论文.

Albala-Betrand J M. 1993. Political Economy of Large Natural Disasters. Oxford：Clarendon Press.

Albala-Betrand J M. 2014. Disasters and the Networked Economy. New York：Routledge.

Auffret P. 2003. High Consumption Volatility：The Impact of Natural Disasters? World Bank Policy Research Working Paper No. 2962. http：//ssrn.com/abstract=636324 [2009-05-13].

Becker G S, Rubinstein Y. 2004. Fear and the Response to Terrorism. Chicago：University of Chicago.

Cannon T. 2000. Vulnerability analysis and disasters//Parker D J. Floods, vol 1. London：Routledge.

Centre A D R. 2005. Total Disaster Risk Management：Good Practices. ADRC, Kobe, Japan. http：//www.adrc.or.jp [2009-05-13].

Crichton D. 1999. The Risk Triangle in Natural Disaster Management. Leicester, UK：Tudor Rose.

Crichton D. 2002. UK and global insurance response to flood hazard. Water International, 27 (1): 119-131.

Crichton D. 2007. What can cities do to increase resilience. Philosophical Transactions, 365 (1860): 2731-2739.

Cutter S L. 1996. Vulnerability to environmental hazards. Progress in Human Geography, 20 (4): 529-539.

Davidson R A, Haresh C S. 1997. An urban earthquake disaster risk index. https://stacks.stanford.edu/file/druid: zy159jm6182/TR121_ Davidson. pdf [2009-05-13].

Hallegatte S. 2008. An adaptive regional input-output model and its application to the assessment of the economic cost of Katrina. Risk Analysis, 28 (3): 779-799.

Kapucu N, Hawkins C V. 2012. Emerging research in disaster resiliency and sustainability implications for policy and practice// Kapucu N, Hawkins C V, Rivera F I. Disaster Resiliency: Interdisciplinary Perspectives. New York: Routledge Taylor & Francis Group.

Kasperson R E, Renn O, Slovic P, et al. 1988. The social amplification of risk: A conceptual framework. Risk Analysis, 8 (2): 177-187.

Kohler A, Jülich S, Bloemertz L. 2005. Guidelines Risk Analysis- a Basis for Disaster Risk Management. Germany: GTZ.

Kron F. 2005. Flood risk = hazard · values · vulnerability. Water International, 30 (1): 58-68.

Mark S Risk. 2001. Natural disasters, and household savings in a life cycle model. Japan and the World Economy, 13 (1): 15-34.

Pidgeon N F, Kasperson R E, Slovic P. 2003. The Social Amplification of Risk. Cambridge: Cambridge University Press.

Rose A. 1983. Modeling the macroeconomic impact of air pollution abatement. Journal of Regional Science, 23 (4): 441-459.

Rose A, Oladosu G, Liao S Y. 2007. Business interruption impacts of a terrorist attack on the electric power system of Los Angeles: Customer resilience to a total blackout. Risk Analysis, 27 (3): 513-531.

Skidmore M. 2001. Risk, natural disasters, and household savings in a life cycle model. Japan and the World Economy, 13 (1): 15-34.

Tatebe W, Muraji M, Fujii T, et al. 2007. Distribution of impacts of natural disasters across income groups: A case study of New Orleans. Ecological Economics, 63 (2): 299-306.

UN/ISDR (International Strategy for Disaster Reduction). 2004. Living with Risk: A Global Review of Disaster Reduction Initiatives. Geneva: United Nations Publications.

Wisner B, Blaikie P, Cannon T, et al. 2004. At Risk: Natural Hazard, People's Vulnerability and Disasters (2nd). Abingdon: Routledge.

Yu K D S, Tan R R, Aviso K B, et al. 2014. A vulnerability index for post- disaster key sector prioritization. Economic Systems Research, 26 (1): 81-97.

3 洪涝灾害系统及要素分析

3.1 洪涝灾害系统及要素

洪涝灾害系统由孕灾环境、致灾因子、承灾体和灾情四个要素组成（图 3.1）。

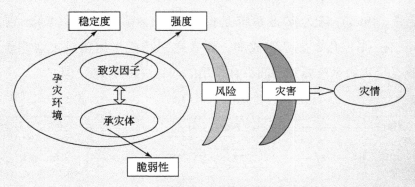

图 3.1　洪涝灾害系统结构及组成要素

灾害研究通常从系统角度分析，马宗晋（1991）提出的自然灾害系统，包括气象、海洋、生物、地质、人类、地球系统组成的综合系统；王劲峰（1993）则将灾害系统划分为两部分，即实体与过程。实体是指灾害系统内的物质部分，它是灾害系统的结构与组成的物质部分，包括灾害的发送者——致灾因子和灾害的接受者——承灾体。过程是指灾害系统内各物质组成部分之间的动力行为和关系，是各组分发生关系的媒介。如果两个系统的物质组成一样，但过程不一样，那么这两个系统表现出的功能也是不一样的，过程包括自然过程、社会行为过程和成灾过程。例如，系统的实体是水和植物两个组分，两者之间的关系是滋润，那么这个系统就是良性的，但如果过程是淹埋，那么这就是一个灾害系统。过程是区分不同系统类型的本质特征，而对灾害系统过程的研究是确定自然灾害不同作用类型、程度和功能的基本依据。不同的物质实体部分正是因为这种过程而成为一个系统，从而具有系统的各种特性：①总体性和相关性，即总体大于部分之和及部分之间紧密的关联性；②层次和等级；③目的性即特有行为。系统行为或过程有时是可以被利用并在一定程度上加以改良的，佟志军（2009）根据区域灾害系统论的观点认为自然灾害是由地球表层物质变异活动产生的过程。在灾害形成过程中，致灾因子、孕灾环境、承灾体缺一不可，灾害是三者综合作用的结果（史培军，1996，2005；黄崇福，2006），如果忽视其中任一个因子，对灾害的研究都是有缺陷的。Mileti 和 Noji（1999）认为灾害系统是由地球物理系统（大气圈、岩石圈、水圈、生物圈，用 E 表示）、人类系统（人口、文化、技术、社会阶层、经济、政治，用 H 表示）与结构系统（建筑物、道路、桥梁、公共基础设施、房屋，用 C 表示）共同组成，灾情是灾害系统各要素相互作用的结果，即

$$D = E \cap H \cap C$$

史培军（1996）认为灾害系统是由地球表层孕灾环境（E）、致灾因子（H）、承灾体（S）几个要素组成的，要素之间相互作用构成灾害系统，灾情（D）是这几个灾害系统要素之间综合作用的产物（图3.2），即

$$D = E \cap H \cap S$$

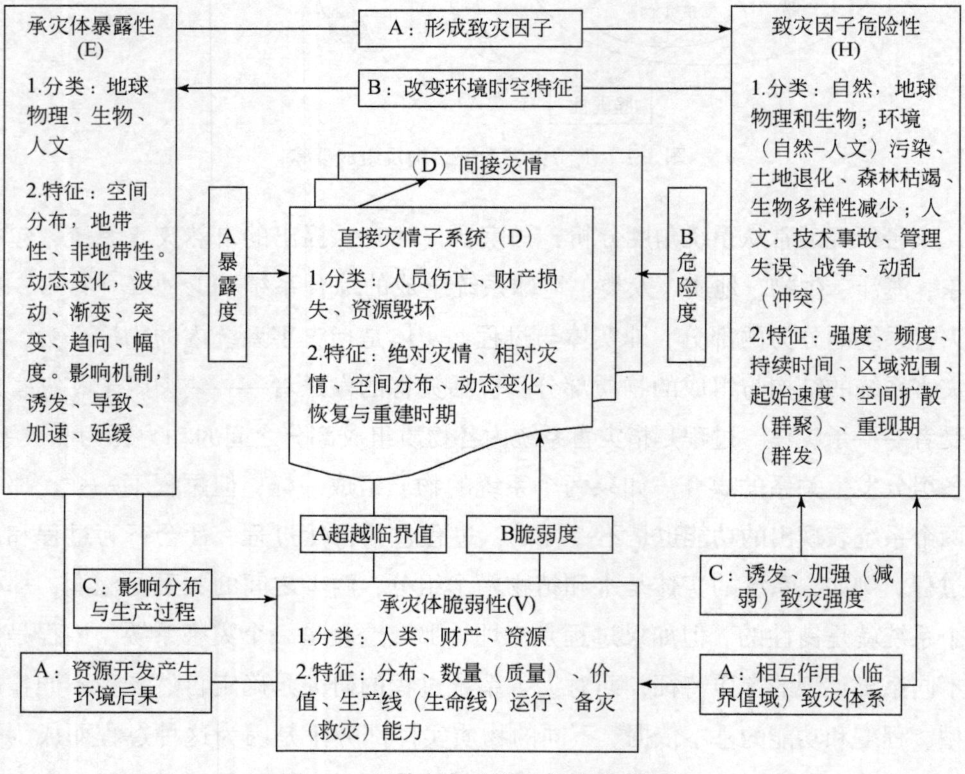

图 3.2 区域灾害系统要素及相互关系

H 是灾害产生的充分条件，S 是放大或缩小灾害的必要条件，E 是影响 H 和 S 的背景条件。任何一个特定地区的灾害，都是 H、E、S 综合作用的结果。进行气象灾害风险评估之前，首先要明确气象灾害是天、地、人综合作用的产物，气象灾害风险评估不仅要考虑致灾因子（灾害性天气气候事件）风险分析，还必须考虑孕灾环境分析、承灾体的易损性和价值分析。

从区域灾害的形成过程看，无论是突发性的致灾因子（如地震、台风等），还是渐发性的致灾因子（如土壤侵蚀、环境污染等），在灾情形成中都有累积性效应，即通过灾害链相对放大了某一致灾事件的灾情程度（加权机制 1+1>2）。无论是自然致灾因子，还是人为致灾因子，对灾情而言，都存在直接的影响和间接的影响。因此，在区域灾情形成中，任何一种致灾因子都可以分为直接危险性和间接危险性两种，同样，针对直接灾情和间接灾情而言，暴露也存在直接暴露与间接暴露的区别。

图 3.3 列举了洪涝灾害发生机制及造成的社会经济影响，洪涝灾害经济系统的承灾体包括各类经济部门和建筑设施，其造成的损失包括直接经济损失和间

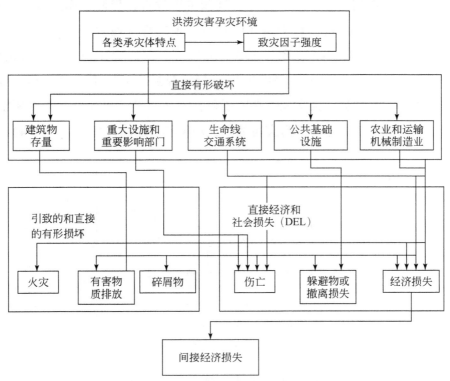

图 3.3　洪涝灾害承灾体与灾情组成及关系分析

接经济损失，直接经济损失通常使用调查和统计方法得到，间接经济损失只能通过计量方法计算得到。为了分析洪涝灾害发生机制和估计洪涝灾害间接经济损失，本书对1998年洪涝灾害系统及其要素进行分析。

3.2 孕灾环境

孕灾环境会对致灾因子的发生发展产生三种作用：第一，传导体（conductive medium）功能。孕灾环境作为传导载体，使致灾因子能够将破坏作用直接传递给承灾体。第二，消音器（muffler）功能。其指致灾因子在孕灾环境中传导，孕灾环境能够减弱致灾因子的危害性，而不会对承灾体带来危害或破坏。第三，放大器（amplifier）功能。通过改变孕灾环境，致灾因子将其自身的作用能量放大，从而产生次代致灾因子，这将会扩大致灾因子的危害程度。

洪涝灾害孕灾环境可以认为是季风气候条件下的水热变率，它们缘于一些直接地学行为——东亚季风过程不稳定、西风带切变的特点及异常活动和青藏高原的热力动力作用。通过遥感等相关观测可以发现，黑潮、赤道太平洋、阿拉伯海和南海等海区也可以认为是我国洪涝灾害的直接地学影响因素。物理机制和界面过程，如海陆热力对比、海气、陆气等界面过程作为大气环流遥相关的物理机制主要包括准定常行星波的传播与外源强迫的异常；地学基本过程，如季风环流、大气环流；天文或终端因子包括地球自转、海陆分布和太阳活动，这些因子之间的关系决定了洪涝灾害的孕灾环境具有层次性特点（图3.4）。

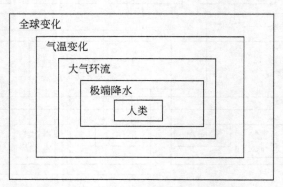

图 3.4　孕灾环境的层次性（尺度效应）

1998年大洪涝灾害孕灾环境层次性表现在全球尺度、区域尺度和地域尺度。

①全球尺度：厄尔尼诺和拉尼娜两大现象造成的，这是两种全球尺度的大气现象。因此，1998年东亚和东南亚的大部分国家与地区都发生了严重的洪涝灾害，许多国家与地区的降雨量远高于平均水平。②区域尺度：1997年冬和1998年春青藏高原降雪深厚及我国夏季大气环流的特殊配置，这是造成1998年大洪涝灾害的区域条件。③地域尺度：各地特殊的局地环流和地貌条件也是造成地域灾害差异的原因。例如，长江中下游地区洪涝灾害的发生与其所处地理位置有关。每年夏季前后，来自太平洋和印度洋的暖湿气流为长江中下游地区带来丰富的降水，长江中下游地区洪涝灾害的发生与厄尔尼诺现象有一定关系。全球变暖导致全球气候失常，一些地区连年干旱，而另一些地区则暴雨连连（高庆华等，2012）。

1998年大洪涝灾害的孕灾环境还包括社会环境要素。例如，Wisner（2004）对中国的洪涝灾害从社会体制层面进行了分析，认为1998年我国洪涝灾害发生在我国计划经济体制向市场体制转换过程中，大面积的开垦和毁林，造成严重水土流失的社会背景条件下。其不利社会环境条件是：首先，防洪措施不够完善，水利工程老化失修。其次，流域植被遭到破坏，水土流失严重，大片森林开垦为农田，从而引起水土流失，地表径流增加，一旦下起暴雨，不但增加了当时洪水总量，而且淤塞河道，抬高了洪水水位，加大了发生洪涝灾害的可能性。最后，围湖造田使长江中下游的洞庭湖、洪湖、鄱阳湖、太湖湖面缩小，湖泊蓄洪能力下降（Wisner，2004）。

3.3 致灾因子

洪涝灾害致灾因子的形成与降水量、地理位置、地形、土壤结构、河道的宽窄和曲度、植被及季节、农作物生育期、防洪防涝设施等都有密切的关系。但大多情况下都是该地当时降水量过大造成的，尤其是严重的大范围的洪涝灾害都是由暴雨、特大暴雨或持续大范围降雨天气造成的。因此，下面涉及的关于1998年洪涝灾害发生及变化规律等都是以降水量制定的指标来进行讨论的。

3.3.1 长江中下游地区

（1）降水过程

进入6月中旬以后，副热带高压北侧的西南暖湿气流与南下的冷空气频繁交汇于长江中下游及华南的部分地区，江西、湖南、浙江、广西、福建等省（自治区）出现稳定的连续性暴雨至大暴雨、局部特大暴雨天气。其中，6月13日湖南沅陵、安化及江西鹰潭、贵溪、丰城降水量分别达204mm、242mm、205mm、204mm、203mm；15日湖南平江黄旗煅降水量达315mm。

13～15日江西余江、鹰潭、贵溪、弋阳、横峰、铅山6市县出现了连续3天的大暴雨；16日江西崇仁、福建武夷山降水量分别达254mm、221mm，湖南怀化16日0：00至8：00降水量达161.5mm；21日福建光泽降雨量达293mm，广西融安长安降水量达355mm；23日湖南澧县、津市降水量分别达236mm、246mm，广东恩平市绵江降水量达458mm；24日广东恩平市绵江降水量达398mm，25日降水量又达324mm。浙江丽水地区的庆元、龙泉分别连续6天与5天出现暴雨和大暴雨。

上述地区6月12～27日降水总量一般有200～500mm，江西北部、湖南北部、浙江西南部、安徽南部及福建西北部、广西东北部等地的部分地区降水总量达600～900mm，局部地区超过1000mm。其中，江西横峰、弋阳分别达1026mm、1015mm；福建武夷山及光泽县6月12～25日降水总量分别达1034mm、1002mm；广东阳春6月18～25日降水总量达1135.7mm，恩平市的锦江6月23～26日降水总量达1180mm；广西永福6月16～26日降水量达967mm；浙江庆元6月8～27日降水量达941mm。由于这些地区前期江湖水位较高，受这段强降雨的影响，各江、河、湖、库水位迅速上涨（13日江西信江的梅岗站水位一天之内就上涨达7m），在相继出现超警戒或保证水位之后，不少江河又先后出现历史最高水位，汛情紧张，洪涝灾害严重。

6月27日以后，由于副热带高压的加强西伸、北跳，使稳定于长江中下游地区的雨带也随之向北、向西推移。6月28日～7月3日，西部的降雨除在川西南的西昌、会理一带有一个100～200mm的多雨区外，在重庆、三峡区间及湖北清江流域地区也有一个100～200mm、局部200～300mm的多雨中心。受降雨影响，湖北宜昌水位达52.91m，超警戒水位0.91m，形成了当年长江的第1次洪峰。受洞庭湖水系和鄱阳湖水系及长江上游来水的共同影响，长江中下游干流全线超警戒水位，监利、武穴、九江水位相继超过历史最高水位。7月4～6日，四川盆地西部发生一次区域性暴雨天气过程，24h降水量达100mm以上的有15个县市，温江、双流两县是这场强降雨的最大中心，过程降雨量分别达444mm

和 373mm。

7月14～16日，重庆及湖北清江流域一带又降了中到大雨，雨洪重叠，重庆寸滩15日20时水位达182.11m，洪峰18日通过宜昌（即当年长江第2次洪峰）。

由于控制长江中下游地区的副热带高压减弱南落、东退，7月20～31日长江中下游地区再次出现大范围的暴雨天气过程。这阶段降雨范围虽比前一次小，持续时间稍短，但突发性强，强度大。其中，20日湖南桑植凉水口降水量达301mm；21日安徽宿松降水量达273mm，武汉降水量达286mm，其中1h最大降水量为107mm（21日6：20～7：20）；20日20：00～22日20：00，湖北有10个县市降水量超过300mm，最大的黄石达500mm，武汉及蔡甸、江夏两个郊区分别达458mm、395mm、390mm；浙江开化22日20：00～23日20：00降水量达201.9mm；江西南昌23日12h降水量达206mm；湖南永顺23日降水量为259mm。与此同时，四川盆地东部、重庆及三峡区间地区也于20～23日、28～29日出现了两次降雨过程。就7月下旬而言，长江流域大部地区降水量一般有90～300mm，湖南西北部、江西北部、湖北南部等地的部分地区降水量达300～500mm，局部地区降水量超过800mm，一般比常年同期偏多1～5倍。其中，以江西婺源最大，降水量达911mm。鄂东大部和赣北部分地区的旬降雨量创1949年以来同期的最大值；而且强降雨带位置与6月中下旬的强降雨带位置基本一致。

长江中下游干流在前期已维持高水位且普遍超过警戒水位0.31～2.27m的情况下，这阶段持续降雨，无疑等于雪上加霜。首先是洞庭湖水系和鄱阳湖水系水位急涨。澧水石门站23日18：30水位达62.65m，流量为19 000m³/s，均为有记录以来的最大值。江西乐安河虎山站24日15：30水位达30.32m，为历史第二高水位；修水永修站26日20：00水位达23.33m，超过历史最高水位。沅水、资水、昌江等也相继发生大洪水。受支流来水影响，洞庭湖、鄱阳湖水位又迅速上涨。长江干流第3次洪峰于25日2：00通过宜昌，上压下顶，沙市以下水位全线上涨。26日6：00，石首、监利、莲花塘、螺山、武穴、九江、湖口等站分别超过历史最高水位0.02m、0.43m、0.09m、0.02m、0.25m、0.21m和0.13m。27日6：00，洞庭湖城陵矶水位涨至35.47m，超过历史最高水位0.16m。29日4：00，汉口站水位为28.96m，为1865年建站以来仅次于1954年

(最高水位为29.73m)的第二位高水位;30日15:00,受区间降雨和长江支流陆水水库放流的影响,汉口站水位又涨至29.07m,比前一天最高水位又涨0.11m。

8月份,尽管长江中下游地区降水量已大为减少,但长江上游的四川、重庆、湖北清江流域及汉江下游地区降雨仍很频繁,明显的降雨过程达6~7次。月降水量一般有150~250mm,部分地区超过300mm,较常年同期偏多达1倍,局部偏多达2倍。频繁的降雨,造成洪峰迭起,8月7日长江干流第4次、13日第5次、17日第6次、26日第7次、31日第8次洪峰先后通过湖北宜昌。

图3.5显示了1998年6~8月长江流域平均逐日降水量变化过程。1998年6月12~28日长江流域出现了第一阶段梅雨,持续性暴雨主要出现在长江中游的江西省和湖南省。由于1998年初我国南方异常多雨,许多江河、湖泊在汛期之前水位就已经较高,受这段强降水的影响,长江下游、洞庭湖、鄱阳湖等出现了洪涝灾害。

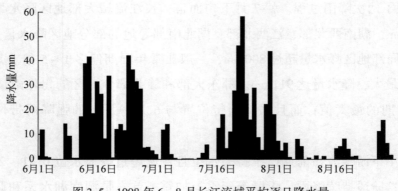

图3.5 1998年6~8月长江流域平均逐日降水量

(2) 水情过程

在前期洞庭湖水系、鄱阳湖水系及干流洪水遭遇洪峰叠加,水位居高不下的情况下,长江上游的多次洪水下泄,与长江中下游洪水不断遭遇,使长江干流宜昌以下河段水位全线超警戒水位,沙市至螺山、武穴至九江的江段及洞庭湖、鄱阳湖水位超过历史最高水位。特别是沙市8月17日9:00洪峰水位为45.22m,超过历史最高水位(1954年,44.67m)0.55m,相应流量为53 700m³/s;汉口水文站19日21:00~20日23:00最高水位一直持平为29.43m,持平时间达26h。为1998年汛期的最高水位,相应的流量为72 300m³/s。水位超28.90m

以上 37 天，比 1954 年多 2 天。

持续不断的降雨，加之行洪蓄洪区域大幅度减少及长江的上下高程落差小和农历大潮对下游江水的顶托，这种"上压下顶"的形势，造成了洪水下泄不畅，长时间维持高水位。直至 9 月 7 日，长江中下游干流水位才全线回落至历史最高水位以下，超历史最高水位的时间长达 40 多天；而回落至警戒水位的时间则延迟到 9 月 25 日，时间长达 3 个月左右。

图 3.6 是 1998 年夏长江流域 16 个站平均逐日累积降雨量和长江中游城陵矶的逐日水位变化图。可以看出，随着 6 月中旬梅雨期强降雨的开始，城陵矶水位迅速上涨，6 月 27 日超过警戒水位。7 月 2 日长江第 1 次洪峰通过了湖北省宜昌市，城陵矶水位接近 1996 年出现的历史最高水位。受长江上游来水及洞庭湖、鄱阳湖水系的共同影响，长江中下游水位在 6 月底全线超过警戒水位，7 月初接近历史最高水位。

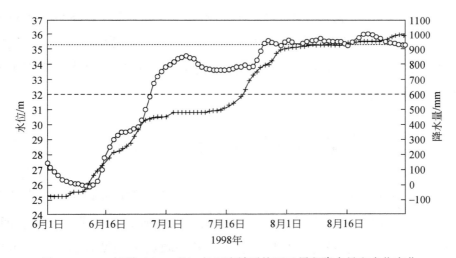

图 3.6　1998 年夏（6~8 月）长江流域平均逐日累积降水量和水位变化

注：图中 16 个站平均逐日累积降水量用+字线表示，单位为 mm，图中空心圆线表示城陵矶水位，
　　单位为 m；图中长虚线为警戒水位；图中点线为历史最高水位

3.3.2　东北地区

嫩江流域 1998 年雨季开始较早，5 月下旬受冷涡影响，降雨天气明显偏多，5 月 28 日黑龙江甘南降了第一场暴雨。

6~8 月嫩江流域及附近地区降水量一般有 300~500mm，部分地区达 500~

700mm，较常年同期偏多20%~90%，部分地区偏多达1倍以上，不少地区3个月的降水量已超过了常年的年降水量。其中，6月上旬中期至下旬中期几乎天天有雨，局部地区还降了暴雨。7月上旬降水量也明显偏多，6~7日还有成片的暴雨发生。

7月中下旬至8月上半月的降雨过程中，内蒙古东部、黑龙江西部、吉林西部等地的局部地区还降了大暴雨，如内蒙古扎兰屯市7月25日降水量达186mm之后，26日又降水111mm；27日黑龙江甘南太平湖降水量达188mm，8月9日甘南音河降水量为158mm。对于年降水量仅有300~400mm的上述地区24h降雨量超过100mm，甚至接近200mm的大暴雨天气，是十分罕见的。受长时间的频繁降雨的影响，嫩江支流水位上涨，干流洪峰迭起，共出现4次洪峰。其中，8月11日受支流诺敏河、雅鲁河、洮儿河等河流超过历史纪录的洪水及降雨的影响，嫩江干流同盟、齐齐哈尔、富拉尔基、江桥、大赉等站均出现历史最大洪水。8月23日19：00松花江干流洪峰通过哈尔滨，水位达120.89m，超过历史最高水位0.84m，相应流量为17 300m^3/s，为超过百年一遇的特大洪水。当洪水向下游推进时，造成佳木斯市出现有实测记录以来的第二位洪水，富锦出现了超过历史最高水位的洪水。

3.4 承灾体

承受灾害的对象称为承灾体，承灾体是指直接受到灾害影响和损害的人类社会主体。主要包括人类本身和社会发展的各个方面，如工业、农业、能源、建筑业、交通、通信、教育、文化、娱乐、各种减灾工程设施及生产、生活服务设施，以及人们所积累起来的各类财富等。经济承灾体是指经济活动的部门和相互结构关系，为了量化经济部门之间的关联性特点，社会网络分析理论经常被用来进行产业关联分析（王娜等，2015；孙露等，2014），本章基于社会网络分析方法对我国1997年产业结构脆弱性进行分析。

3.4.1 基于Ego网的承灾体特征

根据我国1997年40个部门投入产出表，运用社会网络分析软件Ucinet6.0，进行经济结果中心性节点中心度分析和凝聚子群分析（表3.1），生成产业关联网络结构图（图3.7和图3.8）。

表3.1 基于投入产出表的节点中心度分析结果表

部门名称	NrmOutDeg	NrmInDeg	部门名称	NrmOutDeg	NrmInDeg
化学工业	6.138	4.697	非金属矿采选业	0.74	0.413
农业	5.661	4.194	邮电业	0.664	0.352
金属冶炼及压延加工业	3.626	2.613	木材加工及家具制造业	0.635	0.682
非金属矿物制品业	3.267	2.543	其他制造业	0.598	0.663
纺织业	3.082	2.813	服装皮革羽绒及其他纤维制品制造业	0.593	1.768
商业	3.081	2.285	金属矿采选业	0.576	0.326
机械工业	2.374	2.305	饮食业	0.503	0.612
食品制造及烟草加工业	2.164	4.207	建筑业	0.434	5.229
金属制品业	1.674	1.613	旅客运输业	0.351	0.277
造纸印刷及文教用品制造业	1.594	1.278	机械设备修理业	0.311	0.177
电气机械及器材制造业	1.551	1.823	综合技术服务业	0.309	0.266
电力及蒸汽热水生产和供应业	1.531	0.937	仪器仪表及文化办公用机械制造业	0.276	0.241
社会服务业	1.485	1.436	房地产业	0.237	0.189
电子及通信设备制造业	1.467	1.543	废品及废料	0.217	0
石油加工及炼焦业	1.409	1.019	教育文化艺术及广播电影电视业	0.175	0.6
货物运输及仓储业	1.331	0.68	自来水的生产和供应业	0.121	0.081
交通运输设备制造业	1.272	1.655	卫生体育和社会福利业	0.033	0.513
金融保险业	1.137	0.591	科学研究事业	0.029	0.072
煤炭采选业	0.903	0.457	煤气生产和供应业	0.026	0.043
石油和天然气开采业	0.824	0.18	行政机关及其他行业	0	1.027

注：NrmOutDeg指成员发出关系的点数标准值，NrmInDeg指成员接受关系的点数

3.4.2 承灾体网络特征分析

通过对结果进行分析可以得到以下结论。

1）由图3.7可知农业、商业、食品制造及烟草加工业为一个凝聚子群说明三者间具有相对较强、直接、紧密、经常的或者积极的关系，加之其NrmOutDeg、NrmInDeg的综合数值为4.9275大于食品制造及烟草加工业综合数值3.1855表明农业与其他产业联系更加密切，证明1997年农产品交易是我国商

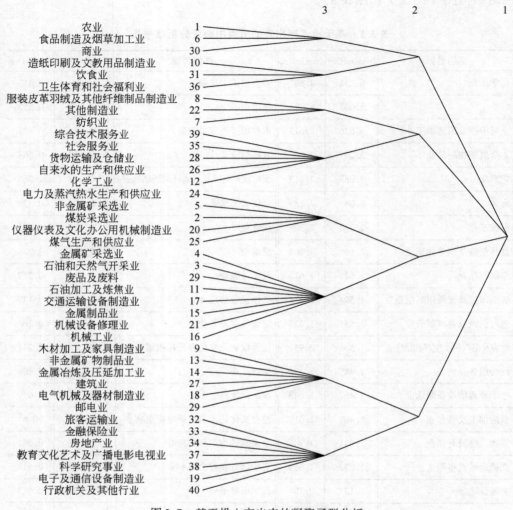

图 3.7 基于投入产出表的凝聚子群分析

业最重要的组成部分,通过图 3.8 可直观看出农业是联结各个产业的重要枢纽,综上可以说 1997 年农业是我国的第一支柱产业。

2)表 3.1 显示化学工业、农业、金属冶炼及压延加工业、非金属矿物制品业、纺织业、机械工业、商业、食品制造及烟草加工业、金属制品业、造纸印刷及文教用品制造业和电气机械及器材制造业节点中心度值较大,可以看出 1997 年我国第二产业蓬勃发展,极具活力。

3)通过分析图 3.7 不难看出煤炭、石油天然气开发利用产业所属凝聚子群的产业覆盖面不广基本都属于同一类型产业,说明 1997 年我国与自然能源、资

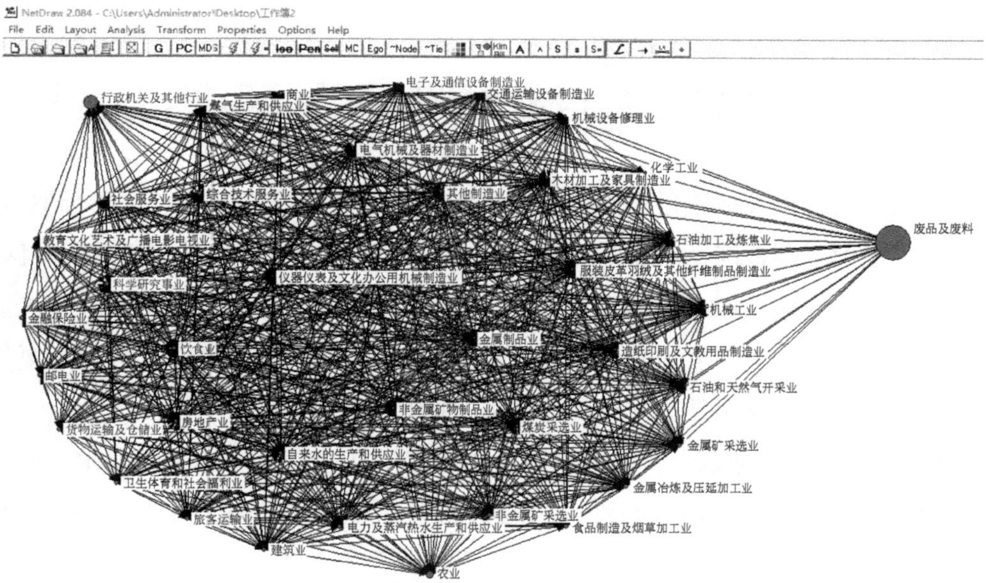

图 3.8　基于投入产出表的产业关联网络结构

源相关的产业规模局限,产业水平不高;由表 3.1 中煤炭的 NrmOutDeg、NrmInDeg 值大于石油和天然气的 NrmOutDeg、NrmInDeg 值可得煤炭是 1997 年我国最为主要的不可再生能源,石油和清洁能源天然气的重要程度远不及今日;综上可以说 1997 年我国能源、资源产业水平仍处于初级阶段,需要着力发展。

4) 由图 3.8 可直观看出废品及废料产业中间中心度最大,但表 3.1 中其 NrmOutDeg、NrmInDeg 值很低,说明 1997 年我国废品及废料产业虽然涉及人民生产、生活的各个方面但是对经济和社会的贡献率不高,需要对产业进行深化升级,进一步挖掘产业潜力,使其发挥更大的综合效益。

5) 图 3.7 中房地产业与旅客运输业、金融保险业、教育文化艺术及广播电影电视业、科学研究事业、电子及通信设备制造业、行政机关及其他行业这些不为重要支柱产业的产业同属一个凝聚子群,且表 3.1 与图 3.7 反映出其中心性水平很低,说明 1997 年我国的房地产业与今日的"牵一发而动全身"的房地产业相比可以说是天差地别,其经济地位、社会地位还非常低。究其原因是 1995 年十四届五中全会通过了《中共中央关于制定国民经济和社会发展"九五"计划和 2010 年远景目标的建议》,提出:实现奋斗目标的关键之一是经济体制从传统的计划经济体制向社会主义市场经济体制转变,"计划经济体制"逐渐淡出历史舞台,我国才逐渐取消了福利分房政策,房地产业才开始市场化的发展,所以在 1997 年的中国房地产业还比较弱小。

3.5 灾情特点

从洪涝灾害损失地域角度分析，1998 年洪涝灾害主要集中分布在两个地域：一个是长江中下游地区，洪涝区域集中分布在长江中下游、洞庭湖及鄱阳湖区。另一个是东北地区。1998 年夏东北地区洪涝区主要集中分布在松花江、嫩江流域。其中，嫩江中下游流域最为集中和严重。造成洪涝的直接原因可能是夏季降雨发生频率高，且多是暴雨或者大暴雨，持续时间长。

1）长江中下游地区。持续的暴雨洪水造成沿江湖地区险情不断发生，防汛抗洪形势十分严峻，江西、湖南、湖北等省发生了严重的洪涝灾害。据江西、湖南、湖北、安徽、福建、广西、四川、重庆、广东等 13 个省（自治区、直辖市）的不完全统计，有 1.3 亿人（次）不同程度地受到洪涝灾害的影响，紧急转移安置 1300 多万人，倒塌房屋近 400 万间、损坏近千万间，农作物受灾 1.6 亿多亩[①]，成灾 1.2 亿多亩，绝收 4000 多万亩，直接经济损失 1700 多亿元。其中，受 6 月中下旬暴雨的影响，江西有 115 座千亩以上圩堤溃决（其中 9 座万亩圩、1 座 5 万亩圩）。105、206、316、319、320 等国道和 165 条省、县公路交通先后中断，浙赣铁路出现 3 次中断，累积中断行车 16h；鹰厦铁路 3 处受淹或受山体滑坡影响，累积中断行车 122h；京九铁路南昌昌北段因路基塌陷累积中断行车 20h。江西共有 79 个县市区、1297 个乡镇、1210 万人受灾，因灾死亡 151 人，失踪 70 余人；损坏房屋 67 万间、倒塌 45 万间，景德镇、鹰潭、上饶、广丰、铅山、横峰、弋阳、贵溪、余江、黎川、南城、宜黄、崇仁、东乡、临川、南丰等 29 个县市以上城乡受淹，被洪水围困人口达 185 万人；农作物受灾面积达 1400 多万亩、受灾面积达 1100 多万亩、绝收面积达 600 多万亩，毁坏耕地面积达 150 多万亩；有 26 200 家工矿企业停产或部分停产，冲毁公路路基达 8300 多千米、输电线路达 1200 多千米、通信线路达 650 多千米，毁坏水利设施 5 万多座（处）。江西全省因灾造成直接经济损失近 200 亿元。与此同时，广西也有南宁、柳州、桂林、贺州、梧州、钦州、贵港、河池等地市 62 个县市 959 个乡

---

① 1 亩≈666.667m²。

镇1200多万人受灾,因灾死亡81人,受伤达3.8万人;工矿企业受灾达6200多家;农作物受灾面积达1000多万亩、成灾面积达680多万亩、绝收面积达360多万亩;水产养殖受淹面积达30多万亩,损失水产品达3.47亿kg;冲毁桥涵达1700多座,损坏水塘和中小型水库达2400多座,其中中型水库7座、小型水库90座;水毁公路、冲毁路基、路面达3000多千米,中断交通达165条;损坏通信线路电杆达7000多根,损坏输电电路电杆达7700多根;全停产工矿企业达4000多个;受灾学校达1700所,造成直接经济损失超过100亿元。其中,桂林市区109条主、次干道90%以上被淹;梧州市80%以上街道被淹,其所辖的苍梧县更是一片汪洋。受7月下旬暴雨的影响,湖南常德、岳阳、益阳、张家界、湘西自治州、怀化和长沙7地市、44个县市区1400多万人受灾,因灾死亡200多人,溃决千亩以上堤垸62个,造成30万灾民有家难归和无家可归;一度被洪水围困人口达125万人,有6个县城进水受淹,其中桑植县城最大受淹深度达11m,近3万人被洪水围困;永顺县城2/3被淹没,水淹深度平均近7m,3万多人被洪水围困。受7月21~23日的特大暴雨影响,武汉三镇一片汪洋,被淹面积达46km^2,占城区总面积的1/5,渍水达1.3亿m^3,相当于一个半东湖的容量,城区1183家工业企业停产,半停产509家,郊区县农作物2/3被淹,177万多人、233多万亩农田受灾,市政、交通、通信、电力等设备损毁严重,市政道路受损115条,排水管网损坏46.4km,水毁公路48条823km,受灾学校达463所。

2) 东北地区。频繁的降雨和持续的洪水使黑龙江西部、内蒙古东部、吉林西部等地遭受了严重的洪涝灾害。据不完全统计,受灾人口达1000多万人(次),受灾农作物面积达7000万亩、成灾面积达3300多万亩、绝收面积达2500多万亩,倒塌房屋160多万间、损坏房屋达180多万间,直接经济损失近500亿元。其中,内蒙古呼盟、兴安盟受灾农田面积达1000多万亩,死亡牲畜达18万多头,直接经济损失近百亿元。黑龙江受灾严重的甘南县进水村屯达340多个,进水房屋达5万多间,倒塌房屋达3.5万间;水围村屯达180多个,围困人口达10多万人,近8万人无家可归;水淹农田面积达230多万亩,其中绝收面积达190万亩,交通、通信、供电、水利等设施遭到很大破坏,直接经济损失达10多亿元。

这次洪涝灾害除了上面分析的地域性特点之外,还表现如下特点:

第一，波及范围广，影响程度深。从全国受灾的情况来看，这次洪涝灾害波及全国各个省（自治区、直辖市），影响了各行各业的发展。

第二，汛情和灾情发生的时间比较早，持续时间比较长。1998年1月长江中下游干流就出现历史同期最高水位，湖南等地就出现了局部洪涝灾害，一直到7月，还未完全消退。

第三，洪水量级大。雨水的不断加大，造成了包括长江、黄河及其他省（自治区、直辖市）的大江，都出现了百年一遇的洪水。而这也是为什么农业及其他行业遭受这么大损失的原因。

第四，山地灾害死亡人数多。洪水的发生，引发山洪、滑坡和泥石流等次生灾害，所以居住在山地之间的人群，遭受到的危险最大，死亡的人数也就最多。

第五，水利工程出险多，水毁严重。在这次洪涝灾害中，也从侧面发现了我国建立的防洪措施缺乏监督管理，从而致使很多豆腐渣工程顷刻之间就灰飞烟灭，从而加重了险情的发生。

主要参考文献

高庆华，邓砚，胡俊锋，等. 2012. 亚洲巨灾事件系统解析. 北京：气象出版社.
黄崇福. 2006. 自然灾害风险分析的信息矩阵方法. 自然灾害学报, 15 (1)：1-10.
马宗晋. 1991. 什么是灾害系统工程. 现代化, (6)：36-37.
史培军. 1996. 再论灾害研究的理论与实践. 自然灾害学报, 5 (4)：6-17.
史培军. 2005. 四论灾害系统研究的理论与实践. 自然灾害学报, 14 (6)：1-7.
孙露，薛冰，张子龙，等. 2014. 基于SNA的中国产业网络结构演化及定量测度. 生态经济, 30 (2)：83-87.
佟志军. 2009. 草原火灾应急管理与决策支持集成研究. 长春：东北师范大学博士学位论文.
王劲峰. 1993. 中国自然灾害影响评价方法研究. 北京：中国科学技术出版社.
王娜，陈兴鹏，张子龙，等. 2015. 西北地区产业关联网络演变的社会网络分析. 资源开发与市场, 31 (9)：1045-1051.
Mileti D, Noji E. 1999. Disasters by Design: A Reassessment of Natural Hazards in the United States. Washington, DC: The National Academies Press.
Wisner B. 2004. At Risk: Natural Hazards, People's Vulnerability and Disasters. London: Routledge.

4 基于消耗系数的需求侧 IIM 的洪涝灾害间接经济损失评估

灾害间接经济损失是经济系统受灾害系统影响下发生的,所以,分析灾害系统影响经济系统的途径是进行灾害经济损失评估的前提。

4.1 灾害影响经济系统的途径

投入产出损失评估模型中的灾害影响有两种类型:单一影响评估和复合影响评估。

第一,单一影响评估。单一影响评估在投入产出表中的表达方式有三种:①需求减少的投入产出影响评估;②供给减少的投入产出影响评估;③总产出减少的投入产出影响评估。第二,复合影响评估。复合影响评估是一种影响序列评估(impact sequence),包括:产出数量-供应价格序列影响评估和供应价格-最终需求量复合序列影响评估,灾害对经济造成的损失可能表现在投入产出表的支出栏或者收入栏(图4.1)。

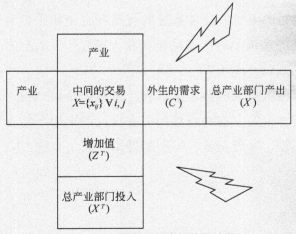

图 4.1 灾害影响经济系统的途径

对经济支出造成的损失可能是最终消费、资本形成、进口或者出口，这由不同的灾害类型和经济系统的特点决定。例如，Haggerty 等（2008）研究了 2003 年 9 月 Issba 飓风引起的洪涝灾害对美国弗吉尼亚州 Midtown 隧道关闭的影响，研究考虑的最终需求的影响由个人消费支出、私人固定投资、库存的改变、商品和服务的出口、政府服务和消费投资、商品和服务进口 6 项组成；但是，考虑到这次隧道关闭的影响特点，最终需求中重点考虑个人消费支出与商品和服务的出口的影响，假定其他几项未受灾害的影响，在考虑消费支出影响的时候，考虑灾害对个人收入的影响。

根据凯恩斯的观点，消费由收入决定，通过收入与消费之间的关系可以建立消费函数，这样消费函数在现代消费理论中扩展为多影响模型，因为消费支出受当期收入、过去的消费水平、对未来收入的预期、人口结构和居民的消费偏好等因素的影响。从本质上来说，考虑消费和收入的内在关联性，就是把居民消费作为内生变量，从按照局部闭模型的假设来进行灾害对消费直接影响的计算角度来分析问题。另外一个从供应角度估算灾害直接损失的灾害类型是流行病灾害，主要从人力资本损失的角度来估算直接经济损失。Haimar 和 Santos（2014）利用 fluworkloss 软件来预测 H1N9 禽流感的劳动力损失，把劳动力损失作为动态投入产出模型的输入来计量灾害间接经济影响，类似的研究还有 Santos 等（2009），其利用 DIIM 模拟劳动力中断的损失。

4.2 灾害影响经济系统的定量化描述

经济系统是复杂的系统，经济系统的扰动通常使用乘数分析方法，它可以反映外界扰动在经济系统中的传播路径和放大程度，投入产出矩阵模型计算方法是分析者建模的基础（图 4.2）。

根据灾害直接经济损失的假设条件和经济系统特点，投入产出灾害分析有不同类型。估算灾害损失存在对直接损失在投入产出表中的不同假设及经济系统不同驱动机制模型，一般而言，不同的理论模式组合构成以下几种分析思路（表 4.1）。

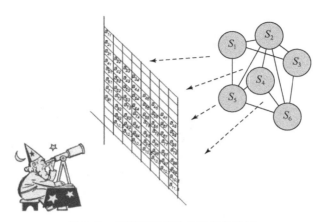

图 4.2　经济系统变化的定量化描述

表 4.1　不同假设及不同经济驱动的组合方式

经济分析角度 \ 灾害影响假设	最终需求损失 行模型	增加价值损失 列模型	复合影响 混合模型
消耗系数	↱	↴	↷
分配系数	↱	↴	↴

4.3　研究理论假设与方法

4.3.1　基于需求减少的损失评估理论假设

传统观点认为需求是经济系统变化的主要动力，经典的投入产出模型建立以此为假设条件（图 4.3）。

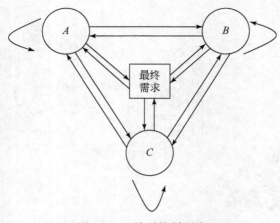

图 4.3 经济系统循环流

经济系统的要素组成主要是生产部门（图 4.3 中 A、B、C 代表）和需求部门组成，经济系统各个部门之间存在密切的相互作用。生产部门生产的产品满足自身需求（A-A，B-B，C-C）和供应给其他部门，同时从其他部门获取需要的产品（$A\Leftrightarrow B$，$A\Leftrightarrow C$，$B\Leftrightarrow C$），此外，最终需求与各个生产部门之间也存在密切的联系，总产出部门分配给私人、公共部门消费，投资和出口需求，同时最终使用产生劳动力和通过投资折旧部分汇流到生产过程。

传统观点认为需求变化是经济系统变化的主要驱动力量。所以，本书假设直接经济损失实际上是最终产品的损失，以此为基础展开洪涝灾害经济损失评估分析。洪涝灾害经济损失评估中的直接经济损失和间接经济损失的计算过程如图 4.4 所示。

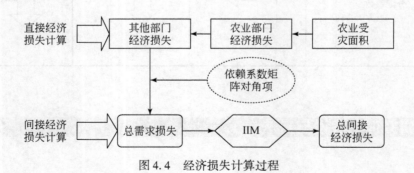

图 4.4 经济损失计算过程

4.3.2 灾害间接经济损失计量的两种方法

在这种假定条件下，为了比较，本书用两种不同方法对 1998 年洪涝灾害的间接经济损进行计算。

首先，利用消耗系数方法。第一步，计算总产出损失。利用最终使用和总产出关系式：$\Delta X = (I - A)^{-1} \Delta Y$，式中，$\Delta X$ 为总产出损失；ΔY 为最终使用量损失；I 为单位矩阵；A 为直接消耗系数。第二步，计算间接经济损失。间接经济损失等于总产出损失减去最终产品损失。其次，分配系数方法。第一步，计算分配系数。第二步，构建行模型。

$$\Delta X = (I - H')^{-1} \Delta Y \tag{4.1}$$

式中，ΔX 为间接损失；ΔY 为最终使用量损失；I 为单位矩阵；H 为直接分配系数。这种估算方法形式上看是使用不同的乘数，计算灾害间接经济损失，实质是经济系统两种不同的驱动机制（生产关系和分配关系）。

4.4 基于消耗系数的需求侧 IIM 的灾害损失评估

消耗系数是投入产出表列关系计算的系数，同时假设灾害影响最终总需求，包括消费、资本形成总额、进口和出口等（图4.5）。

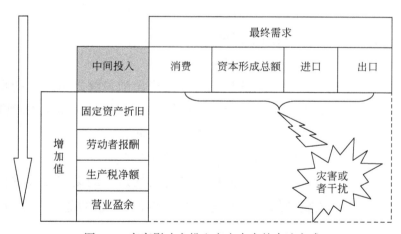

图 4.5 灾害影响在投入产出表中的表达方式

依据以上假设，建立损失评估的 IO 模型，其建模的理论基础是经典的 IO 模型。

式（4.2）中给出了原始的里昂惕夫 IO 模型，其中 x_i 代表 i 部门的总产出产业，里昂惕夫技术系数 a_{ij} 表示从产业 i 到产业 j 的投入的比率，相对于产业 j 的整体生产要求。在式（4.2）中，c_i 表示的第 i 个行业的最终需求，定义为通过最终用户的产业 i 为最终消费总产出的部分。

$$x = Ax + c \Leftrightarrow \left\{ x_i = \sum_j a_{ij}x_j + c_i \right\} \forall i \qquad (4.2)$$

基于经典的里昂惕夫 IO 模型，Santos 和 Haimes（2004）提出了需求减少损失投入产出模型（inoperability input output model，IIM）。每一个部门的经济产出由初始的最终需求扰动到一组的经济部门造成损失。一个经济部门的损失率的概念定义为从理想的产出减少的产出百分比，这是由于需求减少引起的。从形式上看，如果 $\hat{x}$ 定义为按照计划总的经济生产向量，$\tilde{x}$ 是降低后的总生产向量，基于需求的损失率（q）定义为

$$q = [\operatorname{diag}(\hat{x})]^{-1}(\hat{x} - \tilde{x}) \qquad (4.3)$$

其中，对角矩阵（$\hat{x}$）是由给定的产出向量 $\hat{x}$ 构成的 n 维矩阵。例如，式（4.4）中所示决定的。

$$\operatorname{diag}(\hat{x}) = \operatorname{diag}\begin{bmatrix}\hat{x}_1\\\hat{x}_2\\\vdots\\\hat{x}_n\end{bmatrix} = \begin{bmatrix}\hat{x}_1 & 0 & \cdots & 0\\0 & \hat{x}_2 & \vdots & \vdots\\\vdots & \vdots & & 0\\0 & \cdots & 0 & \hat{x}_n\end{bmatrix} \qquad (4.4)$$

损失率投入产出模型的需求减少由以下公式决定：

$$q = [I - A^*]^{-1}c^* \qquad (4.5)$$

在式（4.5）符号 c^* 的定义是从总的额定产出的最终需求减少的百分比的向量（最终需求损失比例）；在式（4.7）中符号 A^* 的定义是部门依赖矩阵：

$$c^* = [\operatorname{diag}(\hat{x})]^{-1}(\hat{c} - \tilde{c}) \qquad (4.6)$$

$$A^* = [\operatorname{diag}(\hat{x})]^{-1}A[\operatorname{diag}(\hat{x})] \qquad (4.7)$$

需求减少损失率投入产出模型的概念和定义均适用的动态损失率模型，这扩展了损失率投入产出模型的应用于额外动态和随机元素的范围（Haimes et al, 2005）。

4.5 部门合并及数据处理

4.5.1 部门合并的原则

第一，产业部门属性类似原则。由于数据的限制，不可能确定这么多部门

的直接经济损失，同时因为有些产业部门有类似的消费和生产关系，似乎受洪涝灾害的影响也类似，所以，假定如此的合并不影响我们的结果，同时也能简化分析。按照常规统计分类法，将各省（自治区、直辖市）1997年投入产出表中的40个部门合并为20个部门（表4.2）。

第二，消耗系数近似原则。根据产业前向关联分析和后向关联分析，只有一些关联系数比较接近的部门才能进行合并，因为部门划分（构成）对直接消耗系数的影响，当部门合并或产品的结构发生变化后，有

$$a_{ij} = \frac{X_{it} + X_{ik}}{X_t + X_k} + \frac{a_{it}X_t + a_{ik}X_k}{X_t + X_k} = a_{it}\frac{X_t}{X_t + X_k} + a_{ik}\frac{X_k}{X_t + X_k}(i, j = 1, 2, \cdots, n)$$

(4.8)

显然，如果原来的 t 部门与 k 部门的消耗系数 a_{it} 与 a_{ik} 相等，则

$$a_{it}\frac{X_t}{X_t + X_k} + a_{ik}\frac{X_k}{X_t + X_k} = a_{it} = a_{ik}$$

(4.9)

亦即 $a_{it} = a_{ik} = a_{ij}$，说明合并的两个部门有相同的生产技术联系。如果 $a_{it} \neq a_{ik}$，那么 a_{ij} 不仅取决于原来 a_{it} 与 a_{ik} 的大小，还要取决于 t 部门与 k 部门占两部门总产量比例的多少。特别是当两个比例相等时，有

$$a_{it}\frac{X_t}{X_t + X_k} + a_{ik}\frac{X_k}{X_t + X_k} = \frac{1}{2}(a_{it} + a_{ik})$$

(4.10)

第三，研究目的原则。本书研究洪涝灾害导致农业损失对经济系统其他部门的影响，所以部门划分时候在考虑各个部门总消耗系数时候，同时考虑农业直接消耗系数及完全消耗系数，各个部门消耗系数列于表4.3，部门选择列于表4.2。

表4.2 投入产出表部门归并方法

编号	40个部门	20个部门	注释
1	煤炭采选业（0.486 423 3）、石油和天然气开采业（0.261 837 6）、金属矿采选业（0.645 656 8）、非金属矿采选业（0.550 822 5）	采掘业	综合考虑
2	纺织业（0.718 220 5）服装皮革羽毛及其他纤维制品制造业（0.688 074 9）	纺织服装业	
3	化学工业（0.731 435 8）石油加工及炼焦业（0.779 394 7）	石油加工及化学工业	

续表

编号	40个部门	20个部门	注释
4	金属冶炼及压延加工业（0.796 267 6）金属制品业（0.766 611）	金属冶炼及制品业	
5	电气机械及器材制造业（0.776 576 2）电子及通信设备制造业（0.746 404 8）	电子机械及电子通信制造业	
6	仪器仪表及文化办公用机械制造业（0.687 163 8）、机械设备修理业（0.582 571 1）其他制造业（0.680 793 7）	仪器仪表及机械设备修理业	
7	电力及蒸汽热水生产和供应业（0.568 114 4）、煤气生产和供应业（0.736 503 9）、自来水的生产和供应业（0.499 519 8）	电力蒸汽热水、煤气自来水生产供应业	综合考虑
8	货物运输及仓储业（0.434 311 2）、旅客运输业（0.484 643 8）商业（0.489 985 4）	商业、运输业	
9	邮电业（0.425 322 1）、教育文化艺术广播电影电视事业（0.471 691 8）、综合技术服务业（0.432 694 8）社会服务业（0.602 723 6）、卫生体育和社会福利事业（0.661 695 8）、科学研究事业（0.612 228 3）行政机关及其他行业（0.548 972 6）	科技教育及社会服务业	属性类似
10	饮食业（0.643 945 5）	饮食业	农业部门完全系数
11	金融保险业（0.389 614 2）、房地产业（0.240 933 7）	金融房地产	属性类似
12	农业（0.402 627 7）	农业	
13	交通运输设备制造业（0.737 865 5）	交通运输设备制造业	
14	机械工业（0.663 881 6）	机械工业	
15	造纸印刷及文教用品制造业（0.685 298 1）	造纸印刷及文教用品制造业	
16	木材加工及家具制造业（0.720 621 6）	木材加工及家具制造业	
17	非金属矿物制品业（0.684 072 3）	非金属矿物制品业	
18	建筑业（0.712 548 8）	建筑业	
19	食品制造及烟草加工业（0.722 623 6）	食品制造及烟草加工业	
20	废品及废料（0）	废品及废料	

表4.3 部门总消耗系数及各部门农业消耗系数

编号	部门	农业直接消耗系数	农业间接消耗系数
1	农业	0.160 639	1.263 21
2	煤炭采选业	0.010 677	0.047 156

续表

编号	部门	农业直接消耗系数	农业间接消耗系数
3	石油和天然气开采业	9.33×10^{-7}	0.017 988
4	金属矿采选业	0.002 901	0.044 041
5	非金属矿采选业	0.022 699	0.067 405
6	食品制造及烟草加工业	0.429 418	0.639 155
7	纺织业	0.124 895	0.293 322
8	服装皮革羽绒及其他纤维制品制造业	0.035 793	0.205 984
9	木材加工及家具制造业	0.054 011	0.157 292
10	造纸印刷及文教用品制造业	0.044 904	0.137 419
11	石油加工及炼焦业	8.77×10^{-6}	0.025 061
12	化学工业	0.046 437	0.148 388
13	非金属矿物制品业	0.002 931	0.054 453
14	金属冶炼及压延加工业	4.03×10^{-5}	0.036 446
15	金属制品业	0.000 827	0.043 091
16	机械工业	0.000 43	0.040 256
17	交通运输设备制造业	0.000 4	0.044 402
18	电气机械及器材制造业	8.29×10^{-5}	0.058 301
19	电子及通信设备制造业	0	0.048 479
20	仪器仪表及文化办公用机械制造业	0	0.050 511
21	机械设备修理业	0.003 655	0.043 695
22	其他制造业	0.083 482	0.188 25
23	废品及废料	0	0
24	电力及蒸汽热水生产和供应业	0.000 131	0.029 148
25	煤气生产和供应业	0	0.037 099
26	自来水的生产和供应业	0	0.029 228
27	建筑业	0.004 145	0.048 765
28	货物运输及仓储业	0.003 012	0.031 457
29	邮电业	0	0.028 255
30	商业	0.006 982	0.067 097
31	饮食业	0.225 071	0.479 936
32	旅客运输业	8.14×10^{-6}	0.035 97
33	金融保险业	0	0.027 729
34	房地产业	0.000 316	0.017 357
35	社会服务业	0.008 151	0.082 442

续表

编号	部门	农业直接消耗系数	农业间接消耗系数
36	卫生体育和社会福利业	0.004 822	0.088 282
37	教育文化艺术及广播电影电视业	0.003 092	0.047 293
38	科学研究事业	0.005 863	0.054 166
39	综合技术服务业	0.061 669	0.119 335
40	行政机关及其他行业	0	0.050 101

4.5.2 数据处理

计算所用数据主要是投入产出表和统计年鉴与年报。其中，投入产出表采用国家统计局公布的 1997 年全国相关省市的投入产出流量表，灾害损失数据参考国家防汛抗旱总指挥部办公室关于 1998 年洪涝灾情报告及《中国自然灾害年报 1998》，同时农业灾害的损失面积参考 1998 年《中国农业年鉴》。

4.6 结果及分析

4.6.1 直接经济损失计算

洪涝灾害直接经济损失主要包括成灾的洪涝灾害面积、受灾人口、死亡人口、倒塌的房屋数。由于灾害统计的是总经济损失，洪涝灾害导致的各个产业部门损失数据难于获取，所以，只依据农业受灾面积和成灾面积数据推算农业的总产值损失对其他各个行业的间接损失。但是，每年自然灾害所造成的农业总产值的减少缺乏准确的数据，因此必须对农业总产值损失进行估计。根据统计年鉴的定义，成灾面积是粮食产量低于正常年份产量的 30% 以上的土地面积，我们就以每年成灾面积占粮食总播种面积的比例乘以 30% 作为当年粮食产量的损失比例（显然，这样计算的结果应该低于实际的粮食损失比例），然后，再以损失比例乘以每年的农业总产值，从而求出农业总产值的损失（路琮等，2002）。

4.6.2 间接经济损失评估

(1) 地区间接经济损失计算

间接经济损失的计算采用基于需求的损失率投入产出模型（IIM）来计算，

由于这种 IIM 是需求驱动模型，需求驱动模型的输入应是需求的变化，然后计算输出的变化。因此，损失（减少产出水平）应该转换为各个部门的最终需求变化，借鉴 Okuyama（2004）采用的方法。该方法分为两步：第一步，用各个部门直接经济损失乘以依赖系数矩阵的对角项，其中的依赖系数矩阵依据列昂惕夫直接消耗系数计算而来，计算公式为

$$A^* = [\mathrm{diag}(\hat{x})]^{-1} A [\mathrm{diag}(\hat{x})]$$

$$\mathrm{diag}(\hat{x}) = \mathrm{diag}\begin{bmatrix} \hat{x}_1 \\ \hat{x}_2 \\ \vdots \\ \hat{x}_n \end{bmatrix} = \begin{bmatrix} \hat{x}_1 & 0 & \cdots & 0 \\ 0 & \hat{x}_2 & \cdots & \vdots \\ \vdots & \vdots & & 0 \\ 0 & \cdots & 0 & \hat{x}_n \end{bmatrix} \quad (4.11)$$

式中，A^* 定义是部门依赖矩阵，A 为根据投入产出表计算的列昂惕夫直接消耗系数矩阵，$\hat{x}$ 为正常的产出量，其值为投入产出流量数。第二步，将所得到的最终需求损失乘以依赖系数矩阵计算各部门的间接经济损失。经过以上步骤计算所得直接经济损失和间接经济损失值见表 4.4。

表 4.4　各省（自治区、直辖市）直接经济损失与间接经济损失

（单位：亿元）

地区	直接经济损失	间接经济损失	地区	直接经济损失	间接经济损失
北京	1.90	0.76	湖北	357.00	276.77
天津	1.40	4.14	湖南	422.80	426.38
河北	21.40	19.87	广东	76.10	86.78
山西	9.10	2.19	广西	114.90	89.76
内蒙古	159.00	194.73	重庆	55.50	52.68
辽宁	6.00	8.13	四川	74.70	68.8
吉林	140.00	123.45	贵州	10.20	15.36
黑龙江	218.00	186.53	云南	23.10	20.86
江苏	26.70	27.4	陕西	43.00	24.68
浙江	46.00	29.39	青海	0.70	1.68
安徽	130.50	163.27	甘肃	2.80	1.36
福建	87.90	48.72	宁夏	3.20	1.85
江西	408.20	283.56	新疆	8.40	12.56
山东	56.30	33.02	合计（亿元）	2545.1	2160.48
河南	40.30	42.58			

(2) 洪涝灾害部门经济损失评估

通过损失率模型的计算,可以求出20个部门的相对损失率,在消耗系数法模型的求解中,已经求出了各个部门因农业损失值的损失,造成其他部门的绝对损失值,而现在我们通过求出的相对损失率,可以在微观及宏观上,更加清晰明了地进行对比分析(表4.5)。

表4.5 基于消耗系数需求侧 IIM 损失估计结果

代码	部门名称	损失率 值	损失率 排序	损失量 值(万元)	损失量 排序
A	采掘业	0.006 973 921	4	476 206.465 9	5
B	纺织服装业	0.001 879 626	18	288 833.900 7	10
C	石油加工及化学工业	0.011 448 591	2	2 096 285.629	2
D	金属冶炼及制品业	0.003 144 452	12	401 178.795	7
E	电子机械及电子通信制造业	0.001 961 779	17	205 131.580 7	11
F	仪器仪表及机械设备修理业	0.004 135 553	8	159 520.557 2	14
G	电力蒸汽热水、煤气自来水生产供应业	0.006 634 991	5	293 995.985 3	9
H	商业、运输业	0.005 147 796	6	829 559.134 2	4
I	科技教育及社会服务业	0.002 458 479	14	457 823.209 3	6
J	饮食业	0.002 339 691	15	52 649.498 88	18
K	金融房地产	0.003 648 124	10	198 845.833 9	12
L	农业	0.053 792 987	1	13 274 701.28	1
M	交通运输设备制造业	0.002 789 304	13	148 219.141	15
N	机械工业	0.004 193 819	7	345 014.248 7	8
O	造纸印刷及文教用品制造业	0.003 775 624	9	166 848.079 7	13
P	木材加工及家具制造业	0.002 336 257	16	52 359.771	19
Q	非金属矿物制品业	0.001 663 313	19	146 494.648 6	16
R	建筑业	0.000 337 55	20	58 684.779 29	17
S	食品制造及烟草加工业	0.007 879 658	3	1 086 809.232	3
T	废品及废料	0.003 499 587	11	18 693.940 74	20
	总值	—		20 757 856	—

通过表4.5可以知道,基于消耗系数模型计算的总间接经济损失为20 757 856万元。绝对损失率及相对损失率之间既是相互联系又是相互独立的。相对损失率大的部门,绝对损失量不一定大;反之,相对损失率小的部门,绝对损失量不一定小。而要想知道它们之间存在着哪种关系,我们需要对绝对损失率及相

对损失率做一个能够直观地看出它们之间拥有相互关系（图4.6）。

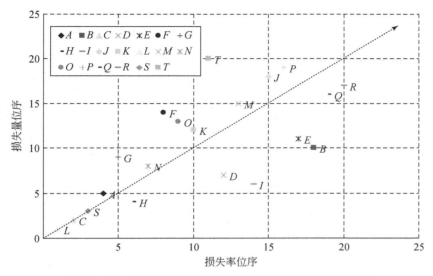

图4.6 基于消耗系数模型计算的洪涝灾害间接经济位序图

注：采掘业：A；纺织服装业：B；石油加工及化学工业：C；金属冶炼及制品业：D；电子机械及电子通信制造业：E；仪器仪表及机械设备修理业：F；电力蒸汽热水、煤气自来水生产供应业：G；商业、运输业：H；科技教育及社会服务业：I；饮食业：J；金融房地产：K；农业：L；交通运输设备制造业：M；机械工业：N；造纸印刷及文教用品制造业：O；木材加工及家具制造业：P；非金属矿物制品业：Q；建筑业：R；食品制造及烟草加工业：S；废品及废料：T

由图4.6可知，洪涝灾害经济损失率和损失量之间分布规律如下：①总体而言，损失率和损失量之间存在相关关系；②饮食业（J）、木材加工及家具制造业（P）、非金属矿物制品业（Q）、建筑业（R）等几个部门损失率和损失量均较大，采掘业（A）、农业（L）、石油加工及化学工业（C）、食品制造及烟草加工业（S）等几个部门损失率和损失量均较小；③废品及废料（T）部门损失率小，但是损失量大；④纺织服装业（B）、电子机械及电子通信制造业（E）部门损失率小，但是损失量大。

4.7 讨论

4.7.1 从单部门到多部门间接损失评估

一次灾害过程，对经济每个部门都会产生影响，所以，灾害损失评估应该是核算所有部门的直接损失,然后测算其造成的间接经济影响。但是现实中由于直接经济损失数据的限制,往往研究只是测算一个或者几个部门损失。例如,王兆坤(2012)分析了洪涝灾害引起的电力灾害间接经济损失过程,包括:①洪涝灾害对变电设备的影响;②洪涝灾害对输电设备的影响;③洪涝灾害对发电设备的影响。本章从洪涝灾害的经济影响分析出发。考虑到农业是国民经济的基础,对我国经济健康发展起着重要作用。重大洪涝灾害造成大量农田被淹,农作物被毁,使农作物减产甚至绝收,农产品加工业原料或原料成本提高。还有的研究侧重分析洪涝灾害对交通造成的影响。很明显这种分析可以简化分析过程,能剖析灾害间接经济损失的发生过程,但是,大大减轻了其评估结果的应用价值,因为相同直接经济损失作用到经济系统中造成的损失不同,其差别可以从表4.6中看出。

表4.6 灾害影响经济系统的接口效应

项目		经济系统关联性			损失分配	部门损失
第2部门损失	部门1	0.2	0.1	0	0	0.015
	部门2	0.2	0.4	0.3	0.15	0.06
	部门3	0	0.1	0.1	0	0.015
第1部门损失	部门1	0.2	0.1	0	0.15	0.03
	部门2	0.2	0.4	0.3	0	0.03
	部门3	0	0.1	0.1	0	0
第1、第2部门损失	部门1	0.2	0.1	0	0.08	0.023
	部门2	0.2	0.4	0.3	0.07	0.044
	部门3	0	0.1	0.1	0	0.007

以下考虑某产业部门(第k行)生产能力变化——引起其他各产业部门(第k行)中间产品消耗变化——形成其他各产业部门能力变化这样一种变动模式,来求解一次自然灾害造成的产业关联损失。

(1) 单个产业部门生产能力受损时的关联损失

假设k产业部门年生产能力(总产出)降低ΔX_k^1(角标"1"表示直接损失),年最终产品减少ΔY_k,而其他产业部门年最终产品不变,即$\Delta Y_i = 0$, $i \neq k$,则由投入产出分析法确定其他产业部门年生产能力的变化ΔX_i^2为($i \neq k$,角标"2"表示间接损失):

$$\begin{bmatrix} \Delta X_1^2 \\ \Delta X_2^2 \\ \vdots \\ \Delta X_k^1 \\ \vdots \\ \Delta X_n^2 \end{bmatrix} = \begin{bmatrix} 1+b_{11} & b_{12} & \cdots & b_{ik} & \cdots & b_{in} \\ b_{21} & 1+b_{22} & \cdots & b_{2k} & \cdots & b_{2n} \\ \vdots & \vdots & & \vdots & & \vdots \\ b_{k1} & b_{k2} & \cdots & 1+b_{kk} & \cdots & b_{kn} \\ \vdots & \vdots & & \vdots & & \vdots \\ b_{n1} & b_{n2} & \cdots & b_{nk} & \cdots & 1+b_{nn} \end{bmatrix} \begin{bmatrix} 0 \\ 0 \\ \vdots \\ \Delta Y_k \\ \vdots \\ 0 \end{bmatrix} = \begin{bmatrix} b_{1k}\Delta Y_k \\ b_{2k}\Delta Y_k \\ \vdots \\ b_{kk}\Delta Y_k + \Delta Y_k \\ \vdots \\ b_{nk}\Delta Y_k \end{bmatrix}$$

(4.12)

式中，b_{ij} 为 j 产品对 i 产品的完全消耗系数，即生产 j 产品直接消耗和全部间接消耗 i 产品的总和。

求解方程组，对第 k 个方程有

$$\Delta X_k^1 = b_{kk}\Delta Y_k + \Delta Y_k \tag{4.13}$$

$$\Delta Y_k = \frac{\Delta X_k^1}{1+b_{kk}} \tag{4.14}$$

即 k 产业部门年最终产品减少 $\frac{\Delta X_k^1}{1+b_{kk}}$，用于自身生产的直接消耗和全部间接消耗（中间产品）减少 $b_{kk}\frac{\Delta X_k^1}{1+b_{kk}}$，两者综合表现为 k 产业部门年总产出减少 ΔX_k^1。

将 ΔY_k 代入方程组有

$$\Delta X_i^2 = b_{ik}\Delta Y_k = b_{ik}\frac{\Delta X_k^1}{1+b_{kk}} \quad (i=1,2,\cdots,n,\ i\neq k) \tag{4.15}$$

即 k 产业部门对 i 产业部门产品的直接消耗和全部间接消耗减少 $b_{ik}\frac{\Delta X_k^1}{1+b_{kk}}$。由于假设 i 产业部门生产能力剩余（损失），否则，就会形成产品库存积压，损失更大。

令 α_i 为 i 产业部门新创价值与生产能力的比值，T_k 为 k 产业部门恢复灾前水平所需年限，则可以得到产业关联损失（D_2），其表达式如下：

$$D_2 = \sum_{\substack{i=1 \\ i\neq k}}^{n} \alpha_i b_{ik}\frac{\Delta X_k^1 T_k}{1+b_{kk}} \tag{4.16}$$

（2）两个产业部门生产能力受损时的关联损失

假设 k,p 两个产业部门年生产能力分别降低 ΔX_k^1 和 ΔX_p^1，其他产业部门年

最终产品保持不变。由式（4.17）可知，除 k，p 两个产业部门之外其他产业部门生产能力剩余（损失）为

$$\Delta X_i^2 = b_{ik}\frac{\Delta X_k^1 T_k}{1+b_{kk}} + b_{ip}\frac{\Delta X_p^1 T_p}{1+b_{pp}} \quad (i=1,2,\cdots,n,\ i \neq k,p) \quad (4.17)$$

考虑 k，p 两个产业部门，以 k 产业部门为例

$$\Delta X_k^2 = b_{kp}\frac{\Delta X_p^1 T_p}{1+b_{pp}} - \Delta X_k^1 T_k \quad (4.18)$$

显然，当 $\Delta X_k^2 < 0$ 时，不存在生产能力剩余（损失），表现为生产能力不足，这是洪涝灾害直接作用的结果，当 $\Delta X_k^2 \geq 0$ 时，产业关联损失为

$$D_k = \alpha_k\left(b_{kp}\frac{\Delta X_p^1 T_p}{1+b_{pp}} - \Delta X_k^1 T_k\right) \quad (4.19)$$

（3）多个产业部门生产能力受损时的关联损失

实际上，一次洪涝灾害会对整个经济体系中各个产业部门都造成不同程度的损害，假设各个产业部门生产能力分别降低 ΔX_i^1，$i=1,2,\cdots,n$，则 i 产业部门可能的产业关联损失为

$$D_i = \alpha_i\left(\sum_{\substack{j=1\\j\neq i}}^{n} b_{ij}\frac{\Delta X_j^1 T_j}{1+b_{jj}} - \Delta X_i^1 T_i\right) \quad (i=1,2,\cdots,n) \quad (4.20)$$

如果 $D_2 < 0$，则令 $D_i = 0$。由此，可以得到全部产业关联损失（D_2），其表达式如下：

$$D_2 = \sum_{t=0}^{n} D_i \quad (4.21)$$

4.7.2 农业受损对经济系统影响的发生机制

以上估算了农业损失导致的其他经济部门的损失，分析发现，有些部门表面上来看和农业部门没有直接联系，但是通过直接和完全消耗连接关系，经济系统中不同部门相互连接成一个整体。例如，以粮食对电力的消耗为例来分析（图4.7）。

由图4.7可知，粮食在生产过程中消耗了种子、化肥、柴油、拖拉机及电力等，此处对电力的消耗是粮食对电力的直接消耗；进一步，考虑粮食生产过程中直接消耗了种子，种子的生产过程中也消耗了化肥和电力，此处种子对电力的直接消耗系数是粮食对电力的第一次间接消耗；同样，粮食生产中直接消耗

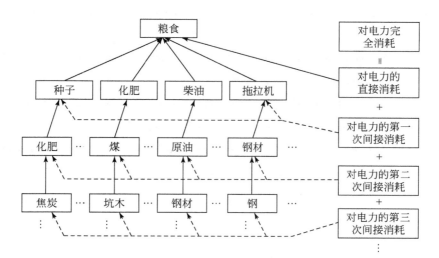

图 4.7 粮食对电力的消耗关联过程

的化肥、柴油、拖拉机等的生产过程也对电力产生了消耗,粮食通过多种直接消耗的产品产生的对电力的消耗,称为对电力的第一次间接消耗;种子生产过程中消耗了化肥,化肥在生产过程中也对电力产生了消耗,那么对应粮食生产过程而言,此处对电力的消耗为对电力的第二次间接消耗,即粮食通过第一次间接消耗的产品的生产对电力的消耗,依次递推可得粮食对电力的第三次、第四次、…、第无穷次间接消耗(陈锡康和杨翠红,2013)。

主要参考文献

陈锡康,杨翠红.2013.投入产出技术.北京:科学出版社.

路琮,魏一鸣,范英,等.2002.灾害对国民经济影响的定量分析模型及其应用.自然灾害学报,11(3):15-20.

王兆坤.2012.洪涝灾害下电力损失及停电经济影响的综合评估研究.长沙:湖南大学博士学位论文.

Ha E I, Santos J R. 2014. Modeling uncertainties in workforce disruptions from influenza pandemics using dynamic input-output analysis. Risk Analysis, 34 (3): 401-415.

Haggerty M, Santos J, Haimes Y. 2008. Transportation-based framework for deriving perturbations to the inoperability input-output model. Journal of Infrastructure Systems, 14 (4): 293-304.

Haimar E l, Santos J R. 2014. Modeling uncertainties in workforce disruptions from influenza pandemics using dynamic input-output analysis. Risk Analysis, 34 (3): 401-415.

Haimes Y Y, Horowitz B M, Lambert J H, et al. 2005. Inoperability input-output model (IIM) for interdependent infrastructure sectors: Theory and methodology. Journal of Infrastructure Systems, 11 (2): 67-79.

Okuyama Y. 2004. Modeling spatial economic impacts of an earthquake: Input-output approaches. Disaster Prevention and Management, 13 (4): 297-306.

Santos J R, Haimes Y Y. 2004. Modeling the demand reduction input-output (I-O) inoperability due to terrorism of interconnected infrastructures. Risk Analysis. 24 (6): 1437-1451.

Santos J R, Mark J O, Eric J B. 2009. Pandemic recovery analysis using the dynamic inoperability input-output mode I. Risk analysis, 29 (12): 1743-1758.

5

基于分配系数的需求侧 IIM 洪涝灾害间接经济损失评估

直接消耗系数和完全消耗系数都是从生产的角度出发计算的,本章从分配使用的角度计算另一个系数——分配系数,以此为基础估算洪涝灾害间接经济损失。

5.1 分配系数投入产出模型

所谓分配系数是一个部门的产品分配(提供)给各个部门作生产使用和提供给社会最终使用的数量占该部门产品总量的比例,一般用 h 表示。根据这个概念,分配系数有中间产品分配系数 h_{ij} 和最终产品分配系数 h_{iyk} 之分,其计算式分别为

$$h_{ij} = \frac{x_{ij}}{X_i} \quad (i, j = 1, 2, \cdots, n)$$

$$h_{iyk} = \frac{Y_{ik}}{X_i} \quad (i = 1, 2, \cdots, n; k = 1, 2, \cdots, m) \tag{5.1}$$

式中,Y_{ik} 为 i 部门提供给社会作 k 种最终使用的数量,k 为最终使用的构成,一般 $k=4$,表示 i 部门提供给社会作最终消费、资本形成、出口和进口的数量,分别用 Y_{i1}、Y_{i2}、Y_{i3}、Y_{i4} 表示。

分配系数实际上是从投入产出表横行计算的结构相对数,因此有

$$\sum_{j=1}^{n} h_{ij} + \sum_{k=1}^{m} h_{iyk} = 1 \quad (i = 1, 2, \cdots, n) \tag{5.2}$$

h_{ij} 表示 i 部门的产品被 j 部门用作中间产品的数量占 i 部门产品总量的比例,该值越大,说明 i 部门向 j 部门提供的中间使用相对较多。由于投入产出表的第一象限实际上是一个矩阵账户,矩阵账户的横行表示经济收入,纵列表示经济支出,所以,从另一角度看,h_{iyk} 值越大,i 部门从 j 部门得到的收入也越多。h_{iyk} 表示 i 部门的产品提供给社会作第 k 种最终使用(如最终消费、固定资本投资、

存货、出口等）的数量占 i 部门产品总量的比例，该值越大，说明 i 部门向社会提供的最终产品相对较多。

可以用下列矩阵表示中间产品（中间使用）分配系数整体和最终使用分配系数整体，即矩阵表示：

$$H = \begin{pmatrix} h_{11} & h_{12} & \cdots & h_{1n} \\ h_{21} & h_{22} & \cdots & h_{2n} \\ \vdots & \vdots & & \vdots \\ h_{n1} & h_{n2} & \cdots & h_{nn} \end{pmatrix}, \quad H_Y = \begin{pmatrix} h_{1y1} & h_{1y2} & \cdots & h_{1ym} \\ h_{2y1} & h_{2y2} & \cdots & h_{2ym} \\ \vdots & \vdots & & \vdots \\ h_{ny1} & h_{ny2} & \cdots & h_{nym} \end{pmatrix} \quad (5.3)$$

模型构建。首先，把分配系数引进投入产出行平衡式，由 $h_{ij} = \dfrac{x_{ij}}{X_i}(i, j = 1, 2, \cdots, n)$ 得 $x_{ij} = h_{ij}X_i$，把它代入投入产出行平衡式，即

$$\begin{cases} h_{11}X_1 + h_{12}X_1 + \cdots + h_{1n}X_1 + Y_1 = X_1 \\ h_{21}X_2 + h_{22}X_2 + \cdots + h_{2n}X_2 + Y_2 = X_2 \\ \quad\quad\quad\quad\quad\quad \vdots \\ h_{n1}X_n + h_{n2}X_n + \cdots + h_{nn}X_n + Y_n = X_n \end{cases} \quad (5.4)$$

一般表达式为

$$\sum_{j=1}^{n} h_{ij}X_i + Y_i = X_i \quad (i = 1, 2, \cdots, n) \quad (5.5)$$

令 G 是以 $\sum_{j=1}^{n} h_{ij}$ 为元素的列向量，$\hat{G}$ 是以 $\sum_{j=1}^{n} h_{ij}$ 为元素的对角矩阵，即

$$G = \begin{pmatrix} \sum_{j=1}^{n} h_{1j} \\ \sum_{j=2}^{n} h_{2j} \\ \vdots \\ \sum_{j=n}^{n} h_{nj} \end{pmatrix} \quad \hat{G} = \begin{pmatrix} \sum_{j=1}^{n} h_{1j} & & & \\ & \sum_{j=2}^{n} h_{2j} & & \\ & & \ddots & \\ & & & \sum_{j=n}^{n} h_{nj} \end{pmatrix} \quad (5.6)$$

那么式（5.6）可以写成如下的矩阵形式：

$$\hat{G}X + Y = X \quad (5.7)$$

由式（5.7）可以得到以下两式：

$$Y = (I - \hat{G})X$$

$$X = (I - \hat{G})^{-1}Y \quad (5.8)$$

式 (5.7) 和式 (5.8) 从分配的角度建立起了总产出与最终使用之间的联系，即可以分别通过总产出求得最终使用和通过最终使用求得总产出。

其次，把分配系数引进投入产出列平衡式，把 $x_{ij} = h_{ij}X_i$ 代入投入产出列平衡式，即

$$\begin{cases} h_{11}X_1 + h_{21}X_2 + \cdots + h_{n1}X_n + N_1 = X_1 \\ h_{12}X_1 + h_{22}X_2 + \cdots + h_{n2}X_n + N_2 = X_2 \\ \vdots \\ h_{1n}X_1 + h_{2n}X_2 + \cdots + h_{nn}X_n + N_n = X_n \end{cases} \quad (5.9)$$

一般表达式为

$$\sum_{i=1}^{n} h_{ij}X_i + N_j = X_j \quad (j = 1, 2, \cdots, n) \quad (5.10)$$

写成矩阵形式是

$$H'X + N = X \quad (5.11)$$

式中，H' 为分配系数矩阵的转置矩阵；X 为总产出列向量；N 为增加值列向量。由式 (5.11) 可以得到以下公式：

$$N = (I - H')X$$

$$X = (I - H')^{-1}N \quad (5.12)$$

式 (5.12) 从分配的角度建立起了总产出和增加值之间的联系，即可以分别通过总产出求得增加值和通过增加值求得总产出。

5.2 基于分配系数的 IIM 灾害分析模型

5.2.1 分配系数的 IIM 灾害分析模型

在式 (5.13) 中给出了原始的里昂惕夫 IO 模型的制定，其中 x_i 表示总产出产业 i；里昂惕夫技术系数 a_{ij} 表示从产业 i 到产业 j 的投入的比例相对于产业 j 的整体生产要求。在式 (5.13) 中，c_i 表示的第 i 个行业的最终需求，定义为通过最终用户的产业 i 为最终消费总产出的部分。

$$x = Ax + c \Leftrightarrow \left\{ x_i = \sum_j a_{ij}x_j + c_i \right\} \quad \forall i \quad (5.13)$$

基于经典的里昂惕夫 IO 模型，Santos 和 Haimes 提出了损失率投入产出模型的需求减少。每一个部门的经济产出由初始的最终需求扰动到一组的经济部门造成，这使定量评估减少。一个经济部门的损失率的概念定义为从理想的产出减少的产出比例，这是由于需求减少引起的。从形式上看，如果 $\hat{x}$ 定义为按照计划总的经济生产向量，$\tilde{x}$ 是降低后的总生产向量，基于需求的损失率（q）定义为

$$q = [\mathrm{diag}(\hat{x})]^{-1}(\hat{x} - \tilde{x}) \tag{5.14}$$

式中，对角矩阵（$\hat{x}$）是一个 n 维的对角矩阵，由给定的产出向量 $\hat{x}$，如式（5.15）中所示决定的。

$$\mathrm{diag}(\hat{x}) = \mathrm{diag}\begin{bmatrix} \hat{x}_1 \\ \hat{x}_2 \\ \vdots \\ \hat{x}_n \end{bmatrix} = \begin{bmatrix} \hat{x}_1 & 0 & \cdots & 0 \\ 0 & \hat{x}_2 & \cdots & \vdots \\ \vdots & \vdots & & 0 \\ 0 & \cdots & 0 & \hat{x}_n \end{bmatrix} \tag{5.15}$$

在式（5.16）中，符号 c^* 的定义为从总额定产出的最终需求减少的比例的向量（最终需求损失比例），用 H^* 表示基于分配系数的产业依赖矩阵，H 为分配系数。这样得到

$$c^* = [\mathrm{diag}(\hat{x})]^{-1}(\hat{c} - \tilde{c}) \tag{5.16}$$

$$H^* = [\mathrm{diag}(\hat{x})^{-1}] H [\mathrm{diag}(\hat{x})] \tag{5.17}$$

基于分配系数损失评估 IIM 的需求减少被给予

$$q = (I - H^*)^{-1} c^* \tag{5.18}$$

5.2.2　基于分配系数的需求侧 IIM 间接经济损失评估研究

根据以上构建的模型，利用 1997 年合并的中国 20 个部门投入产出数据，计算洪涝灾害间接经济损失，结果见表 5.1。

表 5.1　基于分配系数计算的洪涝灾害间接经济损失

编码	部门名称	损失率 值	损失率 排序	损失量 值（万元）	损失量 排序
A	采掘业	0.025 203 329	7	1 720 981.296	4
B	纺织服装业	0.003 018 518	19	463 842.483 7	18
C	石油加工及化学工业	0.015 429 531	10	2 825 212.672	2
D	金属冶炼及制品业	0.006 082 066	15	775 968.525	12
E	电子机械及电子通信制造业	0.004 629 849	17	484 115.743 8	17

续表

编码	部门名称	损失率 值	损失率 排序	损失量 值（万元）	损失量 排序
F	仪器仪表及机械设备修理业	0.026 457 549	4	1 020 546.232	8
G	电力蒸汽热水、煤气自来水生产供应业	0.036 952 037	3	1 637 342.143	5
H	商业、运输业	0.007 883 053	14	1 270 341.345	6
I	科技教育及社会服务业	0.003 257 875	18	606 688.348 7	14
J	饮食业	0.025 657 949	6	577 374.549 9	15
K	金融房地产	0.016 516 642	9	900 261.483 3	10
L	农业	0.053 792 987	2	13 274 701.28	1
M	交通运输设备制造业	0.012 953 483	12	688 327.261 2	13
N	机械工业	0.012 580 021	13	1 034 924.668	7
O	造纸印刷及文教用品制造业	0.021 084 12	8	931 725.303	9
P	木材加工及家具制造业	0.025 724 239	5	576 527.048 6	16
Q	非金属矿物制品业	0.004 660 42	16	410 462.010 1	19
R	建筑业	0.000 479 127	20	83 298.539 43	20
S	食品制造及烟草加工业	0.014 098 096	11	1 944 493.24	3
T	废品及废料	0.161 670 915	1	863 606.550 4	11
	总计	—	—	32 090 741	—

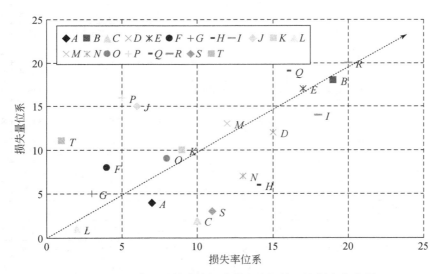

图 5.1　基于分配系数计算的洪涝灾害间接经济损失位序图

注：A：采掘业；B：纺织服装业；C：石油加工及化学工业；D：金属冶炼及制品业；E：电子机械及电子通信制造业；F：仪器仪表及机械设备修理业；G：电力蒸汽热水、煤气自来水生产供应业；H：商业、运输业；I：科技教育及社会服务业；J：饮食业；K：金融房地产；L：农业；M：交通运输设备制造业；N：机械工业；O：造纸印刷及文教用品制造业；P：木材加工及家具制造业；Q：非金属矿物制品业；R：建筑业；S：食品制造及烟草加工业；T：废品及废料

由表 5.1 可见，从分配系数计算的间接经济损失率最大的部门是废品及废料，其损失率约达到 16.1%，最小的部门是建筑业，损失率仅约为 0.048%，总间接经济损失量为 32 090 740.723 万元。进一步分析其他部门的损失率和损失量之间关系，发现二者之间存在不一致关系。图 5.1 进一步直观显示了经济部门损失率和损失量之间的位序关系。

5.3 消耗系数与分配系数的需求侧计算的灾害损失评估比较

以上计算表明，从消耗系数和从分配系数计算的部门洪涝灾害间接经济损失差异明显，表 5.2 对其进行了对比分析。

表 5.2 消耗系数与分配系数计算的部门洪涝灾害间接经济损失比较

编码	部门名称	损失率比较			损失量比较		
		生产系数	分配系数	比较（%）	生产系数	分配系数	比较（%）
A	采掘业	0.006 97	0.025 20	72.329	476 206.47	1 720 981.3	72.329
B	纺织服装业	0.001 88	0.003 02	37.730	288 833.9	463 842.48	37.730
C	石油加工及化学工业	0.011 45	0.015 43	25.801	2 096 285.6	2 825 212.7	25.801
D	金属冶炼及制品业	0.003 14	0.006 08	48.300	401 178.8	775 968.53	48.300
E	电子机械及电子通信制造业	0.001 96	0.004 63	57.628	205 131.58	484 115.74	57.628
F	仪器仪表及机械设备修理业	0.004 14	0.026 46	84.369	159 520.56	1 020 546.2	84.369
G	电力蒸汽热水、煤气自来水生产供应业	0.006 64	0.036 95	82.044	293 995.99	1 637 342.1	82.044
H	商业、运输业	0.005 15	0.007 88	34.698	829 559.13	1 270 341.3	34.698
I	科技教育及社会服务业	0.002 46	0.003 26	24.537	457 823.21	606 688.35	24.537
J	饮食业	0.002 34	0.025 66	90.881	52 649.499	577 374.55	90.881
K	金融房地产	0.003 65	0.016 52	77.912	198 845.83	900 261.48	77.912
L	农业	0.053 79	0.053 79	0.000	13 274 701	13 274 701	0.000
M	交通运输设备制造业	0.002 79	0.012 95	78.467	148 219.14	688 327.26	78.467
N	机械工业	0.004 19	0.012 58	66.663	345 014.25	1 034 924.7	66.663
O	造纸印刷及文教用品制造业	0.003 78	0.021 08	82.093	166 848.08	931 725.3	82.093
P	木材加工及家具制造业	0.002 34	0.025 72	90.918	52 359.771	576 527.05	90.918
Q	非金属矿物制品业	0.001 66	0.004 66	64.310	146 494.65	410 462.01	64.310
R	建筑业	0.000 34	0.000 48	29.549	58 684.779	83 298.539	29.549
S	食品制造及烟草加工业	0.007 88	0.014 10	44.108	1 086 809.2	1 944 493.2	44.108
T	废品及废料	0.003 50	0.161 67	97.835	18 693.941	863 606.55	97.835

表 5.2 中分析发现以下内容。

1) 从损失率和损失量的角度来看,分配系数角度计量的损失率和损失量均大于消耗系数角度计量的损失率和损失量。具体分析有两个原因:第一,分配系数不受价格变化的影响。分配系数的分子和分母是 i 产品,所以即使由价值型投入产出表计算的分配系数也不受价格变化的影响。而直接消耗系数实际上是从投入产出表纵列计算的结构相对数,分子是 i 产品,分母是 j 产品,所以由价值型投入产出表计算的直接消耗系数会受 i 产品和 j 产品相对价格变化的影响。

价格对直接消耗系数的影响。价格形态的 a_{ij} 可以看做是各部门产品的实物量乘以它们的单价计算出来的,它间接反映了各部门产品实物量之间的联系。价值直接消耗系数 a_{ij} 的计算公式为

$$a_{ij} = \frac{p_i q_{ij}}{p_j Q_j} = a'_{ij} \frac{p_i}{p_j} \tag{5.19}$$

式中,p_i,p_j 分别为 i,j 种产品的价格;a'_{ij} 为实物直接消耗系数。

式(5.19)表明,a_{ij} 除了受 a'_{ij} 变化的影响外,还要受到价格比 p_i/p_j 变化的影响。也就是说,只有在产品价格与其价格相符的条件下,a_{ij} 才准确反映各部门之间的生产技术联系。一般来说,用不变价格来计算,a'_{ij} 就可在一定程度上消除不同时期的价格对 a_{ij} 的影响。

第二,消耗系数和分配系数的影响因素不同。影响分配系数大小的主要因素是产品的用途,一般第一部类产品的中间产品分配系数比较大,第二部类产品的最终产品分配系数比较大,如果市场对某种产品的需求充分,或者说某种产品能根据市场需求进行生产,存货所占的比例就比较小,反之,存货所占的比例就比较大。而影响直接消耗系数的主要因素是生产技术水平、产品的相对价格、产品的替代性。技术进步、价格变化、部门构成改变,都会对直接消耗系数产生影响,不论哪一方面的因素有变化,都会使直接消耗系数稳定不变的假设条件得不到满足。在这三个因素中,技术进步是引起 a_{ij} 变化的主要原因,所以在实际使用投入产出模型时,应将其作为考察的重点,找到适当的方法对直接消耗系数进行修正。

2) 两种不同系数计算的结果差异,表现相同的趋势。两者表现相同的趋势是因为分配系数法与完耗系数法是具有对偶性的,只要把 $h_{ij} = \chi_{ij}/\gamma_j$ 代入到直接消耗系数中,定义直接消耗系数

$$h_{ij} = \chi_{ij}/\gamma_j \quad (i, j = 1, 2, 3, \cdots, n)$$

根据横向平衡关系，有

$$HX + Q = X \tag{5.20}$$

式中，H 是直接消耗系数矩阵，元素为 h_{ij}，$X = (X_1, X_2, \cdots, X_n)^T$，$Q = (Q_1, Q_2, \cdots Q_n)^T$。

简化公式为

$$X = (I - H)^{-1} Q \tag{5.21}$$

假设将各产业部门的直接经济损失看成最终产品的损失 $\Delta Q = (\Delta Q_1, \Delta Q_2, \cdots, \Delta Q_n)$，则自然灾害引起的总产品损失为

$$\Delta X = (I - H)^{-1} \Delta Q \tag{5.22}$$

根据分配系数法的间接经济损失模型 $U = [(I - H)^{-1} - I]Y$，其中，Y 为某个部门的损失值。

3）两种系数计算的不同部门之间间接经济损失结果相差较大。因为报告主要考察洪涝灾害农业损失导致的其他部门间接经济损失，所以，农业部门（L）两种方法计算的结果差异为 0，科技教育及社会服务业（I），石油加工及化学工业（C），建筑业（R），商业、运输业（H），纺织服装业（B）等部门差别较小；废品及废料（T），仪器仪表及机械设备修理业（F），饮食业（J），木材加工及家具制造业（P），造纸印刷及文教用品制造业（O）等行业差别较大（图 5.2）。

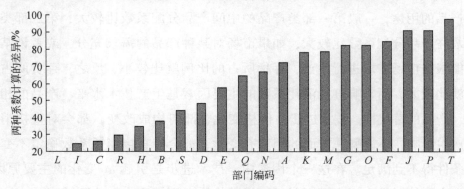

图 5.2 两种方法计算结果比较分析

注：A：采掘业；B：纺织服装业；C：石油加工及化学工业；D：金属冶炼及制品业；E：电子机械及电子通信制造业；F：仪器仪表及机械设备修理业；G：电力蒸汽热水、煤气自来水生产供应业；H：商业、运输业；I：科技教育及社会服务业；J：饮食业；K：金融房地产；L：农业；M：交通运输设备制造业；N：机械工业；O：造纸印刷及文教用品制造业；P：木材加工及家具制造业；Q：非金属矿物制品业；R：建筑业；S：食品制造及烟草加工业；T：废品及废料

分配系数实际上是 i 部门提供给 j 部门作生产消耗用的产品数量在 i 部门总产出中的比例,所以无论是由实物型投入产出表,还是由价值型投入产出表计算的分配系数一般都小于 1。但是当一经济体(特别是地区)生产的某种产品很少,需要大量进口或购入时,分配系数有可能等于或者大于 1。而根据价值型投入产出表计算的直接消耗系数必定小于 1,根据实物型投入产出表计算的直接消耗系数矩阵中的主对角线上的元素也必定小于 1。

5.4 部门数量和区域数量对总的损失评估影响

一般而言,部门细分越多,评估结果越大,损失和部门数量之间存在非线性相关关系。该研究依据中国 40 个部门投入产出表合并为 20 个部门进行研究,对总的经济损失估算有明显影响。同样,地区划分越细,评估结果越大,利用中国总的投入产出表数据计算的间接经济损失与分省计算的间接经济损失求和结果存在偏差。造成这种现象的可能原因是地区损失之间存在反馈关系。

事实上,研究中产业部门的详细程度(部门聚集度)主要是由研究目的决定的。例如,本研究报告对农业部门的组成应该详细细分,在满足研究目的的前提下,考虑计算量和数据的可得性问题,同样,本书研究洪涝灾害的经济影响应该考虑省域或者国家尺度计量的影响。

5.5 灾害经济损失关系分析

5.5.1 间接损失与直接损失之间的非线性关系

利用上述方法,按照省域尺度计算 1998 年中国洪涝灾害间接经济损失,把其结果同直接经济损失之间进行关联分析,结果如图 5.3 所示。

图 5.3 显示,洪涝灾害直接经济损失与间接经济损失之间存在非线性关系。洪涝灾害直接经济损失和间接经济损失存在指数增长关系。前半段弹性小,后半段弹性较大。当直接经济损失小于 76.17 亿元时,对应的间接经济损失增长缓慢;当直接经济损失值大于 76.1 亿元,其对应的间接经济损失值变化波动明显加大,在间接经济损失增长迅速阶段,当直接经济损失达到 218 亿元时,间接经

济损失变化出现波动,间接经济损失达到直接经济损失的65%。

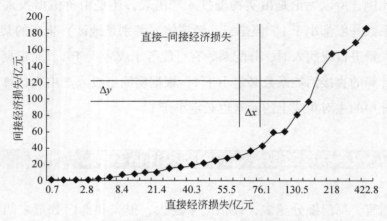

图 5.3 1998 年中国洪涝灾害直接-间接经济损失关系

其实,洪涝灾害造成的直接经济损失与间接经济损失之间的非线性关系,同样表现在其他的水灾损失研究中。Hallegatte(2008)研究美国 Katrina 飓风引起路易斯安那州的暴雨损失,发现间接经济损失是直接经济损失的非线性函数,当直接经济损失超过 500 亿美元时候,总经济损失增加速度比直接经济损失快;当直接经济损失达到 1000 亿美元时候,这种变化趋势更加明显,直接经济损失是间接经济损失的 19%;当直接经济损失超过 2000 亿美元时候,直接经济损失几乎与间接经济损失相等,意味着总经济损失是直接经济损失的两倍(图 5.4)。

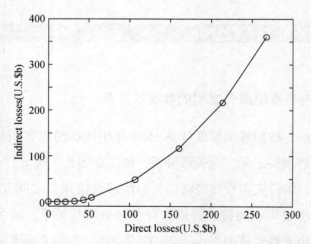

图 5.4 2005 年美国 Katrina 飓风造成的直接经济损失和间接经济损失关系

另外,Ranger 等(2011)研究孟买洪涝灾害造成的直接经济损失与间接经济损失（生产部门加上家庭损失）关系，也存在同样的规律（图5.5）。

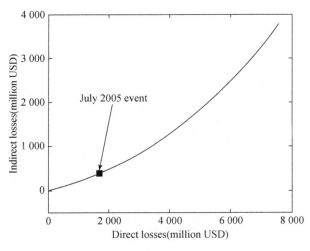

图5.5 孟买洪涝灾害造成的直接经济损失与间接经济损失关系

其他地区（例如，拉丁美洲和加勒比地区）及其他灾害类型直接经济损失和间接经济损失之间也存在类似的规律（表5.3）（吴吉东等，2012）。

表5.3 自然灾害直接经济损失和间接经济损失对比

时间	国家及地区	灾害类型	破坏程度	总经济损失		A/B
				直接经济损失(A)	间接经济损失(B)	
1972年	尼加拉瓜	地震	里氏8.5级	2 383	584	0.2
1974年	洪都拉斯	Fifi 台风	165km/h	512	818	1.6
1976年	危地马拉	地震	里氏7.5级	586	1 561	2.7
1979年	多米尼加共和国	飓风David和飓风Frederic	200~260km/h	1 301	568	0.4
1982~1983年	玻利维亚、厄瓜多尔和秘鲁	厄尔尼诺	—	3 679	1 972	0.5
1985年	墨西哥	地震	里氏7.8~8.1级	5 436	780	0.1
1987年	厄瓜多尔	地震	里氏6.1级和里氏6.8级	267	1 170	4.4
1988年	尼加拉瓜	飓风Joan	217km/h	1 030	131	0.1
1997~1998年	安第斯共同体	厄尔尼诺	—	2 784	4 910	1.8
1998年	多米尼加共和国	飓风Georges	170km/h	1 337	856	0.6

续表

时间	国家及地区	灾害类型	破坏程度	总经济损失 直接经济损失(A)	总经济损失 间接经济损失(B)	A/B
1998年	中美洲	飓风 Mitch	285km/h	3 078	2 930	1.0
1999年	哥伦比亚	地震	里氏5.8级	1391	188	0.1
1999年	委内瑞拉	洪水	—	1 961	1 264	0.6
2001年	萨尔瓦多	地震	里氏7.8级	939	591	0.6
2005年	萨尔瓦多	飓风 Stan	130km/h	196	145	0.7
2005年	尼加拉瓜	飓风 Stan	130km/h	512	249	0.5
2005年	洪都拉斯	飓风 Stan	130km/h	2 178	1 460	0.7

5.5.2 间接经济损失产生的随机过程分析

首先，间接经济损失发生决定于直接经济损失的变化规律，图 5.6 反映了经济系统的瓶颈效应。越接近 0，这些瓶颈限制越少。此图容易解释极端情况，线段 AC 为损失的最大边界，B 点显示最大的间接损失，此时最大的冲击发生在最小的部门，该部门没有调整需求的渠道。该点表示经济崩溃了，产出受到瓶颈部门的影响，这种状态下的间接经济损失是直接经济损失的许多倍。这种情况经常发生在关键基础设施部门。例如，水电严重破坏，所以，B 点最小的直接经

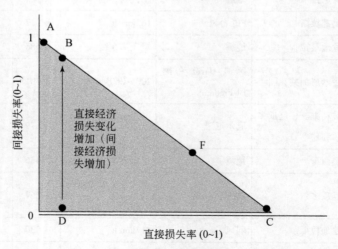

图 5.6 间接经济损失与直接经济损失变化关系

济损失，可能造成最大的间接经济损失。C 点表示直接经济损失最大，间接经济损失为 0，这种情况表示地区经济生产停滞，不存在产业关联效应，前向关联和后向关联均消失。线段 AC 中的其他点。例如，F 点，可以做类似的解释。D 点表示损失方差最小，B 点表示损失方差最大。方差越大，损失率越大，因为这样减少了经济系统调节短缺的能力。线段 DC 显示损失是均匀分布，经济系统中各个部门损失相同的比例，这种情况下，前向关联和后向关联损失消失，经济系统仍然均衡，不管部门的损失量有多大。

其次，直接经济损失和间接经济损失关系决定于两者的概率分布特征。

为了进一步分析直接经济损失和间接经济损失之间的关系，Hazus 用马尔科夫过程对两者的关系进行了分析，结果如图 5.7 所示。

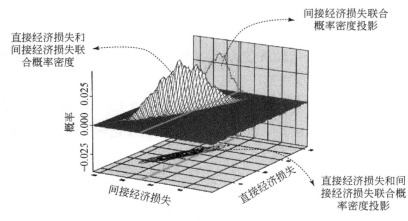

图 5.7　直接损失与间接损失敏感性分析

5.6　间接经济损失发生机理分析

5.6.1　基于生产理论解释

Ramachandran（2002）对不同类型和不同国家火灾直接经济损失和间接经济损失关系进行研究后，发现两者之间存在明显的数量关系。其研究认为，灾害间接经济损失发生过程可以被看做一种类型的"生产过程"，该过程的产品是一种间接经济损失。他引用希克斯的观点，基于简便的公式来计算 C-D 函数的方程，把间接经济损失表述为

$$IL = ke^{rT}E^a X^{1-a} \tag{5.23}$$

式中，IL 为间接经济损失；k 为常数；r，a 为回归系数；E 为经济支出；X 为灾害数量；T 为时间，它是技术进步的代理变量；ke^{rT} 项是一个标量系数，其中，r 在经济部门效益中的增长程度是技术进步造成的。

把式（5.23）等式两边进行对数计算可以变成一个多元回归方程。在原则上，参数 r 和 a 是可以估计的，但是在实际中，试图收集这个回归分析所需要的详细的统计数据被证实是难以克服的一项任务。因此，一般的原有数据严重的不足和有限的资源，均采用以下的简化形式：

$$IL = c(DL)^b \tag{5.24}$$

式中，DL 为间接经济损失；而 c 和 b 都是常数。

5.6.2 基于产业关联理论解释

从一般角度分析，间接经济损失大小决定于三个因素：部门关联性程度、产业结构特点和经济系统受灾部门特点。

前向关联和后向关联大的部门，间接经济损失就大。对 1998 年洪涝灾害经济损失分析来看，废品及废料、饮食业和石油加工及化学工业前向关联性较强（图 5.8）。

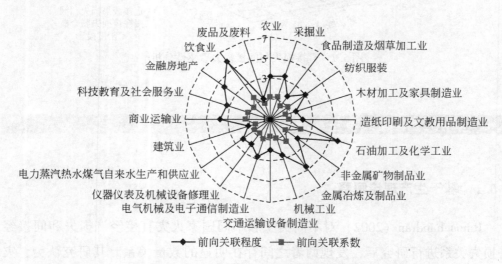

图 5.8 经济系统部门前向关联程度雷达图

从后向关联来说，建筑业、金融房地产和金属冶炼及制品业后向关联性强。

产业关联大的部门间接经济损失可能不一定大,因为本部分只是考虑农业部门损失的间接经济损失,对其他部门的影响暂未考虑(图5.9)。

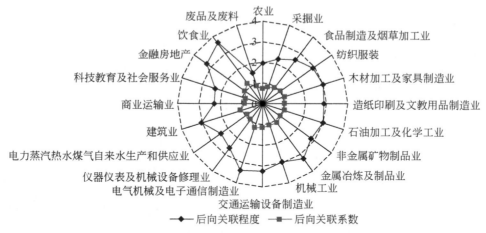

图5.9 经济系统部门后向关联程度雷达图

另外,前向关联损失是针对供应不足测度的间接经济损失,一般而言,前向关联系数应该与之对应。

一般而言,经济系统部门关联存在四种不同的模式(表5.4),最终灾害损失部门分布情况与此关联程度相互对应(图5.10,图5.11)。

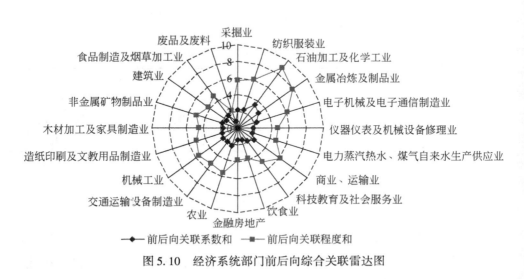

图5.10 经济系统部门前后向综合关联雷达图

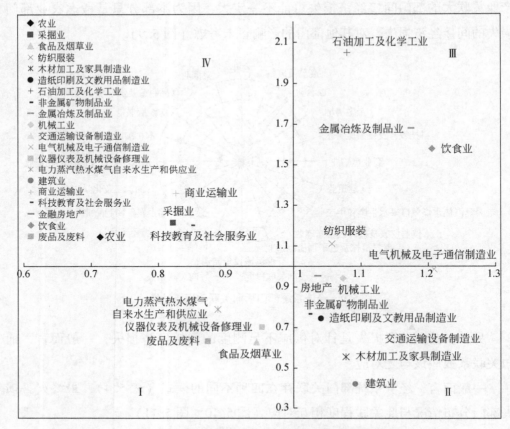

图 5.11　经济系统部门前后向综合关联四象限图

表 5.4　后向关联和前向关联结果的类型

项目		前向关联	
		低（<1）	高（>1）
后向关联	低（<1）	（Ⅰ）相互独立	（Ⅱ）需求相互依赖
	高（>1）	（Ⅳ）供给相互依赖	（Ⅲ）依赖

5.6.3　基于结构方程模型的解释

（1）路径分析模型构建

根据第 3 章洪涝灾害系统要素和相互关系，本书设计了洪涝灾害直接脆弱性和间接脆弱性分析的解释结构模型（图 5.12）。

（2）路径分析模型构建

由图 5.13 可以得出，结构方程模型的路径系数，见表 5.5。

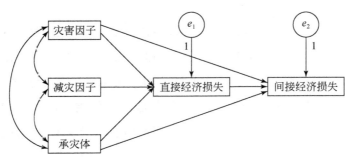

图 5.12 洪涝灾害系统结构方程模型

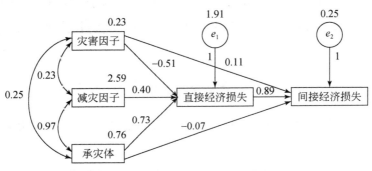

图 5.13 结构方程模型运行结果

表 5.5 结构方程模型路径系数

经济损失	路径	测量变量	路径系数
直接经济损失	<---	灾害因子	-0.515
	<---	减灾因子	0.398
	<---	承灾体	0.731
间接经济损失	<---	承灾体	-0.069
	<---	灾害因子	0.109
	<---	直接经济损失	0.893

从表 5.5 可以发现，对直接经济造成损失最大的是承灾体，达到 0.731，究其原因，主要是在灾害发生中，承灾体指的就是人、固定资产及有形或者无形资产，而一旦这些受到损失，直接就影响到 GDP 的总量，从而影响直接经济损失。灾害因子对直接经济损失的影响为 -0.515，表明灾害直接经济损失与该因子之间是反向关系，减灾因子的路径系数为 0.398，说明全国各地对洪涝灾害的防范措施不到位，没有起到有效保护承灾体的作用，换句话说，就是对直接经

济损失造成了影响。

　　间接经济损失受到影响最大的是直接经济损失，那是因为，间接经济损失一般是指在灾害发生后产生的次生灾害而引发的经济损失，当直接经济损失越大时，间接经济损失就会越大，反之亦然。而表5.5中，承灾体对间接经济损失的值为-0.069，表明承灾体与间接经济损失是存在负相关的，一般情况下，承灾体受到洪涝灾害的影响，直接表现在直接经济损失上，而与间接经济损失不存在必然的联系。

　　表5.5中，灾害因子、减灾因子及承灾体三者之间也是存在必然的联系，特别是减灾因子和承灾体之间，不难说明，因为减灾因子代表着堤防长度，就是尽量减少洪涝灾害来临时对承灾体的影响，所以，堤防长度的长短与承灾体是呈正相关的。

主要参考文献

吴吉东，李宁，吉中会. 2012. 浅析灾害间接经济损失评估的重要性. 自然灾害学报, 21 (3): 15-21.

Hallegatte S. 2008. An adaptive regional input-output model and its application to the assessment of the economic cost of Katrina. Risk Analysis, 28 (3): 779.

Ramachandran G. 2002. The Economics of Fire Protection. London: Taylor & Francis.

Ranger N, Hallegatte S, Priya S, et al. 2011. An assessment of the potential impact of climate change on flood risk Mumbai. Climate Change, 104 (1): 139-167.

6 洪涝灾害地域波及影响机制及效应分析

6.1 引言

重大自然灾害往往不仅给本地区造成影响,而且波及其他地区,这种影响称作地域波及型间接损失。IO 分析是一种被广泛用来分析自然灾害和人为灾害地域波及损失的工具(Santos,2006;Okuyama,2007;Steenge and Bočkarjova,2007;Okuyama and Santos,2014),同时也已被广泛用于调查某经济体的一部分的变化对同一经济体其他部分的影响(Lenzen et al.,2011;Wiedmann et al.,2013)。Leontief 的 IO 理论可用来模拟重大灾害在系统范围内的影响,包括跨区域贸易和供应链方面(Leontief,1966;Steenge and Bočkarjova,2007;Baumen et al.,2014;Kajitani and Tatano,2014),此外,IO 分析有足够的数据支持,世界各地有超过 100 个的国际组织、国家和地区的统计部门遵循国际标准来定期发布 IO 数据。而且,更有很多团队已经组建了大规模、详细的区域间投入-产出(multi-region input-output,MRIO)数据库。这些数据库虽然包含了相同结构的数据,但难于使世界地区的 MRIO 数据库能够协调整合为一体(Tukker and Dietzenbacher,2013)。MRIO 数据库同其他国家和地区的 IO 表一样,可以作为数据基础,使用同样的方法可以分析经济系统中供应链网络的波及效应(Leontief and Strout,1963)。

尽管有 MRIO 数据库的支持,大多数灾害经济影响分析还是集中在某一国家或地区范围内,忽视了区域之间和国际贸易引起的地区的溢出效应与反馈效应,随着像 Eora、Exiobase 或者 WIOD(World Input-Output Database,世界投入产出数据库)这些全球 MRIO 数据库的发展(Lenzen et al.,2013;Tukker and Dietzenbacher,2013),它们可以用来分析全球灾害带来的影响,如一些地区严重的空间天气事件(Baumen et al.,2014)或者 2011 年的日本海啸的影响(Arto et al.，2014；Kajitani and Tatano，2014）。在国内区域尺度，Richardson 等（2008）使用 MRIO 模型分析了恐怖袭击事件对洛杉矶的影响；Donaghy 等（2007）用 MRIO 模型分析了各种突发事件，如自然灾害对日本的影响；Tsuchiya 等（2007）用 IO 模型来分析灾害对日本经济两个部门的影响；Yamamo 等（2007）分析日本局域位置的自然灾害对经济的影响；Anderson 等（2007）分析电力中断对美国的东北部的影响；另外，也有很多使用 IO 分析来评估洪涝灾害造成的经济影响（Jonkman et al.，2008；Hallegatte et al.，2013；Koks and Thissen，2014；Koks et al.，2014）。

以上分析表明，用 IO 来分析自然灾害，特别是在区域层面，借助区域之间的 IO 表非常方便，它能够解释区域之间的产业关联效应。

6.2 1998年洪涝灾害地域经济影响评估

6.2.1 数据及处理

(1) 区域合并说明

经济区域划分的基本原则：①保持各省级行政区划的完整，并以全覆盖和不重复为原则；②区域内各行政区地理位置相邻；③经济发展水平相近，产业结构相似；④自然资源禀赋结构相似；⑤经济联系紧密，具有经济中心城市或地带的增长极；⑥有利于合理组织区域分工、发挥区域经济优势；⑦与国家区域发展政策相一致，与目前通行的区域分相衔接；⑧有利于区域经济统计与研究和区域发展政策分析。

区域划分从东到西以东、中、西地带划分为基础，同时西部区域与西部大开发的范围相一致；从北到南与现在仍然通行的六大经济区的划分相衔接。将西部进一步划分为西南和西部两个区域，各包括6个省（自治区、直辖市）；将黑龙江、吉林和辽宁组成东北区域；东部地带余下的10个省（自治区、直辖市）划分成4个沿海区域；其余6省（自治区、直辖市）为中部区域。

东部地带10个省（自治区、直辖市）的工业基础相对比较雄厚，经济发展水平较高，而且相邻的省（自治区、直辖市）具有较密切的历史和经济关系，产业结构比较相似，因此从北到南可以依次划分为北部沿海、东部沿海和南部沿海区域。但是，虽然北部沿海只包括 4 个省（自治区、直辖市），经过对比它们的产业结构和经济发展水平，发现北京、天津和河北、山东之间存在较大的差异。因此，进一步将 4 个省（自治区、直辖市）划分为京津区域和北部沿海区域，这样的划分也有利于分析京津两大都市与其他区域的经济联系（表 6.1）（国家信息中心，2005）。

表 6.1 区域合并表

合并区域	地区
东北区域（A）	黑龙江、吉林和辽宁
京津区域（B）	北京和天津
北部沿海区域（C）	河北和山东
东部沿海区域（D）	江苏、上海和浙江
南部沿海区域（E）	福建、广东和海南
中部区域（F）	山西、河南、安徽、湖北、湖南和江西
西北区域（G）	内蒙古、陕西、宁夏、甘肃、青海和新疆
西南区域（H）	四川、重庆、广西、云南、贵州和西藏

(2) 部门合并说明

把 40 个部门的中国区域间投入产出表合并为 17 个部门区域间投入产出表，一方面，有利于方便分析问题，强调重点；另一方面，与本书其他间接经济损失值的章节前后照应，强调总体性（表 6.2）。

表 6.2 部门合并调整表

中国区域间投入产出表部门分类	国家统计局投入产出表部门分类
1. 农业	1. 农业
2. 采选业	2. 煤炭采选业
	3. 石油和天然气开采业
	4. 金属矿采选业
	5. 非金属矿采选业
3. 食品制造及烟草加工业	6. 食品制造及烟草加工业
4. 纺织服装业	7. 纺织业
	8. 服装皮革羽绒及其他纤维制品制造业
5. 木材加工及家具制造业	9. 木材加工及家具制造业
6. 造纸印刷及文教用品制造业	10. 造纸印刷及文教用品制造业

续表

中国区域间投入产出表部门分类	国家统计局投入产出表部门分类
7. 化学工业	11. 石油加工及炼焦业
	12. 化学工业
8. 非金属矿物制品业	13. 非金属矿物制品业
	14. 金属冶炼及压延加工业
9. 金属冶炼及制品业	15. 金属制品业
10. 机械工业	16. 机械工业
11. 交通运输设备制造业	17. 交通运输设备制造业
	18. 电气机械及器材制造业
12. 电气机械及电子通信设备制造业	19. 电子及通信设备制造业
13. 其他制造业	20. 仪器仪表及文化办公用机械制造业
	21. 机械设备修理业
	22. 其他制造业
	23. 废品及废料
14. 电力蒸汽热水、煤气自来水生产工业	24. 电力及蒸汽热水生产和供应业
	25. 煤气生产和供应业
	26. 自来水的生产和供应业
15. 建筑业	27. 建筑业
16. 商业、运输业	28. 货物运输及仓储业
	30. 商业
	32. 旅客运输业
17. 其他服务业	29. 邮电业
	31. 饮食业
	33. 金融保险业
	34. 房地产业
	35. 社会服务业
	36. 卫生体育和社会福利业
	37. 教育文化艺术及广播电影电视业
	38. 科学研究事业
	39. 综合技术服务业
	40. 行政机关及其他行业

(3) 中国区域间投入产出表

本书案例研究采用国家信息中心编制的 1997 年中国区域间投入产出表，其结构见表 6.3（国家信息中心，2005）。

表 6.3　1997 年中国区域间投入产出表基本结构

项目		代码	中间需求（A）								最终需求（F）								出口	进口	误差	总产出
			东北区域	京津区域	北部沿海区域	东部沿海区域	南部沿海区域	中部区域	西北区域	西南区域	东北区域	京津区域	北部沿海区域	东部沿海区域	南部沿海区域	中部区域	西北区域	西南区域				
			A	B	C	D	E	F	G	H	FA	FB	FC	FD	FE	FF	FG	FH	EX	IM	ERR	XX
中间投入（A）	东北区域	A	A^{AA}	A^{AB}	A^{AC}	A^{AD}	A^{AE}	A^{AF}	A^{AG}	A^{AH}	F^{AA}	F^{AB}	F^{AC}	F^{AD}	F^{AE}	F^{AF}	F^{AG}	F^{AH}	EX^A	IM^A	ERR^A	XX^A
	京津区域	B	A^{BA}	A^{BB}	A^{BC}	A^{BD}	A^{BE}	A^{BF}	A^{BG}	A^{BH}	F^{BA}	F^{BB}	F^{BC}	F^{BD}	F^{BE}	F^{BF}	F^{BG}	F^{BH}	EX^B	IM^B	ERR^B	XX^B
	北部沿海区域	C	A^{CA}	A^{CB}	A^{CC}	A^{CD}	A^{CE}	A^{CF}	A^{CG}	A^{CH}	F^{CA}	F^{CB}	F^{CC}	F^{CD}	F^{CE}	F^{CF}	F^{CG}	F^{CH}	EX^C	IM^C	ERR^C	XX^C
	东部沿海区域	D	A^{DA}	A^{DB}	A^{DC}	A^{DD}	A^{DE}	A^{DF}	A^{DG}	A^{DH}	F^{DA}	F^{DB}	F^{DC}	F^{DD}	F^{DE}	F^{DF}	F^{DG}	F^{DH}	EX^D	IM^D	ERR^D	XX^D
	南部沿海区域	E	A^{EA}	A^{EB}	A^{EC}	A^{ED}	A^{EE}	A^{EF}	A^{EG}	A^{EH}	F^{EA}	F^{EB}	F^{EC}	F^{ED}	F^{EE}	F^{EF}	F^{EG}	F^{EH}	EX^E	IM^E	ERR^E	XXE
	中部区域	F	A^{FA}	A^{FB}	A^{FC}	A^{FD}	A^{FE}	A^{FF}	A^{FG}	A^{FH}	F^{FA}	F^{FB}	F^{FC}	F^{FD}	F^{FE}	F^{FF}	F^{FG}	F^{FH}	EX^F	IM^F	ERR^F	XX^F
	西北区域	G	A^{GA}	A^{GB}	A^{GC}	A^{GD}	A^{GE}	A^{GF}	A^{GG}	A^{GH}	F^{GA}	F^{GB}	F^{GC}	F^{GD}	F^{GE}	F^{GF}	F^{GG}	F^{GH}	EX^G	IM^G	ERR^G	XX^G
	西南区域	H	A^{HA}	A^{HB}	A^{HC}	A^{HD}	A^{HE}	A^{HF}	A^{HG}	A^{HH}	F^{HA}	F^{HB}	F^{HC}	F^{HD}	F^{HE}	F^{HF}	F^{HG}	F^{HH}	EX^H	IM^H	ERR^H	XX^H
增加值		VA	VA^A	VA^B	VA^C	VA^D	VA^E	VA^F	VA^G	VA^H												
总投入		XX	XX^A	XX^B	XX^C	XX^D	XXE	XX^F	XX^G	XX^H												

注：A 为中间需求（投入），F 最终需求，VA 为增加值，XX 为总投入（产出），EX 为出口，IM 为进口，ERR 为误差

6.2.2 区域乘数模型

1997 年中国区域间的投入产出表的基本形式见表 6.4（以两区域三部门为例），采用区域间投入产出（MRIO）模型，也称为 Chenery–Moses 模型进行分析，按照区域间投入产出流量分别计算区域间直接消耗系数矩阵、区域间贸易系数和列昂剔夫逆矩阵，以此为基础推算区域内效应（intraregional effects）、区域间效应（interregional effects）、总效应（national effects）、部门效应（sectoral effects），考虑本章的篇幅，具体计算过程请参见相关文献。

表 6.4 两区域三部门投入产出表基本结构

项目		区域 r			区域 s			最终需求	总产品
		部门 1	部门 2	部门 3	部门 1	部门 2	部门 3		
区域 r	部门 1	z_{11}^{rr}	z_{12}^{rr}	z_{13}^{rr}	z_{11}^{rs}	z_{12}^{rs}	z_{13}^{rs}	f_1^r	x_1^r
	部门 2	z_{21}^{rr}	z_{22}^{rr}	z_{23}^{rr}	z_{21}^{rs}	z_{22}^{rs}	z_{23}^{rs}	f_2^r	x_2^r
	部门 3	z_{31}^{rr}	z_{32}^{rr}	z_{33}^{rr}	z_{31}^{rs}	z_{32}^{rs}	z_{33}^{rs}	f_3^r	x_3^r
区域 s	部门 1	z_{11}^{sr}	z_{12}^{sr}	z_{13}^{sr}	z_{11}^{ss}	z_{12}^{ss}	z_{13}^{ss}	f_1^s	x_1^s
	部门 2	z_{21}^{sr}	z_{22}^{sr}	z_{23}^{sr}	z_{21}^{ss}	z_{22}^{ss}	z_{23}^{ss}	f_2^s	x_2^s
	部门 3	z_{31}^{sr}	z_{32}^{sr}	z_{33}^{sr}	z_{31}^{ss}	z_{32}^{ss}	z_{33}^{ss}	f_3^s	x_3^s
增加值		v_1^r	v_2^r	v_3^r	v_1^s	v_2^s	v_3^s		
总投入		x_1^r	x_2^r	x_3^r	x_1^s	x_2^s	x_3^s		

6.2.3 基于四个效应乘数值计算间接经济损失

求出区域间相关乘数之后，按照以下公式依次计算不同类型的洪涝灾害间接经济损失。

(1) 区域内间接经济损失值

对于区域 r 的间接经济损失为

$$U = m(o)^{rr} \cdot \Delta f \tag{6.1}$$

式中，Δf 为最终需求变化量。

(2) 区域间间接经济损失值

区域 r 的最终需求变化造成区域 s 的间接经济损失为

$$U = m(o)^{sr} \cdot \Delta f \tag{6.2}$$

式中，Δf 为最终需求变化量。

(3) 区域总的间接经济损失值

区域 r 对于本身和对于区域 s 总的间接经济损失值为

$$U = m(o)^r \cdot \Delta f \tag{6.3}$$

式中，Δf 为最终需求变化量，总的间接经济损失值等于区域内的间接经济损失值与区域间间接经济损失值的之和。

(4) 部门间接经济损失值

区域 r 内对部门 3 的间接经济损失值为

$$U = m(o)^r_{13} \cdot \Delta f \tag{6.4}$$

式中，Δf 为最终需求变化量。

6.2.4 洪涝灾害多区域经济影响分析

(1) 区域内效应

以八区域 17 个部门列昂剔夫逆矩阵为基础，根据公式进行推导，得出中部区域对自身的影响系数（表 6.5）。

表 6.5 中部区域对自身的影响系数

效应分类	效应系数
区域内效应	$m(o)^{FF} = i'[L_{66}] = [$ 1.702 992　2.013 691　2.367 346　2.519 743　2.311 846　2.328 911　2.315 588　2.360 164　2.397 183　2.316 657　2.35 227　2.268 093　2.211 398　2.065 74　2.432 601　1.932 584　1.839 886 $]$

(2) 区域间效应

以八区域 17 个部门列昂剔夫逆矩阵为基础，根据相关公式进行推导，得出中部区域对其他区域的影响系数（表 6.6）。

表 6.6 中部区域对其他区域的影响系数

效应分类	效应系数
区域间效应	$m(o)^{AF} = i'[L_{16}] = [$ 0.011 324　0.020 829　0.015 795　0.019 908　0.024 715　0.023 245　0.036 322　0.027 713　0.039 759　0.039 261　0.039 655　0.036 346　0.023 077　0.018 753　0.028 283　0.019 047　0.014 231 $]$

续表

效应分类	效应系数
区域间效应	$m(o)^{BF} = i'[L_{26}] = [0.006\,738\quad 0.011\,847\quad 0.009\,646\quad 0.012\,656\quad 0.013\,785\quad 0.014\,232\quad 0.018\,939\quad 0.014\,841\quad 0.023\,197\quad 0.023\,222\quad 0.027\,407\quad 0.028\,26\quad 0.015\,04\quad 0.010\,502\quad 0.015\,353\quad 0.012\,051\quad 0.009\,600]$
	$m(o)^{CF} = i'[L_{36}] = [0.069\,431\quad 0.121\,408\quad 0.104\,008\quad 0.146\,668\quad 0.143\,737\quad 0.158\,510\quad 0.209\,546\quad 0.159\,429\quad 0.210\,996\quad 0.220\,035\quad 0.207\,747\quad 0.205\,252\quad 0.135\,447\quad 0.122\,806\quad 0.157\,406\quad 0.099\,895\quad 0.087\,689]$
	$m(o)^{DF} = i'[L_{46}] = [0.063\,203\quad 0.106\,375\quad 0.089\,546\quad 0.171\,344\quad 0.132\,260\quad 0.144\,774\quad 0.162\,823\quad 0.127\,337\quad 0.164\,240\quad 0.195\,334\quad 0.227\,542\quad 0.229\,206\quad 0.129\,775\quad 0.092\,879\quad 0.126\,008\quad 0.096\,606\quad 0.088\,847]$
	$m(o)^{EF} = i'[L_{56}] = [0.022\,588\quad 0.039\,013\quad 0.037\,095\quad 0.053\,203\quad 0.054\,194\quad 0.058\,844\quad 0.056\,191\quad 0.050\,169\quad 0.053\,533\quad 0.055\,918\quad 0.069\,494\quad 0.097\,585\quad 0.047\,927\quad 0.035\,775\quad 0.050\,229\quad 0.037\,294\quad 0.035\,819]$
	$m(o)^{GF} = i'[L_{76}] = [0.017\,004\quad 0.035\,986\quad 0.025\,130\quad 0.031\,100\quad 0.037\,758\quad 0.036\,670\quad 0.066\,462\quad 0.049\,116\quad 0.098\,794\quad 0.089\,575\quad 0.076\,979\quad 0.083\,627\quad 0.045\,799\quad 0.036\,684\quad 0.053\,685\quad 0.029\,188\quad 0.022\,581]$
	$m(o)^{HF} = i'[L_{86}] = [0.016\,966\quad 0.030\,151\quad 0.027\,821\quad 0.029\,338\quad 0.041\,286\quad 0.038\,007\quad 0.042\,051\quad 0.041\,322\quad 0.054\,756\quad 0.053\,615\quad 0.063\,840\quad 0.055\,806\quad 0.034\,991\quad 0.030\,567\quad 0.040\,762\quad 0.024\,053\quad 0.021\,776]$

（3）总效应

以八区域 17 个部门列昂剔夫逆矩阵为基础，根据公式进行推导，得出中部区域对区域的总效应影响系数（表 6.7）。

表 6.7　中部地区对区域的总效应影响系数

效应分类	效应系数
总效应	$m(o)^F = i'[L'] = [1.910\,246\quad 2.379\,300\quad 2.676\,388\quad 2.983\,960\quad 2.759\,581\quad 2.803\,192\quad 2.907\,923\quad 2.830\,089\quad 3.042\,458\quad 2.993\,616\quad 3.064\,934\quad 3.004\,175\quad 2.643\,454\quad 2.413\,706\quad 2.904\,327\quad 2.250\,720\quad 2.120\,430]$

（4）部门效应

以八区域 17 个部门列昂剔夫逆矩阵为基础，根据公式进行推导，得出中部区域对部门的影响系数（表 6.8）。

表 6.8　中部区域对部门的影响系数

效应分类	效应系数
部门效应	$m(o)_{11}^{F} = (l_{16})_{11} + (l_{26})_{11} + (l_{36})_{11} + (l_{46})_{11} + (l_{56})_{11} + (l_{66})_{11} + (l_{76})_{11} + (l_{86})_{11} = 0.000\,643 + 0.000\,197 + 0.006\,296 + 0.003\,182 + 0.002\,172 + 1.188\,287 + 0.001\,582 + 0.001\,903 = 1.204\,262$
	$m(o)_{21}^{F} = (l_{16})_{21} + (l_{26})_{21} + (l_{36})_{21} + (l_{46})_{21} + (l_{56})_{21} + (l_{66})_{21} + (l_{76})_{21} + (l_{86})_{21} = 0.002\,349 + 0.000\,267 + 0.008\,417 + 0.000\,804 + 0.000\,985 + 0.031\,135 + 0.003\,744 + 0.001\,665 = 0.049\,366$
	$m(o)_{31}^{F} = (l_{16})_{31} + (l_{26})_{31} + (l_{36})_{31} + (l_{46})_{31} + (l_{56})_{31} + (l_{66})_{31} + (l_{76})_{31} + (l_{86})_{31} = 0.000\,586 + 0.000\,522 + 0.006\,634 + 0.004\,240 + 0.002\,492 + 0.103\,075 + 0.001\,154 + 0.002\,483 = 0.121\,186$
	$m(o)_{41}^{F} = (l_{16})_{41} + (l_{26})_{41} + (l_{36})_{41} + (l_{46})_{41} + (l_{56})_{41} + (l_{66})_{41} + (l_{76})_{41} + (l_{86})_{41} = 0.000\,118 + 0.000\,073 + 0.001\,771 + 0.002\,481 + 0.000\,664 + 0.008\,092 + 0.000\,111 + 0.000\,134 = 0.013\,444$
	$m(o)_{51}^{F} = (l_{16})_{51} + (l_{26})_{51} + (l_{36})_{51} + (l_{46})_{51} + (l_{56})_{51} + (l_{66})_{51} + (l_{76})_{51} + (l_{86})_{51} = 0.000\,097 + 0.000\,032 + 0.000\,342 + 0.000\,513 + 0.000\,299 + 0.009\,715 + 0.000\,045 + 0.000\,232 = 0.011\,275$
	$m(o)_{61}^{F} = (l_{16})_{51} + (l_{26})_{61} + (l_{36})_{61} + (l_{46})_{61} + (l_{56})_{61} + (l_{66})_{61} + (l_{76})_{61} + (l_{86})_{61} = 0.000\,117 + 0.000\,115 + 0.001\,622 + 0.001\,726 + 0.000\,878 + 0.012\,121 + 0.000\,153 + 0.000\,459 = 0.017\,191$
	$m(o)_{71}^{F} = (l_{16})_{71} + (l_{26})_{71} + (l_{36})_{71} + (l_{46})_{71} + (l_{56})_{71} + (l_{66})_{71} + (l_{76})_{71} + (l_{86})_{71} = 0.002\,866 + 0.002\,373 + 0.017\,264 + 0.023\,773 + 0.004\,886 + 0.111\,647 + 0.003\,289 + 0.002\,938 = 0.169\,036$
	$m(o)_{81}^{F} = (l_{16})_{81} + (l_{26})_{81} + (l_{36})_{81} + (l_{46})_{81} + (l_{56})_{81} + (l_{66})_{81} + (l_{76})_{81} + (l_{86})_{81} = 0.000\,367 + 0.000\,053 + 0.001\,928 + 0.001\,045 + 0.000\,424 + 0.034\,470 + 0.000\,216 + 0.000\,316 = 0.038\,819$
	$m(o)_{91}^{F} = (l_{16})_{91} + (l_{26})_{91} + (l_{36})_{91} + (l_{46})_{91} + (l_{56})_{91} + (l_{66})_{91} + (l_{76})_{91} + (l_{86})_{91} = 0.001\,055 + 0.000\,531 + 0.004\,193 + 0.003\,741 + 0.000\,763 + 0.017\,752 + 0.001\,595 + 0.001\,068 = 0.030\,698$
	$m(o)_{10,1}^{F} = (l_{16})_{10,1} + (l_{26})_{10,1} + (l_{36})_{10,1} + (l_{46})_{10,1} + (l_{56})_{10,1} + (l_{66})_{10,1} + (l_{76})_{10,1} + (l_{86})_{10,1} = 0.000\,461 + 0.000\,106 + 0.003\,552 + 0.002\,097 + 0.000\,171 + 0.009\,581 + 0.000\,248 + 0.000\,322 = 0.016\,538$
	$m(o)_{11,1}^{F} = (l_{16})_{11,1} + (l_{26})_{11,1} + (l_{36})_{11,1} + (l_{46})_{11,1} + (l_{56})_{11,1} + (l_{66})_{11,1} + (l_{76})_{11,1} + (l_{86})_{11,1} = 0.000\,235 + 0.000\,237 + 0.000\,685 + 0.001\,586 + 0.000\,394 + 0.005\,681 + 0.000\,120 + 0.000\,496 = 0.009\,434$
	$m(o)_{12,1}^{F} = (l_{16})_{12,1} + (l_{26})_{12,1} + (l_{36})_{12,1} + (l_{46})_{12,1} + (l_{56})_{12,1} + (l_{66})_{12,1} + (l_{76})_{12,1} + (l_{86})_{12,1} = 0.000\,188 + 0.000\,249 + 0.001\,146 + 0.002\,364 + 0.001\,224 + 0.003\,317 + 0.000\,370 + 0.000\,281 = 0.009\,139$
	$m(o)_{13,1}^{F} = (l_{16})_{13,1} + (l_{26})_{13,1} + (l_{36})_{13,1} + (l_{46})_{13,1} + (l_{56})_{13,1} + (l_{66})_{13,1} + (l_{76})_{13,1} + (l_{86})_{13,1} = 0.000\,194 + 0.000\,099 + 0.001\,320 + 0.001\,106 + 0.000\,562 + 0.013\,180 + 0.000\,173 + 0.000\,318 = 0.016\,952$
	$m(o)_{14,1}^{F} = (l_{16})_{14,1} + (l_{26})_{14,1} + (l_{36})_{14,1} + (l_{46})_{14,1} + (l_{56})_{14,1} + (l_{66})_{14,1} + (l_{76})_{14,1} + (l_{86})_{14,1} = 0.000\,294 + 0.000\,143 + 0.001\,696 + 0.001\,932 + 0.000\,955 + 0.021\,992 + 0.000\,632 + 0.000\,497 = 0.028\,141$

续表

效应分类	效应系数
部门效应	$m(o)^F_{15,1} = (l_{16})_{15,1} + (l_{26})_{15,1} + (l_{36})_{15,1} + (l_{46})_{15,1} + (l_{56})_{15,1} + (l_{66})_{15,1} + (l_{76})_{15,1} + (l_{86})_{15,1} = 0.000\,008 + 0.000\,032 + 0.000\,482 + 0.000\,218 + 0.000\,144 + 0.002\,908 + 0.000\,064 + 0.000\,129 = 0.003\,985$
	$m(o)^F_{16,1} = (l_{16})_{16,1} + (l_{26})_{16,1} + (l_{36})_{16,1} + (l_{46})_{16,1} + (l_{56})_{16,1} + (l_{66})_{16,1} + (l_{76})_{16,1} + (l_{86})_{16,1} = 0.001\,272 + 0.000\,952 + 0.008\,146 + 0.007\,854 + 0.003\,512 + 0.077\,442 + 0.002\,410 + 0.002\,303 = 0.103\,891$
	$m(o)^F_{17,1} = (l_{16})_{17,1} + (l_{26})_{17,1} + (l_{36})_{17,1} + (l_{46})_{17,1} + (l_{56})_{17,1} + (l_{66})_{17,1} + (l_{76})_{17,1} + (l_{86})_{17,1} = 0.000\,474 + 0.000\,758 + 0.003\,937 + 0.004\,541 + 0.002\,062 + 0.052\,596 + 0.001\,098 + 0.001\,422 = 0.066\,888$

6.2.5 区域影响效应分析

每年自然灾害所造成的农业总产值的减少缺乏准确详细的数据，因此必须进行估算，根据民政部所定义的受灾面积是粮食产量低于正常年份产量30%以上的土地面积，我们就以每年受灾面积占粮食总播种面积的比例乘以30%作为当年粮食产量的损失比例（显然，这样计算的结果应该低于实际的粮食损失比例）。为简化分析，把农业直接经济损失看作农业总产值损失，以此可得到中部区域（山西、河南、安徽、湖北、湖南和江西）1998年洪涝灾害造成的农业直接经济损失值分别为 1.334 324 亿元、13.447 184 亿元、55.087 751 亿元、75.595 439 亿元、65.847 299 亿元和 73.540 648 亿元；中部区域总的农业直接经济损失值之和为 284.852 645 亿元。

(1) 基于区域内效应的间接经济损失值

把 L_{66} 中列元素加起来就是很简单的产出乘数，即 $m(o)^{FF} = i'[L_{66}]$，已知农业直接经济损失为 284.852 645 亿元，即 Δf 的变化量，因此根据公式 $U = m(o)^{FF} \cdot \Delta f$ 得出中部区域直接经济损失对自身造成的间接经济损失为 485.101 775 亿元，其是直接经济损失的1.7倍。这说明洪涝灾害造成的间接经济损失比直接经济损失还要大。

(2) 基于区域间效应的间接经济损失值

同理可得 L_{16} 中的列元素加起来等于 $m(o)^{AF} = i'[L_{16}]$，即表示中部区域对东北区域的影响乘数；同样利用农业直接经济损失 284.852 645 亿元，即 Δf 的变化量，间接经济损失 $U=m(o)_{11}^{F} \cdot \Delta f$ 得出中部区域因灾造成的农业部门直接经济损失对东北区域引起 3.225 671 亿元的间接经济损失。运用同样的方法，可以依次得出对其他区域造成的间接经济损失（表6.9）。

表 6.9 区域间接经济损失值

区域	间接经济损失值/亿元	排序
东北区域（A）	3.225 671	6
京津区域（B）	1.919 337	7
北部沿海区域（C）	19.777 604	1
东部沿海区域（D）	18.003 542	2
南部沿海区域（E）	6.434 252	3
西北区域（G）	4.843 634	4
西南区域（H）	4.832 810	5

从表6.9中发现，对北部沿海区域和东部沿海区域影响最大，对京津区域影响最小，影响最大区域造成的间接经济损失是影响最小的区域的10.3倍，差距是很明显，对不同的区域影响是不同的。从区域影响特征分析，可以发现：①离中部区域越近的区域，造成的间接经济经济损失也就越大，如与中部区域紧紧相依的北部沿海区域、东部沿海区域和南部沿海区域，它们也是间接经济损失最大的三个区域，说明中部区域与这三个区域的经济交流联系非常紧密。②西北区域和西南区域也是同样紧挨中部地区，但是，造成的间接经济损失要比三个沿海区域要小得多，首先要考虑的是中部区域与其他区域的经济联系状况，联系越紧密间接经济损失也越大，西北区域和西南区域与中部区域的交流程度要比三个沿海区域要小；其次要考虑该区域经济结构复杂程度，经济结构越复杂经济就越发达，而三个沿海区域的经济结构远比西北区域和西南区域的经济结构复杂得多；综合两方面的因素就出现这种差异。③京津区域和东北区域与中部区域隔的最远，所以间接经济损失最小。

可以进一步分析中部区域对其他区域的贸易流量与间接经济损失值关系来解释这种地域空间特征。由于本书研究是基于农业部门因水灾造成损失，因此首先从17个部门区域间投入产出表中提炼表6.10和表6.11，再从上述两个表中提炼出表6.12和表6.13，即中部区域对其他区域农业部门的贸易流量表和中部区域对其他区域总的贸易流量表。

表 6.10　区域间的农业部门总的贸易流量表　　　　（单元：万元）

地区	部门	东北区域	京津区域	北部沿海区域	东部沿海区域	南部沿海区域	中部区域	西北区域	西南区域
东北区域	农业	3 373 349	14 004	26 643	17 481	10 535	8 677	5 683	5 621
京津区域	农业	7 096	548 440	15 517	5 623	9 485	3 041	1 571	1 722
北部沿海区域	农业	93 095	58 626	4 799 938	105 622	81 393	71 006	29 473	26 232
东部沿海区域	农业	29 940	10 980	43 164	5 360 410	108 844	37 836	9 455	13 639
南部沿海区域	农业	22 308	7 931	29 515	66 948	4 497 398	29 820	9 317	27 859
中部区域	农业	57 761	30 685	94 839	124 235	242 615	6 992 719	49 545	73 112
西北区域	农业	26 428	24 709	25 254	19 082	30 924	23 271	3 156 997	36 458
西南区域	农业	10 282	4 765	12 993	20 701	66 764	22 703	11 694	6 124 089

表 6.11　区域间总的贸易流量表　　　　（单位：万元）

地区	东北区域	京津区域	北部沿海区域	东部沿海区域	南部沿海区域	中部区域	西北区域	西南区域
东北区域	110 401 112	706 298	3 509 641	2 841 156	946 117	1 148 867	960 047	444 735
京津区域	1 041 547	53 560 910	1 897 099	1 854 488	1 144 683	959 450	911 742	345 064
北部沿海区域	4 648 988	3 790 548	59 671 404	14 204 079	4 974 564	8 561 982	3 035 603	2 358 565
东部沿海区域	3 642 205	975 788	6 979 092	271 718 931	11 488 552	8 910 368	2 413 511	3 120 313
南部沿海区域	1 847 576	533 718	1 954 380	10 696 659	63 223 179	4 674 197	1 612 175	4 253 849
西北区域	3 131 163	2 052 775	6 061 445	18 738 408	10 499 899	187 538 672	4 072 114	4 670 357
西南区域	964 677	776 593	2 090 555	2 142 074	1 055 468	3 348 668	50 977 711	1 489 719

表 6.12　中部区域对其他区域农业的贸易流量表

区域	与中部区域贸易流量/万元	排名
东北区域	57 761	5
京津区域	30 685	7
北部沿海区域	94 839	3
东部沿海区域	124 235	2
南部沿海区域	242 615	1
西北区域	49 545	6
西南区域	73 112	4

表 6.13 中部区域对其他区域总的贸易流量表

区域	区域间贸易量/万元	排名
东北区域合计	3 131 163	6
京津区域合计	2 052 775	7
北部沿海区域合计	6 061 445	3
东部沿海区域合计	18 738 408	1
南部沿海区域合计	10 499 899	2
西北区域合计	4 072 114	5
西南区域合计	4 670 357	4

从表 6.12 和表 6.13 中发现，中部区域与三个沿海区域的贸易量总是处于前三位；与东北区域、西北区域和西南区域处于第四位、第五位和第六位；与京津区域贸易量最小。与区域间接经济损失值表相比，区域的贸易量的大小与区域的间接经济损失值大小有相关性；贸易量越大，间接经济损失值也越大，排名的顺序也有一致性，间接经济损失值的最大的也是三个沿海区域，东北区域、西北区域和西南区域处于第四位、第五位和第六位，京津区域间接经济损失值最小。

(3) 基于总效应的间接经济损失值

根据公式：总效应的间接经济损失值 $[m(o)^F = i'[L']]$ =区域内的间接经济损失值+区域间经济损失值=485.101 775+59.036 850=544.138 626 亿元；这个值是中部区域的农业直接经济损失的 1.9 倍，说明洪涝灾害造成间接经济损失比直接经济损失还要大，还可以发现区域内的间接经济损失远比区域间的间接经济损失大。

(4) 基于部门效应的间接经济损失值

基于部门效应公式，可以计算中部区域的农业通过这个区域对其他部门包括自身的影响。例如，对农业本身的影响乘数，

$$m(o)^F_{11} = (l_{16})_{11} + (l_{26})_{11} + (l_{36})_{11} + (l_{46})_{11} + (l_{56})_{11} + (l_{66})_{11} + (l_{76})_{11} + (l_{86})_{11}$$
(6.5)

计算的农业直接经济损失 Δf =284.852 645 亿元，根据公式 $U = m(o)^F_{11} \cdot \Delta f$，得出对农业本身间接经济损为 343.037 215 9 亿元，同理可计算对其他部门造成的间接经济损失值（表 6.14 和图 6.1）。

表6.14 各部门间接经济损失值

部门	间接经济损失值/亿元	排序
农业	343.037 215 9	1
采选业	14.062 035 67	6
食品制造及烟草加工业	34.520 152 63	3
纺织服装业	3.829 558 958	13
木材加工及家具制造业	3.211 713 571	14
造纸印刷及文教用品制造业	4.896 901 819	10
化学工业	48.150 351 69	2
非金属矿物制品业	11.057 694 82	7
金属冶炼及制品业	8.744 406 494	8
机械工业	4.710 893 042	12
交通运输设备制造业	2.687 299 852	15
电气机械及电子通信设备制造业	2.603 268 322	16
其他制造业	4.828 822 037	11
电力蒸汽热水、煤气自来水生产工业	8.016 038 281	9
建筑业	1.135 137 79	17
商业、运输业	29.593 626 13	4
其他服务业	19.053 223 71	5

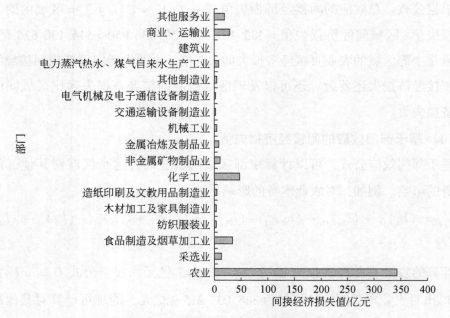

图6.1 洪涝灾害引起的主要经济部门间接损失

结合图 6.1 和表 6.14 发现，总的部门间接经济损失值为 544.138 341 亿元，我们可以直观地发现对农业本身造成间接经济损失最大，占到总的部门间接经济损失的 63.04%，其次是化学工业和食品制造及烟草加工业。很明显对农业自身的波及击影响最大，此外农业是化学工业产品的主要使用部门，同时农业也为食品制造及烟草加工业提供原料，因此它们在部门的间接经济损失排前三位，电气机械及电子通信设备制造业和建筑业的间接经济损失值最小。

6.3 小结

本章利用区域间投入产出模型的四个效应乘数值定量评估因自然灾害造成农业的直接经济损失对国民经济系统的影响，探讨了某一区域因灾造成某一部门的直接经济损失对区域本身、区域之间、总的区域及部门的影响，估算了间接经济损失的部门和地域分布，发现区域的间接经济损失与地理位置和经济结构复杂程度有紧密关系；部门的间接经济损失情况与部门交流联系程度密切相关。但是，由于基础数据的缺乏，限制了研究方法更广泛的应用，如基于包含农业在内的多部门的直接经济损失分析自然灾害对国民经济系统的间接经济影响；从宏观的角度研究某一国家因自然灾害造成直接经济损失对本国和其他国家与地区的影响；目前全球气候变暖的趋势不断严重，引起的自然灾害事件越来越频繁和剧烈化，研究多个国家和地区自然灾害对其他多国家与地区的影响等。

总的来说，运用本章投入产出模型方法可以综合地考虑区域间与部门间的效应，为深入研究自然灾害对区域和部门的影响提供了新的思路。

主要参考文献

国家信息中心. 2005. 中国区域间投入产出表. 北京：社会科学文献出版社.

Anderson C W, Santos J R, Haimers Yacov Y Y. 2007. A risk based input-output methodology for measuring the effects of the August 2003 Northeast blackout. Economic Systems Research, 19 (2)：183-204.

Arto I, Andreoni V, Rueda-Cantuche J M. 2014. Worldwide economic impact of the 2011 Japanese tsunami disaster. Lisbon：22nd International Input-Output Conference, 14-18 July.

Barna T. 1963. Structural Interdependence and Economic Development. Journal of the Royal Statistical

Socirty, 127 (1): 141.

Baumen H S I D, Moran, D, Lenzen M, et al. 2014. How severe space weather affects global supply chains. Natural Hazards and Earth System Sciences, 14: 1-10.

Donaghy K P, Balta-Ozkan N, Hewings G J D. 2007. Modeling unexpected events in temporally disaggregated econometric input-output models of regional economies. Economic Systems Research, 19 (2): 125-145.

Hallegatte S, Green C, Nicholls RJ, et al. 2013. Future flood losses in major coastal cities. Natural Climate Chang, 3 (9): 802-806.

Jonkman S N, Bočkarjova M, Kok M, et al. 2008. Integrated hydrodynamic and economic modelling of flood damage in the Netherlands. Ecological Economics, 66 (1): 77-90.

Kajitani Y. 2007. Modeling the regional economic loss of natural disaster: the search for economic hotspots. Economic Systems Research, 19 (2): 163-181.

Kajitani Y, Tatano H. 2014. Estimation of production capacity loss rate after the great east Japan Earthquake and Tsunami in 2011. Economic Systems Research, 26 (1): 13-38.

Koks E E, De M H, Aerts J C, et al. 2014. Integrated direct and indirect flood risk modeling: Development and sensitivity analysis. Risk Analysis An Official Publication of the Society For Risk Analysis, 35 (5): 882.

Koks E E, Thissen M. 2014. The economic-wide consequences of natural hazards: An application of a European interregional input-output model, conference paper. http://www.iioa.org/conferences/22nd/papers/files/1479_20140509071_Koks_IIOA_ID1479.pdf [2015-07-15].

Lenzen M, Moran D, Kanemoto K, et al. 2011. International trade drives biodiversity threats in developing nations. Nature, 486 (7401): 109-112.

Lenzen M, Moran D, Kanemoto K, et al. 2013. Building Eora: A global multi-region input-output database at high country and sector resolution. Economic Systems Research, 25 (1): 20-49.

Leontief W. 1966. Input-Output Economics. New York: Oxford University Press.

Leontief W, Strout A. 1963. Multi-regional input-output analysis// Barna T. Structural Interdependence and Economic Development. London: Macmillan.

Okuyama Y. 2007. Economic modelling for disaster impact analysis: Past, present, and future. Economic Systems Research, 19 (2): 115-124.

Okuyama Y, Hewings G J D, Sonis M. 1999. Economic impacts of an unscheduled, disruptive event: A miyazawa multiplier analysis// Hewings G J D, Sonis M, Madden M, et al. Understanding and Interpreting Economic Structure. Berlin: Springer-Verlag.

Okuyama Y, Santos J R. 2014. Disaster impact and input-output analysis. Economic Systems Research, 26 (1): 1-12.

Quigley J M, Rosenthal L A. 2008. Risking House and Home: Disasters, Cities, Public Policy. California: Berkeley Public Policy Press.

Richardson H W, Gordon P, Moore J E II, et al. 2008. The economic impacts of alternative terrorist attacks on the twin ports of Los Angeles-Long Beach//Quigley J M, Rosenthal L A. Risking House and Home: Disasters, Cities, Public Policy. Berkeley: Berkeley Public Policy Press.

Santos J R. 2006. Inoperability input-output modelling of disruptions to interdependent economic systems. Systems Engineering, 9 (1): 20-34.

Steenge A E, Bočkarjova M. 2007. Thinking about imbalances in post-catastrophe economies: An input-output based proposition. Economic Systems Research, 19 (2): 205-223.

Tsuchiya S, Tatano H, Okada N. 2007. Economic loss assessment due to railroad and highway disruption. Economic Systems Research, 19 (2): 147-162.

Tukker A, Dietzenbacher E. 2013. Global multiregional input-output frameworks: An introduction and outlook. Economic Systems Research, 25 (1): 1-19.

Wiedmann T, Schandl H, Lenzen M, et al. 2013. The material footprint of nations. Proceedings of the National Academy of Sciences, 112 (20): 6271-6277.

Yamamo N, Kajitani Y, Shumuta Y. 2007. Modeling the regional economic loss of natural disaster: The search for economic hotspots. Journal of Internatiaonal Input-Output Association, (19): 163-169.

7 洪涝灾害损失动态分析

投入产出模型从静态灾害影响分析转化到动态分析有两种方式：第一种是考虑产业部门生产技术变化效应。这种方法最初是由列昂惕夫引入到投入产出分析中，Lian 和 Haimes（2004）以列昂惕夫动态投入产出模型为基础，构建了损失率动态投入产出模型（dynamic inoperability input output model），该模型被应用来分析灾害的间接经济损失，本章按照这种研究思路估算 1998 年洪涝灾害对中国部门经济的影响。第二种是考虑产业部门生产的时滞效应，Romanoff 和 Levine（1981）首先关注了此问题，他们认为生产不是同时发生，而是相继发生，把一个产业生产过程分成两段：生产过程和装运过程，前者经常带有要素库存而后者存在产品库存（图 7.1），在传统的投入产出模型中加入时间延迟因素，通过建立 SIM（sequential interindustry model）来使静态的投入产出模型动态化（图 7.1）。

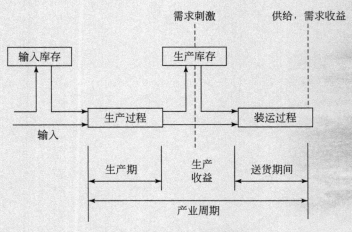

图 7.1　生产阶段及生产期

Mules（1983）沿用该研究思路，假定所有效应都不是发生在灾害发生的时候，同时所有生产结束的时间也不是同时发生在传统的投入产出表默认的一年时间之内，他认为典型的时间应该是一个月或者一个季度，区分不同部门的生产响应时间长短，即要素部门生产响应延迟时间为五个时段，制造业为一个时段、服务业没有延迟。Okuyama 等（2004）也考虑了生产过程的延迟特性，分析自然灾害及人为的恢复重建活动对经济系统的不同影响，他把经济部门的响应分为三种模式：①及时模式，主要包括各种服务行业，使用传统的投入产出模型进行建模；②预期生产模式，主要是指农业和大部分制造业，其特点是现期产出依赖于现期需求和未来产出（无库存）；③影响模式，主要为经济产出依赖现期需求和过去产出，如建筑业，它的生产还考虑房屋库存量，认为库存与充分信息在灾害恢复重建中有重要作用，这个模型不仅能辨别不同阶段灾害恢复重建的关键部门，也能根据恢复重建不同阶段制定减灾策略。

7.1 动态损失率投入产出模型构建

以上各章洪涝灾害间接经济损失评估使用的是静态 IIM，它只能分析灾害经济系统在某一时点的状况，不能分析经济系统动态及恢复路径，为了弥补这一不足，本章引入动态 IIM。式（7.1）表示的投入产出动态模型是一个被广泛接受的动态模型（Miller and Blair，1985）：

$$x(t) = Ax(t) + c(t) + B\dot{x}(t) \tag{7.1}$$

在这个基本的动态公式中，$x(t)$ 为经济部门在时间 t 的产出向量；$c(t)$ 为部门在时间 t 的最终需求；方阵 A 为相互依赖关系矩阵，代表各经济部门之间的相互依赖关系，这类似于静态 IO 模型中的矩阵 A；方阵 B 为在动态模型中引入的资本系数矩阵，静态模型是动态模型的推广，当动态的 IO 模型式（7.1）达到平衡时，即 $\dot{x}(t) = 0$ 时，式（7.1）采用与静态投入产出模型相同的形式。

在对传统的动态 IO 模型和其解释进行重新解读之后，Carvajal 和 Díaz（2002）表明在式（7.1）中 B 的元素必须是零或者是负的才能使一个经济系统模型达到平衡，假设 A 和 B 是常数，只有这样的条件才会产生一种稳定的静态模型，不管初始条件或最终需求。因此，资本系数矩阵 B 可以解释为短期的反周期政策的一种表现，而不是长期增长，多年来主流 IO 模型研究者都持这种观点。他们设定式（7.1）中 $B = -I$，把模型（7.1）变成模型（7.2），利用这个模型，他们把动态模型解释为描述在时间 t 时候，经济生产供需不平衡状况调整水平。

$$\dot{x}(t) = Ax(t) + c(t) - x(t) \tag{7.2}$$

例如，对两个产业部门经济系统而言，式（7.2）变成式（7.3），其中，左边是产业的调整，右边是它们供需不平衡的状态：

$$\begin{cases} dx_1(t) = [a_{11}x_1(t) + a_{12}x_2(t) + c_1(t) - x_1(t)]dt \\ dx_2(t) = [a_{21}x_1(t) + a_{22}x_2(t) + c_2(t) - x_2(t)]dt \end{cases} \tag{7.3}$$

不同的经济部门，根据部门的特点及具体情况，调整的幅度可以相差很大。因此，对式（7.3）中的两个产业，可以添加 k_1 和 k_2 两个系数，分别用来描述生产调整率，即

$$\begin{cases} dx_1(t) = [a_{11}x_1(t) + a_{12}x_2(t) + c_1(t) - x_1(t)]k_1 dt \\ dx_2(t) = [a_{21}x_1(t) + a_{22}x_2(t) + c_2(t) - x_2(t)]k_2 dt \end{cases} \tag{7.4}$$

在一般情况下，给定的动态过程是不完全确定性的，许多因素可以随机地影响部门的短期行为。因此，通过添加一个随机组成部分与扩展 Carvajal 和 Díaz（2002）模型，可以构建动态损失率投入产出模型，即式（7.5），其参数见式（7.6）和式（7.7）。

$$\frac{dx(t)}{Ax(t) + c(t) - x(t)} = Kdt + \sigma dz \tag{7.5}$$

$$K = \mathrm{diag}(k_1, \cdots, k_n) \tag{7.6}$$

$$\sigma = \mathrm{diag}(\sigma_1, \cdots, \sigma_n) \tag{7.7}$$

式（7.5）中，dz 为维纳过程或布朗运动，代表"随机游走"的变量，$dz = \varepsilon(t)\sqrt{dt}$，其中，$\varepsilon(t)$ 为一个标准化的正态分布的随机变量，具有零均值和方差 1。式（7.6）中的对角矩阵 K 是产业恢复系数矩阵，它的第 i 个对角线上的元素 k_i 是非零值，定义为产业恢复系数，代表第 i 个部门的恢复能力（Haimes et al.，1998）。该产业恢复系数矩阵表明产业部门变化是一个指数的动态过程。k_i 值越大，经济系统对供需不失衡的响应也越快。

在式（7.5）中的对角矩阵 σ 是产业的恢复偏差矩阵，它测量的是产业变化动态过程的不确定性和产业恢复系数矩阵 K 的偏差。该矩阵中的每个非零对角元素，定义为产业恢复偏差系数，意味着一个经济部门在动态损失率投入产出模型中的动态过程是不确定性的，σ 值越大表示一个部门产出变化越大。

总之，式（7.5）的 $Ax(t) + c(t) - x(t)$ 反映了经济部门之间的相互依赖；

Kdt 代表按照指数规律变化经济恢复能力长期稳定在某个固定水平，$\sigma \mathrm{d}z$ 描述了经济系统变化的短期随机性的动态过程。比较列昂惕夫动态投入产出模型［式（7.1）］和动态损失率投入产出模型［式（7.3）］，可以发现，通过设置资本投资系数矩阵 $B = -K^{-1}$，列昂惕夫动态模型可以转化为动态损失率投入产出模型，然而在动态损失率投入产出模型中，矩阵 B 不能解释经济的长期增长过程。相反，它表示经济系统受灾害冲击后短期的恢复能力。由于部门的恢复力受风险管理和公共政策的影响，所以矩阵 B 可以被视为一种风险管理投资系数矩阵，其表示灾害风险管理的投资意愿。为了刻画灾害恢复的随机性，在动态模型中加入维纳过程，它有短期随机过程建模的能力，又由于产业恢复偏差系数（σ）提供了一个对恢复系数 k 的波动性衡量，因此，在动态损失率投入产出模型公式中的维纳过程模拟了经济系统在整体复苏的趋势期间的短期不确定性。

式（7.1）用来分析经济系统灾前的正常生产情景，而式（7.5）是用来分析灾害减产情景，由此可以得式（7.8）和式（7.9）：

$$A\hat{x}(t) + \hat{c}(t) - \hat{x}(t) = 0 \tag{7.8}$$

$$\frac{d\tilde{x}(t)}{A\tilde{x}(t) + \tilde{c}(t) - \tilde{x}(t)} = Kdt + \sigma \mathrm{d}z \tag{7.9}$$

从以上两个公式，可以得到

$$\frac{d[\hat{x} - \tilde{x}(t)]}{A[\hat{x} - \tilde{x}(t)] + [\hat{c} - \tilde{c}(t)] - [\hat{x} - \tilde{x}(t)]} = Kdt + \sigma \mathrm{d}z \tag{7.10}$$

式（7.10）可以变换成以下的形式：

$$\frac{d[\hat{x} - \tilde{x}(t)]}{[\mathrm{diag}(\hat{x})]A^*[\mathrm{diag}(\hat{x})]^{-1}[\hat{x} - \tilde{x}(t)] + [\hat{c} - \tilde{c}(t)] - [\hat{x} - \tilde{x}(t)]} = Kdt + \sigma \mathrm{d}z \tag{7.11}$$

进一步式（7.11）可以转换为式（7.12），即

$$\frac{d[(\mathrm{diag}(\hat{x}))^{-1}(\hat{x} - \tilde{x}(t))]}{A^*[\mathrm{diag}(\hat{x})]^{-1}[\hat{x} - \tilde{x}(t)] + [\mathrm{diag}(\hat{x})]^{-1}[\hat{c} - \tilde{c}(t)] - [\mathrm{diag}(\hat{x})]^{-1}[\hat{x} - \tilde{x}(t)]}$$
$$= Kdt + \sigma \mathrm{d}z \tag{7.12}$$

通过 $q(t)$ 和 $c^*(t)$ 的定义，动态损失率投入产出模型的损失率形式可以表示为

$$\frac{dq(t)}{A^*q(t) + c^*(t) - q(t)} = Kdt + \sigma \mathrm{d}z \tag{7.13}$$

当最后达到平衡时，动态损失率投入产出模型与静态损失率投入产出模型具有相同的形式。因此，动态损失率投入产出模型包含了相互依存、经济恢复指数动态过程的随机性和静态损失率投入产出模型的基本理论。

动态损失率投入产出模型的随机性质代表动态过程的多面性，当损失率投入产出模型的随机部分 DIIM 被忽略（$\sigma = 0$ 时），式（7.5）能被简化为

$$\dot{x}(t) = K[Ax(t) + c(t) - x(t)] \tag{7.14}$$

或者采用损失率形式（7.15），即

$$\dot{q}(t) = K[A^*q(t) + c^*(t) - q(t)] \tag{7.15}$$

式（7.15）是一个标准的线性一阶微分方程式形式，Edwards 和 Penney (2000)，给定它的初始条件 $q(0)$，该微分方程的解为

$$q(t) = e^{-K(I-A^*)t}q(0) + \int_0^t Ke^{-K(I-A^*)(t-z)}c^*(z)dz \tag{7.16}$$

如果最终需求 $c^*(t)$ 是常数，那么式（7.16）可以进一步被简化为

$$q(t) = (I - A^*)^{-1}c^* + e^{-K(I-A^*)t}[q(0) - (I - A^*)^{-1}c^*] \tag{7.17}$$

7.2 动态 IIM 的应用领域

(1) 需求减少动态情景分析

静态 IIM 可以用来分析经济部门需求减少造成的总的经济损失，而动态 IIM 可以分析一个时间段，灾害引起的需求减少造成的经济部门一系列总产出损失，同时它也能分析中间需求和最终需求的动态变化。

灾害引起的需求减少动态变化过程如下：如果 $A(x)$ 代表 t 时刻每一个部门的中间需求，那么，$Ax(t) + c(t)$ 代表部门总需求，包括中间需求和最终需求，在均衡状态下，总需求 $Ax(t) + c(t)$ 等于总供给 $x(t)$。然而，当有一个最终需求减少时，$c(t)$ 被减少到更小的 $\tilde{c}(t)$，这使 $Ax(t) + \tilde{c}(t) - x(t)$ 为负，同时产出供应 $x(t)$ 开始减少直到到达一个新的水平 $\tilde{x}(t)$。

为计算方便，本书采用动态 IIM 的损失率形式。正常情况下，在用动态 IIM 分析需求减少动态时，假定在开始时经济是在正常状态上运行，即损失率是零 $[q_{(0)} = 0]$，同时假定正常的最终需求存在扰动（$c^* > 0$），这样式（7.17）就可以转化成下式：

$$q(t) = [I - e^{-K(I-A^*)t}](I - A^*)^{-1}c^* \tag{7.18}$$

式（7.18）充分地说明了部门在最终需求减少情况行下经济系统调整自身状态的行为过程。在平衡状态下，当 $t \to \infty$ 时，同时最终需求减少不变，从式（7.18）可以得到式（7.19），即

$$q(\infty) = (I - A^*)^{-1} c^* \tag{7.19}$$

式（7.19）和静态需求减少的 IIM 是一样的，证实在式（7.18）中，当 $t = 0$ 时，$q(0) = 0$，这与需求减少的最初损失率为零的假设一致。

（2）经济产出损失动态恢复情景分析

动态 IIM 也可以运用到经济部门生产被自然灾害或恐怖事件打断之后的产业部门动态恢复过程，在这样的情况下，经济产出 $x(t)$ 减小到更小的 $\tilde{x}(t)$ 上。在假设最终需求不变的条件下，部门总需求 $A\tilde{x}(t) + c(t)$ 超出总供应 $\tilde{x}(t)$，由于受影响的部门从它们降低的产出恢复过来，供需的不匹配 $A\tilde{x}(t) + c(t) - \tilde{x}(t)$ 同样减少，直到部门完全恢复和有能力提供一定量的产出以满足总需求。从形式上来看，在更现实的动态恢复情况下，灾害发生之后，经济部门最初的产出水平降低了，导致这些部门的损失率大于 0 [$q(0) > 0$]。

假定每个部门的最终需求保持不变，那么，$c^* = 0$，在这种情况下，式（7.17）可以化减为

$$q(t) = e^{-K(I - A^*)t} q(0) \tag{7.20}$$

式（7.20）描述了从它的生产中断后经济动态恢复过程。当 $t \to \infty$ 时，从式（7.20）观察到 $q(t) = 0$，换句话说，随着时间的推移，经济部门从最初的损失率恢复到它们原来的正常运行状态，所有部门完全恢复可以表示如下：

$$q(\infty) = 0 \tag{7.21}$$

类似于 DIIM 由于需求减少动态变化分析，部门产出恢复动态分析中，产业恢复系数矩阵 K 决定了每个经济部门恢复是按照指数变化路径进行的。

综合以上分析，动态 IIM 应用来分析灾害的基本内容包括灾害引起的需求动态变化分析和灾害损失恢复路径分析两个方面（Lian and Haimes，2010）（表 7.1）。

表 7.1　动态 IIM 应用

DIIM	$q(t) = (I - A^*)^{-1} c^* + e^{-K(I - A^*)t} [q(0) - (I - A^*)^{-1} c^*]$	
	灾害引起的需求动态变化分析	灾害损失恢复路径分析
条件	$q(0) = 0; c^* > 0$	$q(0) > 0; c^* = 0$

续表

DIIM	$q(t) = (I-A^*)^{-1}c^* + e^{-K(I-A^*)t}[q(0) - (I-A^*)^{-1}c^*]$	
过程解	$q(t) = [I - e^{-K(I-A^*)t}](I-A^*)^{-1}c^*$	$q(t) = e^{-K(I-A^*)t}q(0)$
均衡解	$q(\infty) = (I-A^*)^{-1}c^*$	$q(\infty) = 0$

7.3 洪涝灾害损失变化情景模拟

7.3.1 情景1——灾害需求损失动态变化

为了直观分析比较经济系统各部门受灾后经济损失和恢复路径，因此考虑不同的情景，设定不同的参数模拟损失的动态变化。

根据表7.2中参数设定，本书模拟出1998年洪涝灾害造成农业损失后对其他19个部门及自身损失影响路径如图7.2~图7.6所示。

表7.2 情景1损失率动态投入产出模型参数设定

项目	初始损失率（q_0）	部门恢复力系数（k）	消费需求损失率（c^*）
农业	0	0.2	0.042 648
其他部门	0	0.2	0

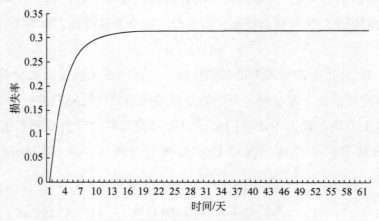

图7.2 灾害引起农业需求损失动态变化

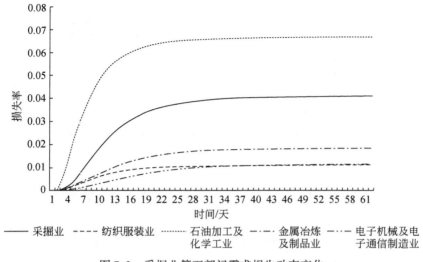

图 7.3 采掘业等五部门需求损失动态变化

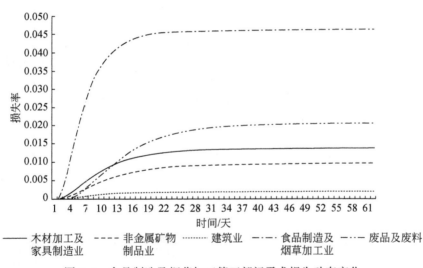

图 7.4 食品制造及烟草加工等五部门需求损失动态变化

图 7.2 显示农业在灾后开始的 0~10 天的损失率急速上升，损失上升很快，最终损失率达到 0.3；10~30 天损失率变化平稳，仅变化了 0.003，30 天以后几乎停止变化，坡度很缓，最终损失率稳定在 0.315，接近平衡状态。

通过产业关联，农业的损失也造成其他部门损失，首先，需求损失最大的是石油加工及化学工业，其损失率达到 0.067（图 7.3），因为农业生产主要依靠化肥投入量，农业生产损失导致化肥需求量减少，而化肥与石油及其加工业

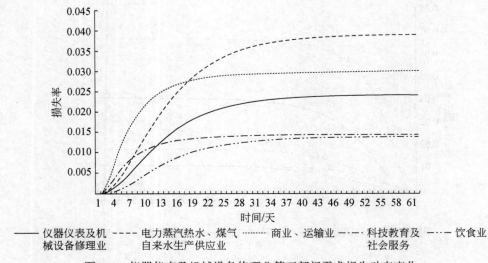

图 7.5 仪器仪表及机械设备修理业等五部门需求损失动态变化

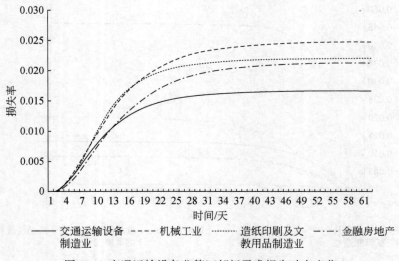

图 7.6 交通运输设备业等四部门需求损失动态变化

具有密切的关系,这也导致该行业损失明显。

其次,需求损失影响较大的是食品制造及烟草加工业,该部门在起始的 0~10 天的损失率快速增长,损失率达到 0.035;10~15 天变化趋缓,在 19 天的时候损失率接近 4.5%;20 天以后损失率达到 4.6%,基本保持稳定状态(图 7.4)。

最后,电力蒸汽热水、煤气自来水供应业在 0~20 天,损失率上升速度很小，大约为 0.305，20 天以后损失率增加几乎很少，最终损失率稳定在 3.89%（图 7.5）。上述部门之外的其余部门的损失率在 0.001~0.004，变化的幅度与其他三个部门相比是最小的，从图 7.2~图 7.6 中还可发现，各个经济部门损失率的增加主要发生在灾害的 30 天内，此后灾害损失趋于平稳。

从灾害损失的大小来看，农业受灾后对自身的影响最大，其次是食品制造及烟草加工业和石油加工及化学工业，图中大致反映了实际情况，食品制造及烟草加工业是农业的产品作为原材料进行加工的，农业的产品供应一旦中断，必将使食品制造及烟草加工业经济损失很大。

7.3.2 情景 2——总损失率动态变化

根据表 7.3 中参数设定，本书得出 1998 年洪涝灾害造成农业损失及其对其他 19 个部门损失影响动态变化（图 7.7~图 7.11）。

表 7.3 损失率动态投入产出模型参数设定

项目	初始损失率（q_0）	部门恢复力系数（k）	消费需求损失率（c^*）
农业	0.25	0.2	0.042 648
其他部门	0	0.2	0

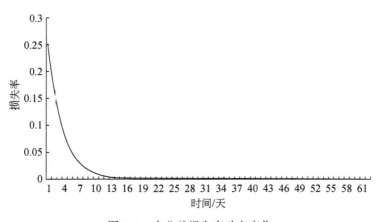

图 7.7 农业总损失率动态变化

从图 7.7 中可以发现农业的总损失率的初始值为 0.25 开始变化，经过一段时间，最终总损失率接近 0 并保持平衡。由于其他部门的与农业的相互依存关系，农业损失必然引起其他部门损失。

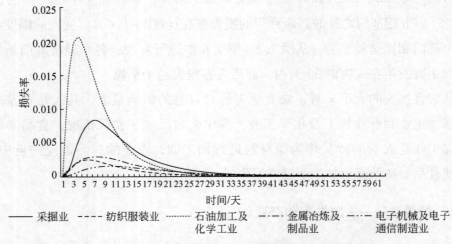

图 7.8　石油加工及化学工业等五部门总损失率动态变化

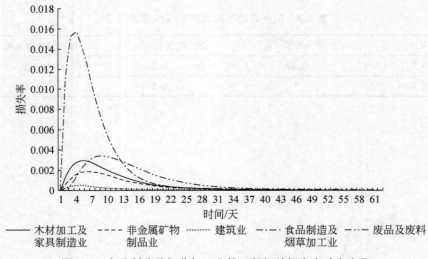

图 7.9　食品制造及烟草加工业等五部门总损失率动态变化

图 7.8 显示石油加工及化学工业最初总损失率为 2.1%，经过 50 天左右总损失率接近 0，经济部门恢复到原来状态。食品制造及烟草加工业总损失率开始上升，到灾后 5 天左右总损失率上升到最大值 1.6%，随后总损失率减小，到 30 天左右总损失率趋近于 0，部门经济恢复。相比于该部门，木材加工及家具制造业、非金属矿物制品业、建筑业和废品及废料的损失率变化的幅度小（图 7.9）。相对于图 7.8 和图 7.9，图 7.10 和图 7.11 显示的总损失率之间变化的差异小；图 7.10 中，商业、运输业损失较大；图 7.11 中造纸印刷及文教用品制造业总损

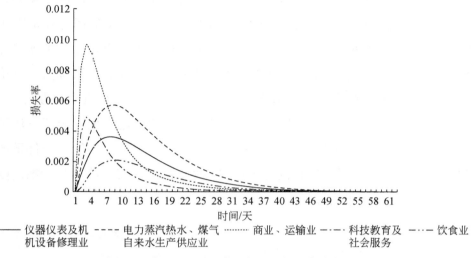

图7.10　商业、运输业等五部门总损失率动态变化

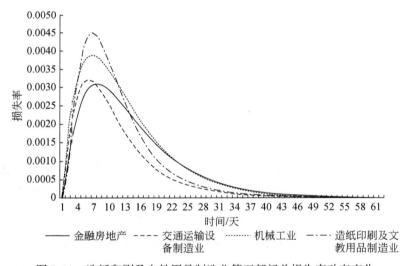

图7.11　造纸印刷及文教用品制造业等五部门总损失率动态变化

失率最大；图7.11各个部门总损失率变化的峰度比图7.10大，表明金融房地产和交通运输设备制造业恢复的速度慢些。

7.4　洪涝灾害损失变化动态分析

以上讨论的灾害引起的需求损失动态变化和总损失率动态变化，都是在确定性的条件下计算的，实际上，由于引起需求损失和总损失率的因素众多，因素变化关系错综复杂，因此自然灾害引起的需求损失和总损失率存在动态不确定性与稳定性。传统的洪涝灾害风险评估是确定性评价，但是，洪涝灾害评估参数的不确定性会通过评估模型传递到评估结果中，导致最终风险值的不确定性，定量描述不确定性采用蒙特卡洛（Monte Carlo）法，即仿真模拟方法。

以下从洪涝灾害相关参数的不确定性出发，尝试将随机统计分析方法及蒙特卡洛法引入洪涝灾害风险评估上，使评估模型适用于不完全信息条件下的洪涝灾害风险评估，扩展其应用级别，图7.12显示洪涝灾害风险影响参数的随机性预测模型的概率分布状态。

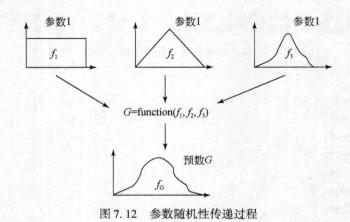

图 7.12　参数随机性传递过程

利用系统仿真模型对系统行为进行分析，将对目标潜在影响的不确定性因素具体化和定量化。蒙特卡洛法主要是对一些大型复杂项目或复杂决策系统的风险进行分析，实质是根据统计抽样原理，利用服从某种分布的随机变量来模拟现实系统中可能出现的随机现象，采用蒙特卡洛法可以借助计算机进行大量次数的模拟试验得到有价值的分析结果。模拟程序如下：①建立电子表格模型，特别注意输出结果的显示格式。②按照其概率分布生成每个概率变量的随机结果，并将此结果应用于适当的公式。③将步骤②重复足够多的次数，以生成结果的分布。④计算主要统计量并收集频数分布或直方图的输出数据进行分析。

Crystal Ball（水晶球）软件是美国决策工程公司开发并发行的，能自动执行蒙特卡洛模拟程序，进而使风险评估过程显得更为直观、简捷、方便、易用。本节运用 Crystal Ball 分析软件针对洪涝灾害风险评估不确定性进行蒙特卡洛模拟。

7.4.1 洪涝灾害总损失变化动态

在考虑经济损失不确定因素情况下,洪涝灾害总间接经济损失值在 12 000 000 万~40 000 000 万元,其中最可能值为 27 000 000 万元(图 7.13)。该最可能值大于基于需求损失估算的总间接经济损失 20 757 856 万元,而小于基于供给损失估算的间接经济损失值 32 090 741 万元。

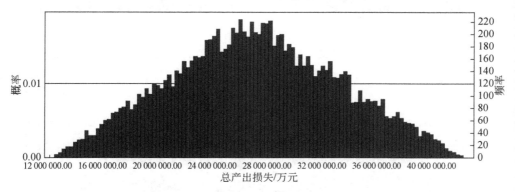

图 7.13　不确定条件下洪涝灾害经济总损失变化

评估的动态损失与静态损失不一致,可能因为静态损失计算的时间期限通常为一年,用于损失估算的投入产出表假定不同部门的生产过程均在一年内完成。但是,事实上,不同部门的经济过程发生的时间长短不同,有的以月计,有的以季度计算,本章使用的动态投入产出模型生产时间以天为单位,洪涝灾害损失率和损失量以天作为时间尺度进行分析。

7.4.2 洪涝灾害各个部门损失率变化动态

图 7.14 显示的是每个部门损失的动态变化,横坐标显示的是部门间接经济损失率,纵坐标反映每种损失率的概率和频率。总体来看,尽管不同部门的最可能出现的损失率不同,但是,每个部门模拟的最可能损失率概率都呈现三角分布。

7.4.3 洪涝灾害各个部门损失量变化动态

图 7.15 显示的是每个部门损失量的动态变化,横坐标显示的是部门间接经济损失量,纵坐标反映每种损失量的概率和频率。总体来看,尽管不同部门的最可能出现的损失量不同,但是,每个部门模拟的最可能损失量概率都呈现三角分布。

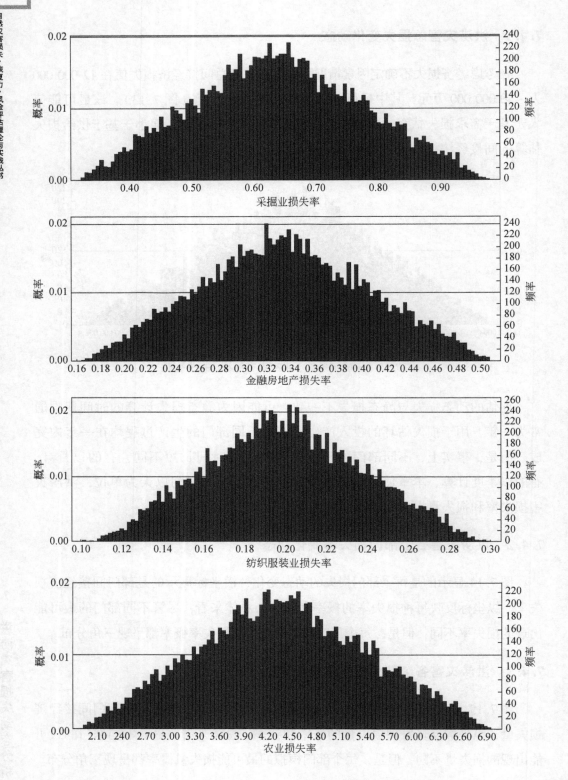

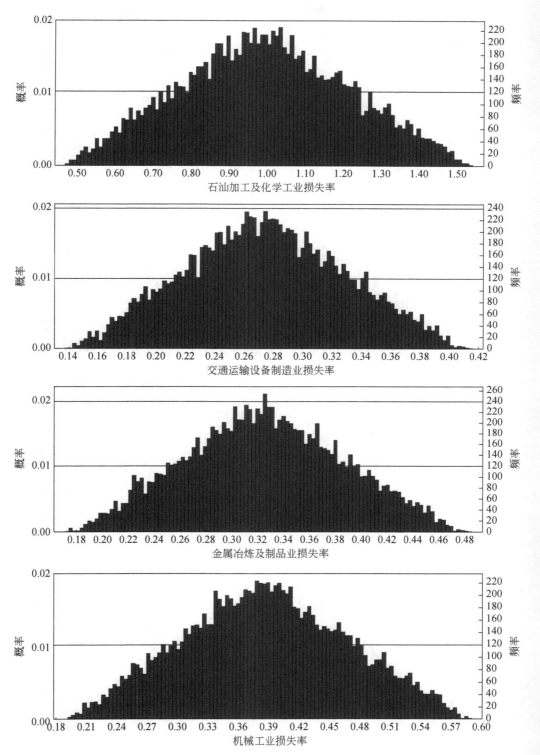

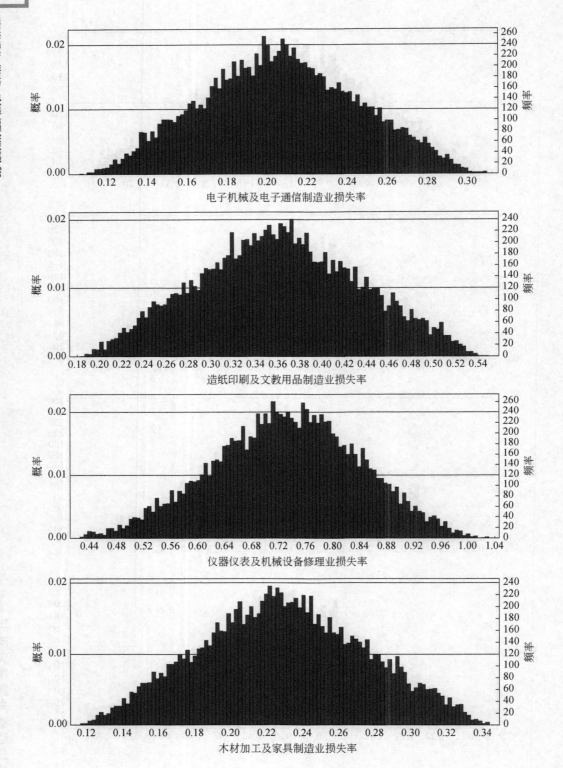

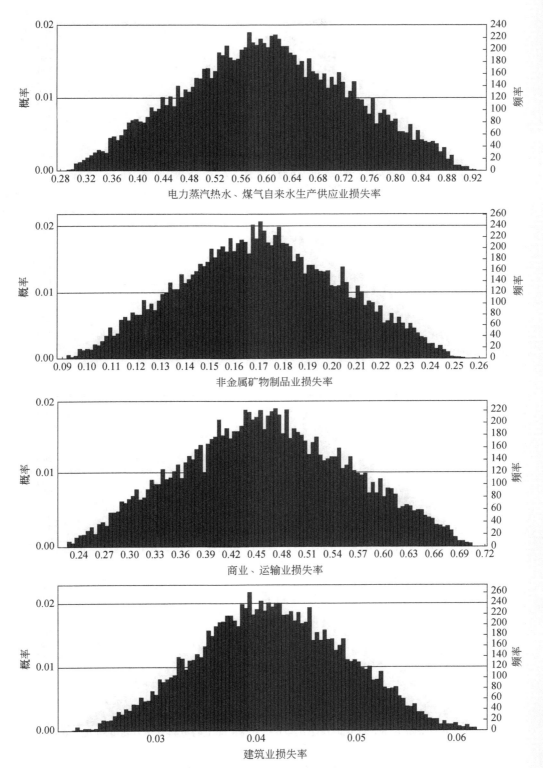

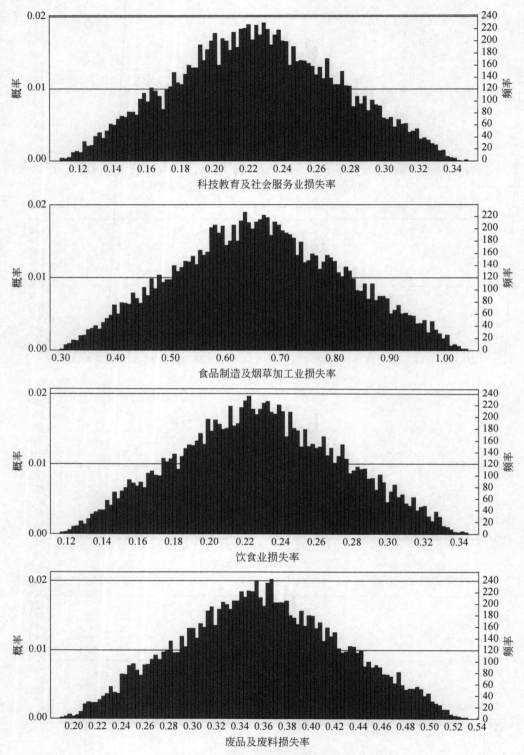

图 7.14 不同部门损失率概率分布

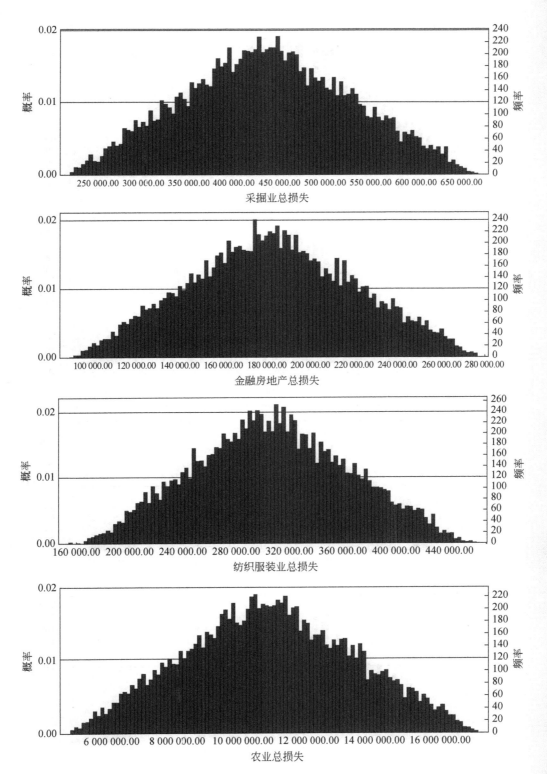

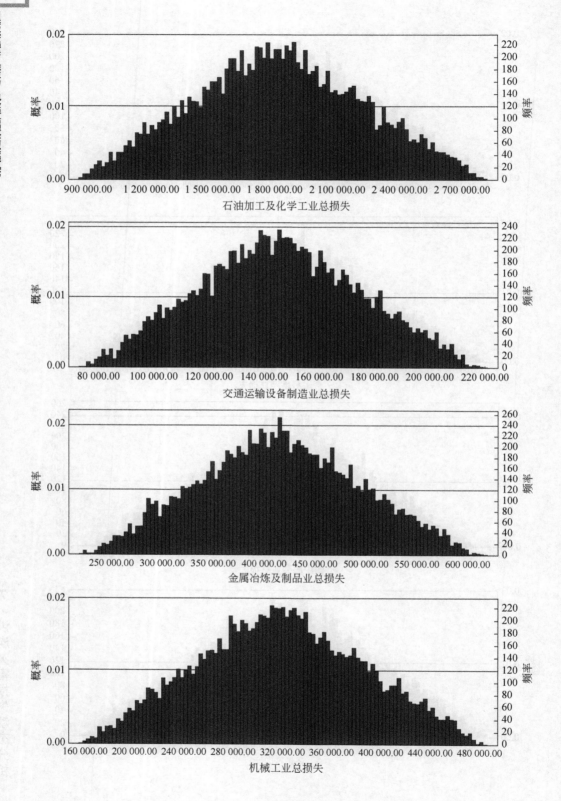

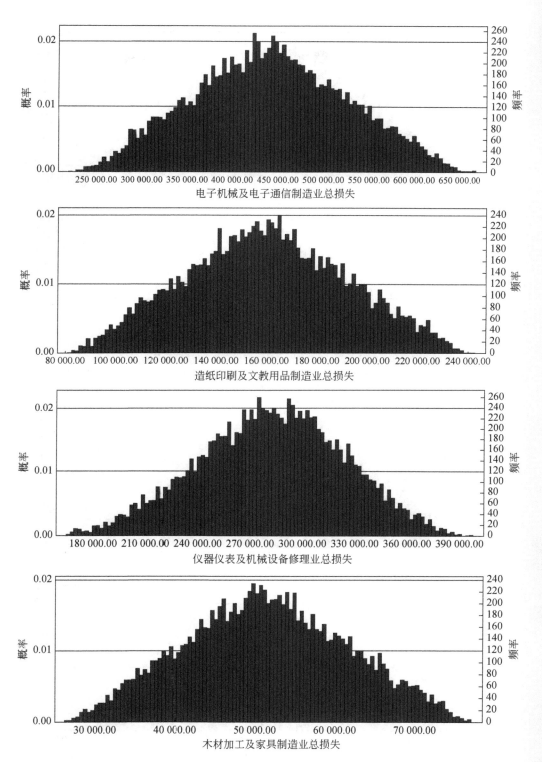

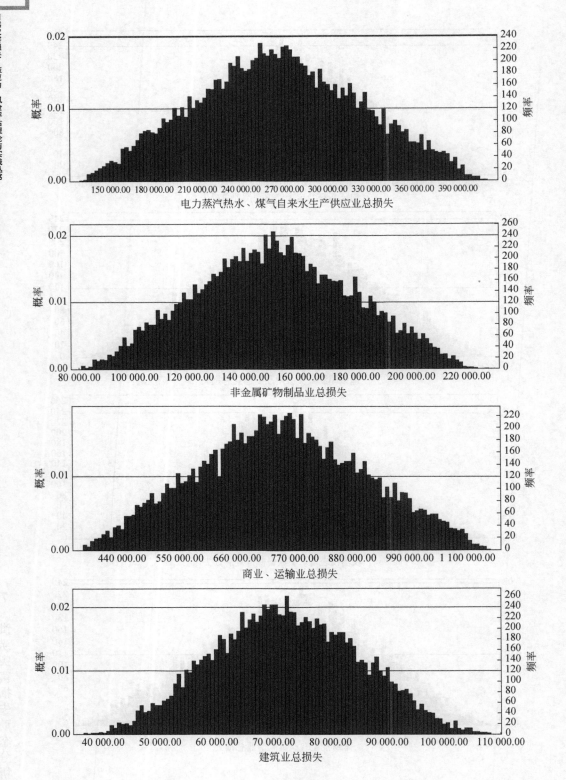

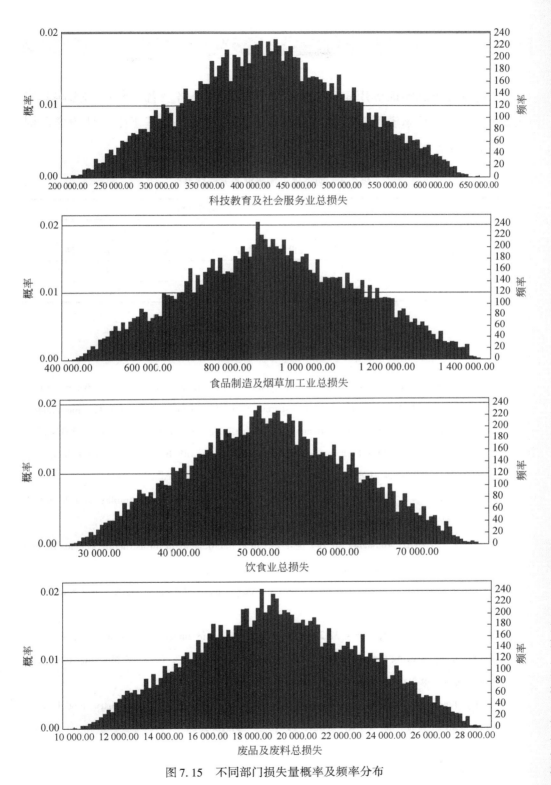

图 7.15 不同部门损失量概率及频率分布

7.5 小结

从理论分析和实证应用角度来看，洪涝灾害对经济及各个部门的影响具有动态变化过程，动态模型进行灾害分析存在两种类型，即基于生产性投资品时滞性和基于生产时间非同步性，它们应用的领域和特点如表7.4。

表7.4 动态化灾害研究的方法体系

建模角度	动态类型	
	I类	II类
	基于生产性投资品时滞性	基于生产时间非同步性
动态乘数分析	DIOM	SIOM
损失率	DIIM	SIM

主要参考文献

Carvajal C R, Díaz M B. 2002. The foundations of dynamic input-output revisited:¿Does dynamic input-output belong to growth theory? https://www.researchgate.net/publication/28092604_The_foundations_of_dynamic_input-output_revisited_Does_dynamic_input-output_belong_to_growth_theory[2015-07-15].

Edwards C H, Penney D E. 2000. Elementary Differential Equations with Boundary Value Problems, 4th Edition. New York: Prentice Hall.

Haimes Y Y, Matalas N C, Lambert J H, et al. 1998. Fellows, reducing the vulnerability of water supply systems to attack. Journal Infrastructure Systems, 4 (4): 164-177.

Lian C, Haimes Y Y. 2010. Managing the risk of terrorism to interdependent infrastructure systems through the dynamic inoperability input-output model. Systems Engineering, 9 (3): 241-258.

Mules T J. 1983. Some simulations with a sequential input-output model. Papers of the Regional Science Association, 51 (1): 197-204.

Okuyama Y, Hewings G J D, Sonis M. 2004. Measuring economic impacts of disasters: Interregional input-output analysis using sequential interindustry model//Okuyama Y, Chang S. Modeling the Spatial Economic Impacts of Natural Hazards. Heidelberg: Springer.

Romanoff E, Levine S H. 1981. Anticipatory and responsive sequential interindustry models. IEEE Transactions on Systems Man & Cybernetics, 11 (3): 181-186.

8
洪涝灾害间接经济损失管理研究

8.1 前言

　　灾害恢复的最优路径设计对灾害损失减轻有重要影响。寻找减灾的最优路径是研究者和灾害管理者共同探索的目标。

　　Cochrane（1975）从致灾因子（hazards）和脆弱性两个方面对加州海湾九县区的地震强度和受灾人口的暴露度、地区的地震脆弱性（vulnerability）进行了评估，测算了地震的直接经济损失，并利用投入产出分析技术分析该地区经济系统特点，并构建了线性规划模型，对间接经济损失进行了优化分析。Cochrane（1997）利用加州湾九县区投入产出表，构建了住户和政府消费、投资和出口闭合的投入产出模型，并用最优化规划方法进行灾害风险管理。Rose（1981）认为 Cochrane 是用投入产出技术分析自然灾害间接经济损失的第一人，在对其分析思路进行了简单的回顾之后，对其模型进行了三点改进：第一，考虑进口或者外援；第二，考虑替代或者系统适应能力；第三，考虑经济转产效应对消除瓶颈的影响。Rose 等（1997）研究灾害发生时候资源的最有效配置的减灾效应，其认为生产配额计划是减小经济损失的途径之一，通过模拟分析孟菲斯发生 7.5 级地震损失，发现如果电力资源在部门之间进行配置的话，经济损失可以减小四倍。Wang 和 Miller（1995）研究交通瓶颈对台湾经济的影响，他们通过投入产出-线性规划复合模型来确保总产出最大化，他们设定无瓶颈（基年）、中等瓶颈（基年的一半）、严重瓶颈（比中等增加一半）和总产出最大化目标（X）或者总增加值最大化目标（V）两种目标条件，对比不同情景下总产出和总增加值的改变，发现不同的配额方法对经济产生不同的影响。生产配额的设置也受人类偏好的影响。Rose 等（1997）构建地震灾害造成交通影响瓶颈的模型，他们考虑配额偏好，通过电力资源的优化配置来使总生产最大化，当生产存在瓶颈的时候，通过优先满足家庭消费和出口，通过设定这些优化条件估算灾害的经济影响，进行类似研究的还有 Hallegatte（2008）认为供应商-生产商关系优先于供应商-消费者关系。Li 等（2013）也借鉴这种关系，配额数量按照其订购量的一定比例计算。

8.2 单目标优化模型

设定不同的目标函数表示不同的风险管理策略，对结果有直接的影响，为了对比目标函数的风险管理差异，就单目标优化而言，本书设定两种不同的路径：第一，总产出损失最小化目标；第二，最终需求损失最小化目标。两种不同目标的风险管理模型及计算过程如下。

8.2.1 总产出损失最小化目标

基于洪涝灾害总产出损失最小化线性规划模型为

$$\min \sum_{i=1}^{20} \mu_i \chi_i$$

$$\chi_i - \sum_{j=1}^{20} \rho_{ij} \chi_j \geq 0$$

$$\chi_i - \sum_{j=1}^{20} \rho_{ij} \chi_j \leq \beta_i$$

$$\chi_i \geq \chi_i^{(0)}$$

$$\chi_i \leq 1$$

$$i = 1, 2, \cdots, 20 \tag{8.1}$$

这个等式是整个系统最小的可能性解，这是一个简单的规划求解问题，其中 $\mu_i = w_i^{(0)} / \sum_{i=1}^{n} w_i^{(0)}$，$\beta_i = \rho_{i0} = f_i^{(0)} / w_i^{(0)}$，为了显示最小的目标函数产生最大的效果，简单地把 $\mu_i = w_i^{(0)} / \sum_{i=1}^{n} w_i^{(0)}$ 加入到目标方程中。

利用归并的 1997 年中国 20 个部门投入产出表，从消耗系数方面量化水灾的经济影响最小化优化模型。其计算步骤如下。

第一步，经济系统部门总产出构成系数及系统损失。经济系统各部门受灾害的影响用 $x_i = \dfrac{w_i^0 - w_i}{w_i^0}$ 进行描述，其中，x_i，w_i^0，w_i 分别是经济系统中某个部门的损失率、正常总产出值和受灾后总产出值,这样经济系统的部门损失率就可以表示为 $x = \dfrac{\sum_{i=1}^{n} w_i^0 - \sum_{i=1}^{n} w}{\sum_{i=1}^{n} w_i^0}$,利用单个部门损失率公式,引入部门总产出的部门构成系数 μ_i,可以得到以下经济系统损失值,$x = \dfrac{\sum_{i=1}^{n} w_i^0 - \sum_{i=1}^{n} w}{\sum_{i=1}^{n} w_i^0} = \dfrac{\sum_{i=1}^{n} w_i^0 x_i}{\sum_{i=1}^{n} w_i^0} = \sum_{i=1}^{n} \mu_i x_i$,式中,$\mu_i = \dfrac{w_i^0}{\sum_{i=1}^{n} w_i^0}$,它表征经济系统结构的重要特征,通过投入产出表可以测算各个部门产出在总产出中所占的比例。

由上可见,经济系统总损失是各个部门的损失加权和,其权重就是各个部门的总产出构成份额。利用1997年中国20个部门投入产出表,计算的各个部门总产出份额权重值见表8.1。

表8.1 1997年中国各个部门总产出构成系数（mju 值）

部门	mju 值
采掘业	0.034 169
纺织服装业	0.076 893
石油加工及化学工业	0.091 623
金属冶炼及制品业	0.063 841
电子机械及电子通信制造业	0.052 323
仪器仪表及机械设备修理业	0.019 302
电力蒸汽热水、煤气自来水生产供应业	0.022 172
商业、运输业	0.080 637
科技教育及社会服务业	0.093 184
饮食业	0.011 26
金融房地产	0.027 274
农业	0.123 483
交通运输设备制造业	0.026 59
机械工业	0.041 166
造纸印刷及文教用品制造业	0.022 113
木材加工及家具制造业	0.011 215
非金属矿物制品业	0.044 071

续表

部门	mju 值
建筑业	0.086 995
食品制造及烟草加工业	0.069 017
废品及废料	0.002 673

第二步，计算各部门最终产品需求率。从投入产出表的第一、第二象限来分析，首先可以计算部门产品的最终产品需求率，$\beta_i = \frac{f_i^{(0)}}{w_i^{(0)}}$，式中，$f_i^{(0)}$ 为最终需求矩阵；$w_i^{(0)}$ 为正常总产出。计算结果见表8.2。

表 8.2 1997 年各个部门最终产品需求率（beta 值）

部门	beta 值
采掘业	0.073 758
纺织服装业	0.504 034
石油加工及化学工业	0.178 415
金属冶炼及制品业	0.114 967
电子机械及电子通信制造业	0.527 262
仪器仪表及机械设备修理业	0.384 787
电力蒸汽热水、煤气自来水生产供应业	0.140 566
商业、运输业	0.305 638
科技教育及社会服务业	0.688 576
饮食业	0.487 309
金融房地产	0.404 432
农业	0.479 491
交通运输设备制造业	0.527 898
机械工业	0.547 193
造纸印刷及文教用品制造业	0.242 402
木材加工及家具制造业	0.380 667
非金属矿物制品业	0.130 313
建筑业	0.964 698
食品制造及烟草加工业	0.643 061
废品及废料	0

第三步，计算依赖矩阵分解系数矩阵。首先求出直接消耗系数矩阵 A，然后按照以下公式计算产业部门依赖系数矩阵 A^*，$A^* = [\mathrm{diag}(w_i^0)]^{-1} A [\mathrm{diag}(w_i^0)]$。计算结果见表8.3。

表8.3 1997年各个部门依赖系数矩阵

A	B	C	D	E	F	G	H	I	J	K	L	M	N	O	P	Q	R	S	T
0.076	0.006	0.352	0.189	0.010	0.006	0.120	0.008	0.017	0.001	0.002	0.008	0.005	0.015	0.006	0.013	0.146	0.067	0.009	0.000
0.004	0.404	0.041	0.004	0.002	0.017	0.001	0.014	0.020	0.001	0.001	0.005	0.004	0.006	0.018	0.014	0.008	0.004	0.002	0.000
0.026	0.066	0.330	0.033	0.064	0.020	0.015	0.057	0.072	0.001	0.002	0.111	0.019	0.021	0.023	0.006	0.041	0.047	0.021	0.000
0.021	0.004	0.017	0.357	0.121	0.029	0.003	0.007	0.015	0.000	0.001	0.006	0.048	0.124	0.008	0.011	0.037	0.167	0.008	0.000
0.011	0.004	0.009	0.011	0.302	0.019	0.018	0.055	0.089	0.000	0.009	0.002	0.015	0.048	0.006	0.001	0.006	0.077	0.002	0.000
0.032	0.032	0.046	0.051	0.035	0.079	0.035	0.072	0.123	0.002	0.028	0.024	0.017	0.027	0.022	0.005	0.029	0.051	0.017	0.000
0.077	0.024	0.154	0.137	0.021	0.010	0.059	0.044	0.089	0.006	0.008	0.042	0.014	0.031	0.026	0.008	0.090	0.032	0.027	0.000
0.023	0.054	0.065	0.045	0.032	0.014	0.021	0.091	0.074	0.007	0.008	0.044	0.013	0.020	0.019	0.012	0.049	0.068	0.042	0.000
0.012	0.009	0.016	0.017	0.011	0.004	0.005	0.042	0.092	0.003	0.022	0.025	0.005	0.011	0.003	0.003	0.006	0.046	0.010	0.000
0.020	0.031	0.031	0.029	0.028	0.009	0.005	0.097	0.130	0.001	0.025	0.006	0.007	0.028	0.014	0.005	0.026	0.026	0.013	0.000
0.016	0.022	0.038	0.054	0.021	0.009	0.015	0.123	0.072	0.003	0.100	0.022	0.009	0.022	0.009	0.005	0.022	0.020	0.015	0.000
0.003	0.056	0.029	0.000	0.000	0.008	0.000	0.004	0.006	0.021	0.000	0.161	0.000	0.000	0.008	0.005	0.001	0.003	0.240	0.000
0.017	0.002	0.012	0.014	0.004	0.021	0.005	0.116	0.042	0.000	0.002	0.014	0.287	0.014	0.004	0.005	0.006	0.002	0.005	0.000
0.041	0.015	0.031	0.042	0.032	0.010	0.021	0.038	0.049	0.000	0.005	0.031	0.071	0.193	0.007	0.001	0.033	0.054	0.006	0.000
0.002	0.015	0.050	0.010	0.038	0.025	0.001	0.083	0.182	0.001	0.023	0.006	0.004	0.009	0.237	0.002	0.089	0.003	0.068	0.000
0.008	0.002	0.005	0.028	0.017	0.011	0.002	0.046	0.073	0.006	0.009	0.015	0.008	0.012	0.016	0.236	0.011	0.164	0.003	0.000
0.009	0.002	0.020	0.035	0.042	0.007	0.004	0.014	0.021	0.001	0.009	0.007	0.007	0.009	0.003	0.002	0.142	0.534	0.011	0.000
0.001	0.001	0.001	0.001	0.000	0.000	0.000	0.007	0.034	0.001	0.008	0.003	0.000	0.001	0.000	0.005	0.001	0.001	0.005	0.000
0.000	0.018	0.014	0.000	0.000	0.001	0.000	0.026	0.018	0.047	0.000	0.119	0.000	0.001	0.000	0.000	0.001	0.001	0.128	0.000
0.001	0.001	0.021	0.596	0.012	0.006	0.000	0.000	0.000	0.000	0.000	0.000	0.003	0.060	0.164	0.001	0.053	0.000	0.047	0.000

部门代码: 采掘业 A; 纺织服装业 B; 金属冶炼及制品业 C; 石油加工及化学工业 D; 电子机械及电子通信制造业 E; 仪器仪表及机械设备修理业 F; 电力蒸汽热水煤气自来水生产供应业 G; 商业 H; 运输业 I; 食品制造及烟草加工业 J; 饮食业 K; 金融房地产 L; 农业 M; 交通运输设备制造业 N; 机械工业 O; 科技教育社会服务业 P; 非金属矿物制品业 Q; 建筑业 R; 造纸印刷及文教用品业 S; 废品及废料 T

8·洪涝灾害间接经济损失管理研究

第四步，计算结果及分析。利用规划求解式（8.1）和前面求出的参数，计算出总产出损失最小化条件下的损失率和损失总量，对比前面的灾害损失，见表8.4。

表8.4 总产出损失最小化目标及无风险管理情景下损失情景对比

	部门	产出权重（μ）	损失率		损失量/万元		管理效应/%
			没有管理下	总产出损失最小下	没管理条件下	总产出最小化条件下	
A	采掘业	0.034 169	0.006 97	0.006 68	476 206.432 12	455 872.417 46	4.27
B	纺织服装业	0.076 893	0.001 88	0.001 80	288 833.911 76	277 107.254 95	4.06
C	石油加工及化学工业	0.091 623	0.011 45	0.011 04	209 628 5.586 18	202 165 7.819 31	3.56
D	金属冶炼及制品业	0.063 841	0.003 14	0.003 01	401 178.758 19	383 727.482 21	4.35
E	电子机械及电子通信制造业	0.052 323	0.001 96	0.001 90	205 131.567 06	198 382.738 50	3.29
F	仪器仪表及机械设备修理业	0.019 302	0.004 14	0.003 96	159 520.558 49	152 900.455 32	4.15
G	电力蒸汽热水、煤气自来水生产供应业	0.022 172	0.006 63	0.006 45	293 995.981 45	285 587.696 38	2.86
H	商业、运输业	0.080 637	0.005 15	0.004 98	829 559.117 75	802 515.490 52	3.26
I	科技教育及社会服务业	0.093 184	0.002 46	0.002 35	457 823.150 95	438 365.667 03	4.25
J	饮食业	0.011 26	0.002 34	0.002 27	52 649.494 52	50 985.770 49	3.16
K	金融房地产	0.027 274	0.003 65	0.003 53	198 845.842 23	192 363.467 78	3.26
L	农业	0.123 483	0.053 79	0.053 79	13 274 701.267 75	13 274 701.267 75	0.00
M	交通运输设备制造业	0.026 59	0.002 79	0.002 67	148 219.132 71	141 756.778 52	4.36
N	机械工业	0.041 166	0.004 19	0.004 06	345 014.280 73	334 249.835 17	3.12
O	造纸印刷及文教用品制造业	0.022 113	0.003 78	0.003 61	166 848.058 38	159 540.113 42	4.38
P	木材加工及家具制造业	0.011 215	0.002 34	0.002 26	52 359.773 93	50 726.148 98	3.12
Q	非金属矿物制品业	0.044 071	0.001 66	0.001 63	146 494.685 88	143 330.400 67	2.16
R	建筑业	0.086 995	0.000 34	0.000 32	58 684.755 25	55 973.519 56	4.62
S	食品制造及烟草加工业	0.069 017	0.007 88	0.007 75	1 086 809.299 57	1 068 550.903 33	1.68
T	废品及废料	0.002 673	0.003 50	0.003 45	18 693.939 15	18 441.570 98	1.35
	加权和（总值）		0.010 387	0.009 987 898	20 757 855.594 06	20 506 736.798 33	

分析表8.4，可以发现没有管理条件下，总的灾害损失为20 757 855.594 06万元，在总产出损失最小化条件下的损失量为20 506 736.798 33万元，无管

条件下损失率的加权和为 0.010 387，管理条件下损失率加权和为 0.009 987 898，总产出损失最小化管理效果明显。

8.2.2 最终需求损失最小化目标

对于最终需求损失最小化目标，这个目标满足最大的需求可能也是一个简单的目标规划问题，模型结构如下：

$$\min \sum_{i=1}^{n} \mu_i (\chi_i - \sum_{j=1}^{n} \rho_{ij} \chi_j)$$

$$\chi_i - \sum_{j=1}^{n} \rho_{ij} \chi_j \geq 0$$

$$\chi_i - \sum_{j=1}^{n} \rho_{ij} \chi_j \leq \beta$$

$$\chi_i \geq \chi_i^{(0)}$$

$$\chi_i \leq 1$$

$$i = 1, 2, \cdots, n, \tag{8.2}$$

这里的 μ_i，β_i 和 ρ_{ij} 定义的方式同式（8.1）相同。

依据式（8.2），利用相关数据计算的洪涝灾害间接经济损失结果见表 8.5。

表 8.5 总最终需求损失最小化及无风险管理情景下损失情景对比

部门		最终产品需求权重（β）	损失率		损失量/万元		管理效应/%
			没有管理下	总最终需求损失最小化条件下	没管理条件下	总最终需求损失最小化条件下	
A	采掘业	0.073 758	0.006 97	0.006 71	476 206.432 12	457 872.484 48	3.85
B	纺织服装业	0.504 034	0.001 88	0.001 82	288 833.911 76	279 620.109 98	3.19
C	石油加工及化学工业	0.178 415	0.011 45	0.011 00	2 096 285.586 18	2 013 272.676 97	3.96
D	金属冶炼及制品业	0.114 967	0.003 14	0.003 01	401 178.758 19	384 529.839 72	4.15
E	电子机械及电子通信制造业	0.527 262	0.001 96	0.001 88	205 131.567 06	196 721.172 81	4.10
F	仪器仪表及机械设备修理业	0.384 787	0.004 14	0.003 98	159 520.558 49	153 410.921 10	3.83
G	电力蒸汽热水、煤气自来水生产供应业	0.140 566	0.006 63	0.006 38	293 995.981 45	282 647.736 57	3.86
H	商业、运输业	0.305 638	0.005 15	0.004 93	829 559.117 75	794 302.855 25	4.25

续表

部门		损失率		损失量/万元		管理效应/%
		最终产品需求权重（β）	没有管理下	总最终需求损失最小化条件下	没管理条件下	总最终需求损失最小化条件下	
I	科技教育及社会服务业	0.688 576	0.002 46	0.002 37	457 823.150 95	441 021.041 31	3.67
J	饮食业	0.487 309	0.002 34	0.002 25	52 649.494 52	50 569.839 49	3.95
K	金融房地产	0.404 432	0.003 65	0.003 49	198 845.842 23	190 494.316 86	4.20
L	农业	0.479 491	0.053 79	0.053 79	13 274 701.267 75	13 274 701.267 75	0.00
M	交通运输设备制造业	0.527 898	0.002 79	0.002 68	148 219.132 71	142 201.435 92	4.06
N	机械工业	0.547 193	0.004 19	0.004 03	345 014.280 73	331 351.715 21	3.96
O	造纸印刷及文教用品制造业	0.242 402	0.003 78	0.003 64	166 848.058 38	160 908.267 50	3.56%
P	木材加工及家具制造业	0.380 667	0.002 34	0.002 25	52 359.773 93	50 333.450 68	3.87
Q	非金属矿物制品业	0.130 313	0.001 66	0.001 61	146 494.685 88	141 425.969 75	3.46
R	建筑业	0.964 698	0.000 34	0.000 33	58 684.755 25	57 364.348 26	2.25
S	食品制造及烟草加工业	0.643 061	0.007 88	0.007 76	1 086 809.299 57	1 069 855.074 49	1.56
T	废品及废料	0	0.003 50	0.003 42	18 693.939 15	18 290.150 07	2.16
	加权和（总值）		0.050 280 6	0.048 421 219	20 757 855.594 06	20 490 894.674 16	

分析表 8.5，可以发现没有管理条件下，总的灾害经济损失为 20 757 855.594 06 万元，在总最终需求损失最小化条件下的损失量为 20 490 894.674 16 万元，无管理条件下损失率的加权和是 0.050 280 6，管理条件下损失率加权和是 0.048 421 219，总最终需求损失最小化管理效果明显。

8.3 多目标优化分析

8.3.1 评价函数法

求解多目标规划问题时，常见的方法就是评价函数法，其基本思想是将多目标规划问题转化为一个单目标规划问题来求解，而且该单目标规划问题的目标函数是用多目标问题的各个目标函数构造出来的，称为评价函数。例如，若原多目标规划问题的目标函数为 $F(x)$，则可以通过各种不同的方式构造评价函数 $h[F(x)]$，然后求解如下问题。

$$\begin{cases} \min \quad h[F(x)] \\ \text{s.t.} \quad x \in R \end{cases} \tag{8.3}$$

求解问题[式(8.3)]之后,可以用上述问题的最优解 x^* 作为多目标规划问题的最优解。

正是由于可以用不同的方法来构造评价函数,因此有各种不同的评价函数方法。本书利用理想点法求解洪涝灾害间接经济损失双目标最小化问题。

对于含有不等式约束的多目标规划问题,首先分别求解 p 个单目标规划问题:

$$\begin{cases} \min \quad f_i(x)(i = 1, 2, \cdots, p) \\ \text{s.t.} \quad g_j(x) \geq 0 (j = 1, 2, \cdots, m) \end{cases} \tag{8.4}$$

令各个问题的最优解为 $x_i^*(i=1,2,\cdots,p)$,而其目标函数值可以表示为 $f_i^* = \min_{x \in R} f_i(x)(i=1,2,\cdots,p)$,其中,$R = \{x \mid g_j(x) \geq 0 (j=1,2,\cdots,m)\}$。

一般来说,不可能所有的 $x_i^*(i=1,2,\cdots,p)$ 均相同,故其最优值 $f_i^*(i=1,2,\cdots,p)$ 组成的向量 $F^0 = [f_1^* \quad f_2^* \quad \cdots \quad f_p^*]^T$ 并不属于多目标规划的象集,即

$$F^0 = [f_1^* \quad f_2^* \quad \cdots \quad f_p^*]^T \notin F(R)$$

所以,$F^0 = [f_1^* \quad f_2^* \quad \cdots \quad f_p^*]^T$ 是一个几乎不可能达到的理想点。

那么,理想点法就是在多目标规划的可行域 R 中找到一点 x^*,使其对应的 $F(x^*)$ 与理想点 F^0 最为接近,即当已知理想点为 F^0 时,在目标空间 R^p 中适当引进某种度量标准来确定 $F(x^*)$ 和 F^0 之间的距离,并在这个度量标准的意义下,使多目标规划问题集合 R 上某点 x^* 的目标函数 $F(x^*)$ 与理想点 F^0 之间的距离尽可能小。

而距离的度量可以利用向量的某种模 $\|\cdot\|$,当给模 $\|\cdot\|$ 赋予不同的意义时,便可以得到不同的理想点法。

最常见的是最短距离理想点法,这种方法是将 $\|\cdot\|$ 取为 R^p 中的 $\|\cdot\|_2$ 的形式,即构造如下的单目标规划问题:

$$\min_{x \in R} h[F(x)] = \|F(x) - F^0\|_2 = \sqrt{\sum_{i=1}^{p} [f_i(x) - f_i^*]^2} \tag{8.5}$$

这里的评价函数 $h[F(x)]$ 是 $F(x)$ 到 F^0 的距离。当然也可以采用其他评价函数的方式,如更一般地将式(8.5)进行推广,得到评价函数为

$$h[F(x)] = \left(\sum_{i=1}^{p} [f_i(x) - f_i^*]^q \right)^{\frac{1}{q}}, q \geq 1 \text{ 且取整数值或者是如下形式：}$$

$$h[F(x)] = \max_{1 \leq i \leq p} |f_i(x) - f_i^*| \tag{8.6}$$

8.3.2 求解过程及结果分析

首先，根据评价函数法的理论中的理想点法，分别对两个单目标规划进行求解；其次，通过对比两个单目标规划的结果，构造评价函数；最后，利用非线性规划的方式求解问题。

按照以上步骤，在设定总产出损失最小和最终需求损失最小化条件下，利用相关的部门数据及部门灾害损失数据，求得的部门灾害间接经济损失和没有管理条件下的损失，其结果见表8.6。

表8.6 总产出损失和总最终需求损失最小化多目标优化及无风险管理情景下损失情景对比

	部门	损失率		损失量/万元		管理效应/%
		没有管理条件下	总产出损失和最终需求损失最小化条件下	没管理条件下	总产出损失和最终需求损失最小化条件下	
A	采掘业	0.006 97	0.006 61	476 206.432 12	451 094.479 60	5.27
B	纺织服装业	0.001 88	0.001 79	288 833.911 76	275 711.224 37	4.54
C	石油加工及化学工业	0.011 45	0.010 86	2 096 285.586 18	1 988 396.754 68	5.15
D	金属冶炼及制品业	0.003 14	0.002 97	401 178.758 19	378 712.747 73	5.60
E	电子机械及电子通信制造业	0.001 96	0.001 86	205 131.567 06	194 471.563 29	5.20
F	仪器仪表及机械设备修理业	0.004 14	0.003 92	159 520.558 49	151 204.220 04	5.21
G	电力蒸汽热水、煤气自来水生产供应业	0.006 63	0.006 32	293 995.981 45	279 844.974 88	4.81
H	商业、运输业	0.005 15	0.004 87	829 559.117 75	785 288.312 84	5.34
I	科技教育及社会服务业	0.002 46	0.002 33	457 823.150 95	434 535.213 34	5.09
J	饮食业	0.002 34	0.002 22	52 649.494 52	50 015.264 81	5.00
K	金融房地产	0.003 65	0.003 46	198 845.842 23	188 333.525 37	5.29
L	农业	0.053 79	0.053 79	13 274 701.267 75	13 274 701.267 75	0.00
M	交通运输设备制造业	0.002 79	0.002 64	148 219.132 71	140 047.317 86	5.51
N	机械工业	0.004 19	0.003 98	345 014.280 73	327 763.566 69	5.00

续表

部门		损失率		损失量/万元		管理效应/%
		没有管理条件下	总产出损失和最终需求损失最小化条件下	没管理条件下	总产出损失和最终需求损失最小化条件下	
O	造纸印刷及文教用品制造业	0.003 78	0.003 59	166 848.058 38	158 472.285 85	5.02
P	木材加工及家具制造业	0.002 34	0.002 22	52 359.773 93	49 788.909 03	4.91
Q	非金属矿物制品业	0.001 66	0.001 59	146 494.685 88	14 0371.208 01	4.18
R	建筑业	0.000 34	0.000 32	58 684.755 25	56 460.603 03	3.79
S	食品制造及烟草加工业	0.007 88	0.007 71	10 86 809.299 57	1 063 768.942 41	2.12
T	废品及废料	0.003 50	0.003 41	18 693.939 15	18 206.027 34	2.61
加权和（总值）				20 757 855.594 06	20 407 188.408 92	

分析表8.6，可以发现没有管理条件下，总的灾害损失量为 20 757 855.594 06 万元，在总产出损失和最终需求损失最小化多目标优化情况下损失量为 20 407 188.408 92 万元，总产出和最终需求损失最小化管理效果明显。

8.4 讨论

8.4.1 基于损失最小化的优化管理

为了直观地对比不同灾害管理目标的间接经济损失减损效果，本书列出不同优化目标下的政策效应矩阵（表8.7 和表8.8）。由表8.7 可知，灾害管理减轻损失效果小于正常情景，大于无灾害管理损失，而三种不同的灾害间接经济损失减损目标中，多目标优化下间接经济损失最小，总最终使用损失最小化目标管理效果次之，总产出损失最小化目标下管理绩效最小。

表8.7　不同优化策略产出效应与正常情景和受灾无管理情景对比

管理优化	对比情景	
	正常情形（D）	受灾无管理（E）
总产出损失最小化目标（A）	A<D	A>E
总最终需求损失最小化目标（B）	B<D	B>E
总产出和总最终需求最小化目标（C）	C<D	C>E

表 8.8　不同优化策略下损失减小效果对比分析矩阵

项目	总产出损失最小化目标（A）	总最终需求损失最小化目标（B）	总产出和总最终需求损失最小化目标（C）
总产出损失最小化目标（A）		A<B	A<C
总最终需求损失最小化目标（B）	B>A		B<C
总产出和总最终需求损失最小化目标（C）	C>A	C>B	

8.4.2　基于成本-收益优化管理

减灾措施所取得的直接收益和间接收益就是避免的灾害损失，从直接损失和间接损失最小化的角度优化洪涝灾害管理，只是考虑了收益方面，未涉及洪涝灾害管理的成本；从经济效益最大化角度来看，洪涝灾害管理采用成本-收益

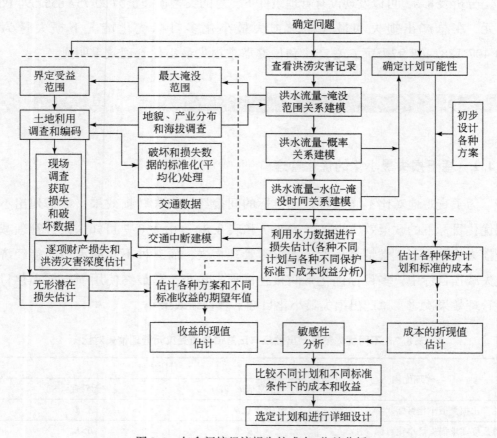

图 8.1　包含间接经济损失的成本-收益分析

方法，一个完整的灾害风险决策应该包括减灾成本分析和避免的灾害损失分析，其中后者就是减灾投入所产生的收益，这种用成本-收益方法计算的净收益是灾害风险决策的基础。另外，灾害风险决策的成本-收益方法分析的成本包括直接成本和间接成本，直接收益和间接收益，图8.1概述了洪涝灾害风险管理项目的优化过程（Parker et al.，1987）。

主要参考文献

Cochrane H C. 1975. Predicting the economic impact of earthquakes// Cochrane H C, Haas J E, Bowden M J, et al. Social Science Perspectives on the Coming San Francisco Earthquake. New York: Natural Hazards Research.

Cochrane H C. 1997. "Indirect Economic Losses" in Development of Standardized Earthquake Loss Estimation Methodology Vol. II. Menlo Park, California: Risk Management Solutions, Inc.

Hallegatte S. 2008. An adaptive regional input-output model and its application to the assessment of the economic cost of Katrina. Risk Analysis, 28 (3): 779-799.

Li J, Crawford-Brown D, Syddall M, et al. 2013. Modeling imbalanced economic recovery following a natural disaster using input-output analysis. Risk Analysis, 33 (10): 1908-1923.

Parker D J, Green C H, Thompson P M. 1987. Urban Flood Protection Benefits: A Project Appraisal Guide. Aldershot: Gower technical Press.

Rose A, Benavides J, Chang S E, et al. 1997. The regional economic impact of an earthquake: Direct and indirect effects of electricity lifeline disruptions. Journal Regional Science, 37 (3): 437-458.

Rose A. 1981. Utility lifelines and economic activity in the context of earthquakes// Isenberg J. Social and Economic Impact of Earthquakes on Utility Lifelines. New York: American Society of Civil Engineers.

Wang T, Miller R. 1995. The economic impact of a transportation bottleneck: An integrated input-output and linear programming approach. International Journal of Systems Science, 26 (9): 1617-1632.

9
洪涝灾害间接经济脆弱性理论拓展及案例评估

随着全球变化和社会经济的发展，洪涝灾害发生频次和影响越来越大，使其成为影响最大的自然灾害，对其直接经济影响评估已经受广泛关注，但是，隐蔽性和复杂性较大的间接经济影响未得到应有的重视。事实上，间接经济影响有时超过直接经济影响，特别是对一些重大的跨区域的洪涝灾害，随着直接经济影响的增大，间接经济影响呈非线性递增。可见，洪涝灾害间接经济损失评估不仅能优化洪涝灾害管理实践，而且对灾害风险评估具有很重要的理论意义，即把传统的灾害脆弱性评估拓展到间接脆弱性阶段。

9.1 洪涝灾害经济脆弱性和投入产出测度

9.1.1 经济脆弱性和阶段性

经济脆弱性有不同的定义和估计指标体系，传统经济脆弱性是指经济体受灾害影响性质，联合国经济和社会事务部（Department of Economic and Social Affairs, DESA）建议经济脆弱指数用以下八个指标进行测算：人口规模、偏僻程度、商品出口强度、农林牧渔业占 GDP 份额、住在海岸低地区的人口、商品和服务出口的稳定性、自然灾害无家可归人口和农业生产稳定性（图 9.1）。

经济脆弱性的阶段性，通常可以从供应和需求两个方面进行分析。例如，Gotangco 等（2017）从供应链的角度，把经济脆弱性分为直接脆弱性和间接脆弱性（图 9.2）。

地区间接脆弱性依赖于外部联系，但也与区域内部经济联系相关，形成供应链中的链接（供应商、运输路线、存储和配送中心，甚至废物处置位置）。供应链中的每个环节都有其自身的暴露、敏感和适应能力问题。所以，经济脆弱性可能超过行政边界。当考虑关键需求（如食物、水、能源）时，供应链框架可以有助于更好地分析两个问题：①将部门资源脆弱性评估连接到区域层面的脆弱性评估；②间接脆弱性与直接脆弱性评估联系起来。通过对供应链网络的整体研究或通过对各个供应链的研究，可以将供应链分析纳入气候灾害脆弱性评价中。

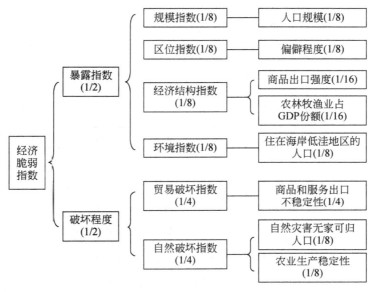

图 9.1　经济脆弱性指标及其关系

注：括号内数字为指标权重。来源：https://www.un.org/en/development/desa/policy/cdp/ldc/ldc_criteria.shtml

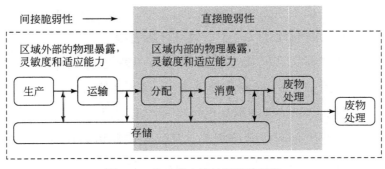

图 9.2　基于供应链的间接脆弱性

9.1.2　洪涝灾害脆弱性的类型及投入产出关系

对于灾害经济脆弱性也有不同的解释，根据经济体的规模，灾害脆弱性分为微观经济脆弱性和宏观经济脆弱性，前者主要指家庭、企业或者某种基础设施资产的影响特性，通常用企业生产和经营指标计量；后者指地区或国家经济系统受灾的破坏性质，这种影响通常用宏观经济指标计量，例如，GDP 等（Jorn, 2013）。Hiete 和 Merz（2009）从微观企业角度，把灾害经济损失分为直接损失和间接损失两大类，其中，前者分为一次直接损失和二次直接损失，后者分为一次间接损失和二次间接损失（表9.1）。

表 9.1 企业灾害损失类型及来源

一次直接损失	一次间接损失
建筑物、生产设备、原材料、存货、半成品、服务设备、控制设备	直接破坏、基础设施和供应链等引起间接损失
二次直接损失	二次间接损失
次生灾害与损失、处置与应急成本	市场破坏、企业信用破坏和恢复引起劳动力增加

但是，Mechler 等（2012）和 Renaud（2013）认为脆弱性可以依据灾前潜在损失进行评估，也可以根据灾后显性损失进行评估，前者是作为风险要素角度进行分析，后者是从灾害损失估算的角度分析。尽管经济系统是一个非常复杂的系统，但从便于分析的角度，可以基于投入产出过程从系统的角度对灾害进行分析，灾情是孕灾环境、承灾体、致灾因子各子系统相互作用的结果，本书认为灾情是成灾后灾害系统的综合状态，主要是为了描述灾害系统，在时间上具有后发性，灾情可以看做灾害系统的产出，而其他三个要素可以看做是系统的投入。这样灾害系统本质上可以看做一个投入产出系统。所以，灾害损失是一个投入产出过程，脆弱性评估是生产效率分析过程。

首先，直接经济损失和间接经济损失均是一种类似投入产出的生产过程。投入要素包括致灾因子（h）、承灾体（b）、孕育环境（e），产出指标是灾情（y），$y=f(h,e,b)$，间接经济损失也是投入产出过程，其投入是直接经济损失和人类救灾能力，产出是间接经济损失，其发生机制可以用各种类型的生产函数进行描述。其次，灾害脆弱性（直接脆弱性和间接脆弱性）类似一种生产效率指标，可以用数据包络分析方法进行相对脆弱性计算。数据包络分析方法是从投入集和产出集两个方面进行计算的，因此，也可以说灾害损失和脆弱性研究都是基于集合论的角度展开的。

本书认为灾害系统是投入产出系统，洪涝灾害系统要素是其投入，灾情为其产出，灾情的产生可以看做一种负向的生产过程，脆弱性是其发生过程的效

率描述,用定量化的计量方式表达为

$$脆弱性 = \frac{\sum_{i}^{n} 经济损失}{\sum_{j}^{n} 灾害系统要素}$$

上式中,i,j 均指不同的地区或者经济部门。显然,与经济损失不同,计量的脆弱性分为直接经济脆弱性、间接经济脆弱性和总经济脆弱性等。同样,根据计量要素的差别,脆弱性可以指孕灾环境脆弱性、致灾因子脆弱性和承灾体脆弱性等。显然,这种计量的脆弱性是一种显性的脆弱性,是根据灾害发生了的情况进行分析的(图9.3)。

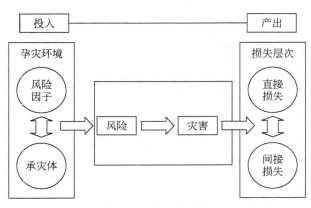

图9.3 洪涝灾害经济脆弱性投入产出关系

9.2 二阶段数据包络模型

本章按照 Golany 和 Roll (1989) 归纳的 DEA 模型应用的四大步骤研究间接经济脆弱性,主要过程分四步:①确定决策单位;②选取投入产出指标;③选取 DEA 模式;④分析评估结果(图9.4)。

9.2.1 评价单元选择

按照 DEA 思路,选择评价单元的过程就是选择参考集,考虑洪涝灾害管理的行政区域性特性,去掉海南省、上海市和西藏自治区3个没有数据的地区,选择我国28个省(自治区、直辖市)为评价单元。

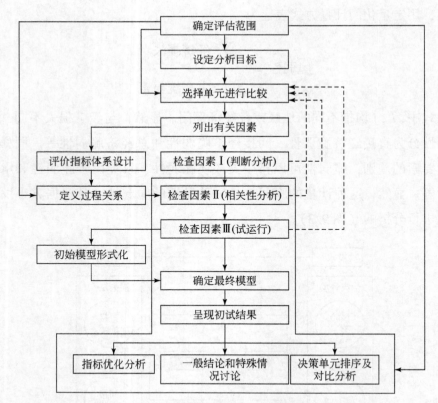

图 9.4　基于 DEA 模型的间接经济脆弱性评价过程

9.2.2　投入产出指标及数据来源

就投入产出指标总数而言，DEA 方法在处理多项投入多项产出时虽有其优越性，但其所能处理之投入产出项个数并非毫无限制，因为每增加一项投入指标或产出指标，则会新增数个投入产出比例，导致 DEA 模式之鉴别力（discriminating power）降低，所以，选择合适的投入产出指标个数是评价的关键之一。一般的标准是决策单元的个数应该大于投入与产出个数的两倍，本书研究有 28 个决策单元，因此投入产出指标数量之和应该小于 14 个决策单元为宜。

但是，考虑 TSDEA（two stage data envdopment analysis，二阶段数据包络分析模型）模型计算的方便，在进行投入产出指标的选择时候，采取定量和定性的分析方法。首先，根据洪涝灾害脆弱性系统特点，考虑指标之间的关系定性地确定 11 个指标；其次，从统计的角度，采用主成分分析和因子分析相结合的方法确定 3 个投入指标和 1 个产出指标，即在进行定量化计算经济脆弱性时候，致灾因子、承灾体和孕灾环境分别用降水量（夏日最大降水量）、GDP 和地形指标（地形起伏度）表示，灾情因子用直接经济损失和间接经济损失评估值表示。

9.2.3 洪涝灾害二阶段数据包络模型构建

用致灾因子、承灾体、孕灾环境三类指标表示投入，用灾情指标表示产出。DEA 模型的投入指标用地均 GDP、地貌指数和夏日最大降水量指标表示，地均 GDP 用来计量一个地区的经济密度，地貌指数表示流域的地表高程分布，可以从数字高程模型（digital elevation model，DEM）中提取得到，夏日最大降水量表示降水的集中程度，是洪涝灾害发生的主要气象要素。DEA 模型的产出指标用地均直接经济损失和地均间接经济损失表示，它们均表示经济损失密度。

不同于一般灾害脆弱性评估，本书区分灾害为直接灾情和间接灾情，以此为标准计算的灾害脆弱性被定义为直接经济脆弱性、间接经济脆弱性，它们的总和定义为总经济脆弱性，各种脆弱性模型结构如图 9.5 所示。

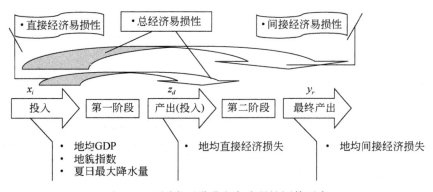

图 9.5 不同类型洪涝灾害脆弱性评估要素

本章参考 Wang（1997）和 Chen（2009）开发的二阶段 DEA 模型（即 TSDEA）进行灾害脆弱性评价。其求解过程如式（9.1）所示。

$$\min \omega_1 [\theta - \varepsilon(\sum_{i=1}^{m} s_i^- + \sum_{d=1}^{D} s_d^+)] - \omega_2 [\phi - \varepsilon(\sum_{d=1}^{D} s_d^- + \sum_{r=1}^{s} s_r^+)]$$

阶段一
$$\sum_{j=1}^{n} \lambda_j x_{ij} + s_i^- = \theta x_{i0}, \quad i = 1, 2, \cdots, m$$

$$\sum_{j=1}^{n} \lambda_j \tilde{z}_{dj} + s_d^+ = \tilde{z}_{d0}, \quad d = 1, 2, \cdots, D$$

$$\sum_{j=1}^{n} \lambda_j = 1, \quad \lambda_j \geq 0, \quad j = 1, 2, \cdots, n$$

$$\sum_{j=1}^{n}\mu_j \tilde{z}_{dj} + s_d^- = \phi \tilde{z}_{dj0}, \quad d=1,2,\cdots,D \qquad (9.1)$$

阶段二
$$\sum_{j=1}^{n}\mu_j y_{rj} + s_r^+ = y_{rj0}, \quad r=1,2,\cdots,s$$

$$\sum_{j=1}^{n}\mu_j = 1, \quad \mu_j \geq 0, \quad j=1,2\cdots,n$$

式（9.1）中各符号含义见表9.2。

表9.2 各符号含义说明

符号	说明
x_{ij0}	第 i 个投入值投入 $j0$ 的决策变量值 DMU 的第 i 个输入
y_{rj0}	DMU 的第 r 个输出
λ_j	阶段1中的第 j 个权重
μ_j	阶段2中的第 j 个权重
S_i^- 和 S_d^+	阶段1中的输入和输出变量
S_d^- 和 S_r^+	阶段2中的输入和输出变量
ϕ	阶段1中的有效比数
θ	阶段2中的有效比数
ω_1 和 ω_2	决策者在两种状态间的倾向

9.2.4 研究结果及分析

用 TSDEA 模型计算的洪涝灾害直接经济脆弱性、间接经济脆弱性和总经济脆弱性评估值的区间范围在 0~1，为了区别不同程度的脆弱性，本书用 GIS（geographic information system，地理信息系统）软件的自然分类方法（Natural Breaks），采用 Jenks Optimization 计算方法自动优化实现，每一种等级分为 6 类，其中有一类表示无数据区域，因为用 DEA 方法计算的是洪涝灾害脆弱性的相对值，所以不同类型脆弱性的划分等级区间范围不尽相同，都为各个类型脆弱性大小所决定，各种脆弱性空间差异分析计算结果分析如下。

（1）直接经济脆弱性的空间分布

从空间分布角度分析，洪涝灾害直接经济脆弱性从高到低分为 5 级：最高一级包括安徽、湖北、江西、湖南、黑龙江、吉林和内蒙古 7 省（自治区）；第二级包括山东、江苏；第三级包括浙江、福建、河南、广东、广西、重庆、四川、陕西；第四级包括天津、河北、宁夏、贵州、云南；第五级包括北京、山西、辽宁、青海、甘肃、新疆。

（2）间接经济脆弱性的空间分布

洪涝灾害间接经济脆弱性空间分布从高到低分为 5 级：第一级包括江西、安徽、黑龙江和内蒙古；第二级包括湖南、湖北、江苏和吉林；第三级包括河南、重庆和广西；第四级包括山东、福建、四川和贵州；第五级包括辽宁、广东、云南、北京、天津、河北、山西、陕西、宁夏、甘肃、青海、新疆等。

（3）总经济脆弱性空间分布

洪涝灾害总经济脆弱性空间分布从高到低分为 5 级：第一级包括湖南、湖北、江西、安徽、黑龙江、吉林和内蒙古；第二级包括江苏；第三级包括山东、重庆和广西；第四级包括陕西、河南、四川及沿海的浙江、福建和广东；第五级包括辽宁、贵州、北京、河北、甘肃、宁夏和新疆等。

经分析发现，第一，直接经济脆弱性分布和直接经济损失分布相对应，直接经济损失高的地区，其相应的直接经济脆弱性就高，两者的相关系数达 0.850 232，可见两者的相关性很高。第二，间接经济脆弱性地域范围不同于直接经济脆弱性空间分布，间接经济损失与间接经济脆弱性相关系数为 0.888 53，直接经济损失与间接经济脆弱性的相关系数为 0.722 83。说明间接经济损失越大，间接脆弱性也越大。第三，总经济脆弱性与直接经济损失和间接经济损失密切相关，总经济脆弱性与直接经济损失的相关系数为 $-0.303\,23$，与间接经济损失相关系数为 $-0.156\,6$。

为了揭示洪涝灾害脆弱性的地域特点，本书利用 IIM-TSDEA 模型分别计算洪涝灾害直接经济脆弱性、间接经济脆弱性和总经济脆弱性，并用 GIS 自动分类方法对脆弱性等级进行分类，其结果见表 9.3。

表 9.3 不同等级洪涝灾害经济脆弱性的空间分布特征

类型	等级	等级尺度	地域分布
直接经济脆弱性	高	0.428 671 ~ 1.000 000	安徽、湖北、江西、湖南、黑龙江、吉林和内蒙古
	较高	0.265 861 ~ 0.428 670	山东、江苏
	中	0.067 431 ~ 0.265 860	浙江、福建、河南、广东、广西、重庆、四川、陕西
	较低	0.037 951 ~ 0.265 860	天津、河北、宁夏、贵州、云南
	低	0.000 001 ~ 0.037 951	北京、山西、辽宁、青海、甘肃、新疆

续表

类型	等级	等级尺度	地域分布
间接经济脆弱性	高	0.681 021~1.000 000	江西、安徽、黑龙江和内蒙古
	较高	0.266 491~0.681 020	湖南、湖北、江苏和吉林
	中	0.176 171~0.266 490	河南、重庆和广西
	较低	0.094 141~0.176 170	山东、福建、四川和贵州
	低	0.000 001~0.094 140	辽宁、广东、云南、北京、天津、河北、山西、陕西、宁夏、甘肃、青海、新疆
总经济脆弱性	高	0.540 951~1.000 000	湖南、湖北、江西、安徽、黑龙江、吉林和内蒙古
	较高	0.352 311~0.540 950	江苏
	中	0.214 091~0.352 310	山东、重庆和广西
	较低	0.106 831~0.214 090	陕西、河南、四川及沿海的浙江、福建和广东
	低	0.000 001~0.106 830	辽宁、贵州、北京、河北、甘肃、宁夏和新疆

由表9.3可见，间接经济脆弱性地域范围不同于直接经济脆弱性空间分布，不同等级的洪涝灾害直接经济脆弱性和间接经济脆弱性具有不同特点。例如，在高等级的脆弱性中，直接经济脆弱性最高区域是安徽、湖北、江西、湖南、黑龙江、吉林和内蒙古等省（自治区），但是，间接经济脆弱性最高区域为江西、安徽、黑龙江和内蒙古等省（自治区），其他类型的脆弱性等级分布也不完全存在对应性，也就是说，同一地域就不同的脆弱性类型而言，可能处在不同等级。例如，1998年洪涝灾害最严重的地域是湖南和湖北，其直接经济脆弱性处于最高等级，而间接经济脆弱性处于较高等级，类似情况也出现在其他省（自治区、直辖市）。

造成这种脆弱性空间地域差异主要有两个原因：第一，灾害脆弱性主要受灾害损失的影响。对照区域经济发展水平，可以发现经济脆弱性分布和经济损失分布相对应。直接经济损失高的地区，其相应的直接经济脆弱性就高，两者的相关系数达0.850 232；间接经济损失与间接经济脆弱性相关系数为0.888 53，直接经济损失与间接经济脆弱性的相关系数为0.722 83。说明间接经济损失越大，间接经济脆弱性也越大；总经济脆弱性与直接经济损失和间接经济损失密切相关，总经济脆弱性与直接经济损失的相关系数为-0.303 23，与间接经济损失相关系数为-0.1 566。第二，地域灾害间接经济损失主要受地域产业部门关联的影响。

9.3 讨论

9.3.1 经济脆弱性的特性

在揭示经济脆弱性与经济发展阶段关系时候，首先分析各类经济脆弱性与人均 GDP 关系，本书按照各省（自治区、直辖市）人均 GDP 值从高到低排序（X 坐标从左往右逐渐增大），以此作为横坐标，并以经济脆弱性大小为纵坐标，显示直接经济脆弱性、间接经济脆弱性和总经济脆弱性与经济发展阶段的关系，结果如图 9.6～图 9.8 所示。

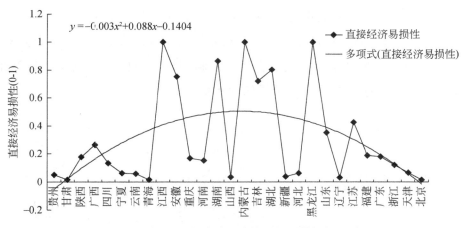

图 9.6　人均 GDP 与直接经济脆弱性（易损性）关系

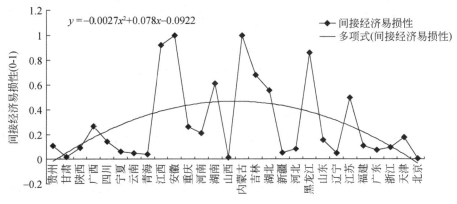

图 9.7　人均 GDP 与间接经济脆弱性（易损性）关系

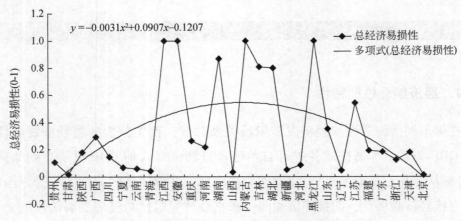

图 9.8 人均 GDP 与总经济脆弱性（易损性）关系

为了分析各类经济脆弱性与人均 GDP 关系，本书按照各省（自治区、直辖市）人均 GDP 值从高到低排序（X 坐标从左往右逐渐增大），以此作为横坐标，并以经济脆弱性值为纵坐标，显示直接经济脆弱性、间接经济脆弱性和总经济脆弱性与经济发展阶段的关系，结果如图 9.9 所示。

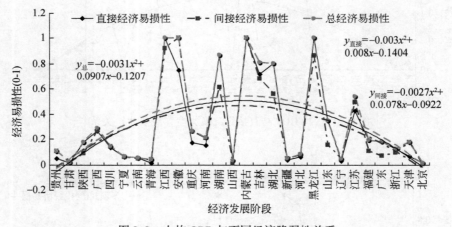

图 9.9 人均 GDP 与不同经济脆弱性关系

图 9.9 显示，就经济脆弱性大小而言，江西、安徽、湖南、湖北和黑龙江最高，甘肃、宁夏、云南等及北京、天津、广东和浙江等较小。采用 k-means 快速聚类方法，把不同地域经济发展分成三个阶段，即不发达区（贵州—云南）、中等发达区（青海—辽宁）、发达区（江苏—北京）。结果发现，中等发达区经济脆弱性高、不发达区和发达区脆弱性低，出现"中间高两头低"的形状。据此

说明，尽管不同地域不同类型洪涝灾害经济脆弱性大小存在波动性，但是，不同经济脆弱性与经济发展水平之间均存在一个倒"U"形曲线变化关系。直接经济脆弱性、间接经济脆弱性和总经济脆弱性变化趋势方程分别用 $y_{直接}$、$y_{间接}$ 和 $y_{总}$ 表示，其均为开口向下的抛物线。

之所以存在这种变化趋势，是因为一个经济体受到的自然灾害影响因素是复杂的，除了受地域经济结构、发展阶段、当时的经济条件和政策环境等因素影响外，经济脆弱性还受经济快速增长或者衰退的影响，此外，自然灾害经济脆弱性的降低可以由灾后适当的经济投资和良好的经济结构调整而实现。

9.3.2 其他风险要素的间接性评价

本章的 DEA 模型方法，对脆弱性定义是直接经济损失或者间接经济损失的加权和除以脆弱性要素的加权和，这种思路是对投入产出法的扩充。脆弱性是洪涝灾害风险的三要素之一，因此，更进一步也可以类似地分析其他灾害要素的间接性，同时考虑使用附加投入要素的特定二阶段 DEA 模型分别对二阶段危险性、脆弱性和暴露性进行测度，它们的总效应就是二阶段风险（Mechler et al.，2012）（图9.10）。

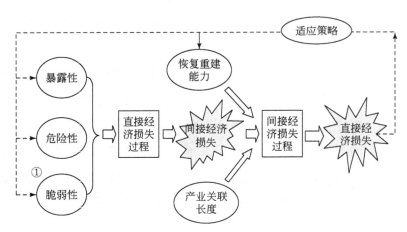

图 9.10　基于附加投入要素的风险及风险要素二阶段测度
注：双线箭头表示投入产出关系，虚线表示风险信息反馈感知路径

如果分别按照风险三要素对直接性和间接性进行测度的话，可供选择的模型多种多样，常用的二阶段数据包络分析模型有几种不同的形式（表9.4）。各种不同的二阶段测度模型为二阶段脆弱性及风险其他要素二阶段脆弱性计算提

供了条件，具体计算时候，可以分别针对要测度的要素，对选用的模型进行特定要素的改进（measure-specific DEA）。

表 9.4 不同类型二阶段数据包络分析模型

类型	特点	主要参考文献
独立二阶段	阶段 1 和阶段 2 相互独立	Chilingerian 和 Sherman（2004），Seiford 和 Zhu（1999）；Zhu（2000），Sexton 和 Lewis（2003）
关联二阶段	阶段 1 和阶段 2 相互关联	Kao 和 Hwang（2008）
网络二阶段		Castelli 等（2004），Färe 和 Whittaker（1995），Färe 和 Grosskopf（1996），Tone 和 Tsutsui（2009，2010），Fukuyama 和 Weber（2010），Chen（2009），Avkiran（2009），Yu 和 Lin（2008）
博弈二阶段	第二阶段接收除了第一阶段之外的输入要素	Liang 等（2006，2008）

9.4 小结

本章通过 IIM 计算了 1998 年洪涝灾害引起的各个地区的间接经济损失，结合 TSDEA 模型评价了此次洪涝灾害的直接经济脆弱性、间接经济脆弱性和总经济脆弱性。研究发现以下内容。

1）洪涝灾害直接经济脆弱性和间接经济脆弱性具有不同的空间分布规律。因为，不同地区有不同的产业结构，随着经济的发展，经济体在部门上和地理空间上连成一个整体，不同部门存在不同的前向产业关联效应和后向产业关联效应，一个特定的部门或地区的灾害损失通过宏观经济乘数产生放大效应，导致直接经济脆弱性规律不同于间接经济脆弱性。这种现象意味着在减轻灾害脆弱性的管理实践中，综合考虑直接经济脆弱性和间接经济脆弱性两个要素，更有利于灾害的恢复。

2）经济发展水平与洪涝灾害脆弱性程度之间存在倒"U"形关系。因为，中等发达经济体通常有更发达的抗灾和救灾设备与资金，具备小规模私人储蓄和财政救灾能力，较高的发展水平，灾害损失是巨大的，但灾害的经济影响的比例较小。一方面，由于发达经济体在减缓和增加投资防备措施与改善环境管理上，能获得更多的金融资源；另一方面，很多部门的经济资产通过保险和再保险途径解决。这提醒我们在灾害管理实践中，对所有类型的灾害，减少灾害风险和发展经济的目标的同时实现不能被认为是互补的，风险厌恶的灾害管理者在不同的收入水平下会做出不同的风险收益权衡的选择。

3）这种结论也可以推广到不同经济发展水平的国家和不同灾害类型。Okuyama（2004）利用 EM-DAT 和慕尼黑 Re's Natcat 数据库对 1960~2007 年 184 个灾害事情进行研究，发现灾害经济损失与不同国家经济发展水平之间也存在倒"U"形关系［图 9.11（a）］，除了经济脆弱性与经济发展水平之间存在非线性关系之外，人口脆弱性与经济发展水平之间也存在这种关系。Kellenberg 和 Mobarak（2008）研究发现，不同类型灾害（如洪水、滑坡、风暴）的死亡人数与人均收入之间存在一个非线性关系。虽然各国的人均 GDP 水平大约为 4500~5500 美元，灾害死亡人数增加，但是此后就开始下降。滑坡灾害死亡人数与经济发展水平的拐点是出现在人均 GDP 为 3360 美元阶段，风暴灾害死亡人数与经济水平拐点出现在人均 GDP 为 4688 美元阶段，洪涝灾害死亡人数与经济发展水平的拐点出现在人均 GDP 为 5044 美元阶段［图 9.11（b）］。

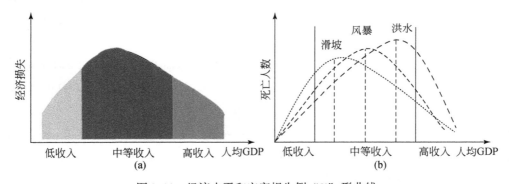

图 9.11 经济水平和灾害损失倒"U"形曲线

最后需要指出，虽然基于 IIM-TSDEA 模型评价洪涝灾害脆弱性方法既考虑了洪涝灾害给关联经济部门及地区造成的间接经济影响，又具有客观性评价的优点，但是也不能忽视该模型在灾害脆弱性评价指标选取方面存在的缺陷。例如，抗灾救灾系统指标考虑较少，各省份抗洪堤坝长度、灾害保险水平等，这使省域的洪涝灾害恢复力指数未考虑进来，可能导致结果的偏差。

主要参考文献

Avkiran N K. 2009. Opening the black box of efficiency analysis: An illustration with UAE banks. Omega,

37（4）：930-941.

Castelli L, Pesenti R, Ukovich W. 2004. DEA-like models for the efficiency evaluation of hierarchically structured units. European Journal of Operational Research, 154（2）：465-541.

Chen C M. 2009. A network-DEA model with new efficiency measures to incorporate the dynamic effect in production networks. European Journal of Operational Research, 194（3）：687-699.

Chilingerian J, Sherman H D. 2004. Health care applications：From hospitals to physician, from productive efficiency to quality frontiers//Cooper W W, Seiford L M, Zhu J. Handbook on Data Envelopment Analysis. Boston：Springer.

Fukuyama H, Weber W L. 2010. A slacks-based inefficiency measure for a two-stage system with bad outputs. Omega, 38（5）：398-409.

Färe R, Grosskopf S. 1996. Productivity and intermediate products：A frontier approach. Economics Letters, 50（1）：65-70.

Färe R, Whittaker G. 1995. An intermediate input model of dairy production using complex survey data. Journal of Agricultural Economics, 46（2）：201-213.

Golany B, Roll Y. 1989. An application procedure for DEA. Omega, 17（3）：237-250.

Gotangco C K, Favis A M, Guzman M A L, et al. 2017. A supply chain framework for characterizing indirect vulnerability. International Journal of Climate Change Strategies & Management, 9（2）：184-206.

Hiete M, Merz M. 2009. An Indicator Framework to Assess the Vulnerability of Industrial Sectors against Indirect Disaster Losses. http://pdfs.semanticscholar.org/224b/04662ba037e55a135893c6b2a9c0366f45d2.pdf［2015-07-15］.

Hochrainer S, Mechler R, Pflug G, et al. 2013. Public sector financial vulnerability to disasters：The IIASA CATSIM model // Birkmann J. Measuring Vulnerability to Natural Hazards：Towards Disaster Resilient Societies. Tokyo：UNU-Press.

Jorn B. 2013. Measuring Vulnerability to Natural Hazards：To Towards Disaster Resilient Societies（second）. Tokyo：United Nations University Press.

Kao C, Hwang S N. 2008. Efficiency decomposition in two-stage data envelopment analysis：An application to non-life insurance companies in Taiwan. European Journal of Operational Research, 185（1）：418-447.

Kellenberg D K, Mobarak A M. 2008. Does rising income increase or decrease damage risk from natural disasters. Journal of Urban Economics, 63（3）：788-802.

Liang L, Cook W D, Zhu J. 2008. DEA models for two-stage processes：game approach and efficiency decomposition. Naval Research Logistics, 55（7）：643-653.

Liang L, Yang F, Cook W D, et al. 2006. DEA models for supply chain efficiency evaluation. Annals of

Operations Research, 145 (1): 35-49.

Mechler R, Hochrainer S, Linnerooth-Bayer J, et al. 2012. Public sector financial vulnerability to disasters: The IIASA CATSIM model//Birkmann J. Measuring Vulnerability to Natural Hazards: Towards Disaster Resilient Societies. Tokyo: United Nations University Press.

Okuyama Y. 2004. Economic Impacts of Natural Disasters: Development Issues and Applications. Tokyo: International University. http://nexus-idrim.net/idrim09/Kyoto/Okuyama.pdf [2012-12-16].

Renaud F G. 2013. Environmental components of vulnerability// Birkmann J. Measuring Vulnerability to Natural Hazards: Towards Disaster Resilient societies. Tokyo: UNU-Press.

Seiford L M, Zhu J. 1999. Profitability and marketability of the top 55 US commercial banks. Management Science, 45 (9): 1270-1358.

Sexton T R, Lewis H F. 2003. Two-stage DEA: An application to major league baseball. Journal of Productivity Analysis, 19 (2-3): 227-276.

Tone K, Tsutsui M. 2009. Network DEA: A slacks-based measure approach. European Journal of Operational Research, 197 (1): 243-252.

Tone K, Tsutsui M. 2010. Dynamic DEA: A slacks-based measure approach. Omega, 38 (3-4): 145-156.

Wang C H, Gopal R D, Zionts S. 1997. Use of data envelopment analysis in assessing information technology impact on firm performance. Annals of Operations Research, 73 (1): 191-213.

Yao C, Zhu J. 2004. Measuring information technology's indirect impact on firm performance. Information Technology & Management, 5 (1-2): 9-22.

Yu M M, Lin E T J. 2008. Efficiency and effectiveness in railway performance using a multi-activity network DEA model. Omega, 36 (6): 1005-1017.

Zhu J. 2000. Multi-factor performance measure model with an application to Fortune 500 companies. European Journal of Operational Research, 123 (1): 105-129.

10 基于社会核算矩阵的洪涝灾害损失估算

10.1 前言

洪涝灾害是影响最大的自然灾害之一，其经济影响评估越来越受极大关注，最近不断有新的经济和水文学模型被用来分析洪涝灾害的经济影响，经济学家能够运用混合经济模型开展洪涝灾害经济传导路径研究，以便在长期的减灾过程中完善公共决策。事实上，投入-产出框架仍然是经济学家中流行的建模方法，Cole（1995）构建了一个加勒比海的岛屿的 SAM，通过构建相应的账户框架，研究潜在的灾害对旅游业及岛屿上的其他经济活动影响；Rose 和 Liao（2005）分析了大地震后，波特兰市的供水系统中断对部门和区域经济的影响；Tatano 和 Tsuchiya（2008）研究了日本新潟和关东地区的交通运输网络中断造成的经济后果。国内学者也使用 SAM 方法对灾害的损失进行了相关研究，王其文和李善同（2008）详细地介绍了社会核算矩阵的原理、方法和应用；唐文进等（2013）结合细化 SAM 分析突发公共事件的产业总影响和产业间影响。

Miller 和 Blair（2009）认为 SAM 模型分析灾害影响优于投入产出模型主要表现在它既能分析灾害生产影响又能分析害对劳动力、家庭、社会机构消费影响，即分析灾害对生产市场和资源市场的综合影响，因而使分析的结果更加全面（图 10.1）。

洪涝灾害农业经济影响是最能够体现灾害经济一般规律的专门领域，农业经济之间的内在联系使洪涝灾害不仅给农业造成损失，同时也给其他部门造成间接经济影响。所以，本章以洪涝灾害引起的农业损失为例进行分析。首先，阐释社会核算矩阵进行乘数分析和路径分析的一般原理，利用国务院发展研究中心编制的中国 1997 年细化的 SAM 表，采用 SAM 乘数分解和结构化路径方法

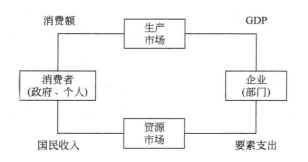

图 10.1 收入、支出和市场循环流

分析 1998 年洪涝灾害对区域经济产生的影响，同时对比基于 SAM 模型和基于投入产出模型估算结果，为洪涝灾害治理决策提供参考。

10.2 基于 SAM 分析灾害影响的路径模型

SAM 用于灾害损失分析的基本思想是把灾害的影响作用外生冲击变量，把内生变量表示为外生变量的函数进行分析，它能刻画外生变量作用内生变量的路径和机制，该种分析方法通常使用拓扑学和行列式的代数学方法进行求解（王其文和李善同，2008）（图 10.2）。

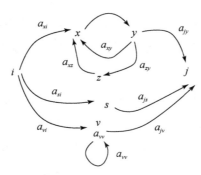

图 10.2 SAM 账户 i 与账户 j 之间路径网络结构

具体的路径分析方法将 SAM 中的每个内生账户看作结点，任意两个结点之间的联系用弧 (i, j) 表示，平均支出倾向矩阵 A_n 中的元素 a_{ij} 定义为弧的强度，它反映了从结点 i（支出方账户）传输到结点 j（收入方账户）的影响的大小。

连接一系列结点 $i, k, l, \cdots, m, j$ 所形成的连续的弧 (i, k)，(k, l)，$\cdots$，(m, j) 称作路径，路径中所包含弧的个数称为路径的长度，这样，单独的一段弧也可看做长度为 1 的路径,如果一条路径不重复经过其中任何一个结点,那么该路径就称为基础路径;起点和终点恰好重合的路径称为回路。在图 10.2 中,$i \rightarrow x \rightarrow y \rightarrow j$ 是一条基础路径,而 $x \rightarrow y \rightarrow z \rightarrow x$ 就是一条回路。

账户 i 受到外生注入的冲击或扰动,经过路径 s 最终作用于账户 j,这一影响用 $(i \rightarrow j)$, 表示。作用始点至作用终点的影响可以定量的阐释为三类:直接影响、完全影响和总体影响。

10.2.1 单一路径上的间接损失的计量

SAM 表中节点之间单一路径上间接损失是该路径上完全损失与直接损失的差(王其文和李善同,2008)。

首先,分析直接损失的计量。假定除了基础路径上的结点所代表的账户之外,所有其他的账户收入保持不变,那么账户 i 的收入变动 1 个单位对账户 j 收入的影响,称为始点 i 沿基础路径对终点 j 产生的直接影响。从数值上看,账户 i 对账户 j 的直接影响就是弧 (i, j) 的强度,即平均支出倾向矩阵 A_n 中第 j 行、第 i 列元素 a_{ij} 的值,即

$$I^D_{(i \rightarrow j)} = a_{ji} \tag{10.1}$$

所以从路径分析方法的角度看,平均支出倾向矩阵又可称作直接影响矩阵,该矩阵中的每一个元素都是一段弧的强度。当以 i、j 为两个端点的一条基础路径经过多个结点时,直接影响值为构成该路径的各段弧的强度的乘积,即

$$I^D_{(i, \cdots, j)} = a_{jn}, \cdots, a_{mi} \tag{10.2}$$

其次,分析单一路径上的完全影响。给定一条以 i 为始点、j 为终点的基础路径 $p = (i, \cdots, j)$,那么从始点 i 沿路径 p 传递到终点 j 的完全影响就是该路径的直接影响与基于该路径上结点的回路所产生的所有间接影响之和。图 10.2 中,结点 i 与结点 y 之间的直接影响为 $a_{xi}a_{yx}$,这一影响通过两个回路 $x \rightarrow y \rightarrow x$ 和 $x \rightarrow y \rightarrow z \rightarrow x$ 传回结点 x,产生的间接影响为 $a_{xi}a_{yx}(a_{xy} + a_{zy}a_{xz})$,该间接影响在结点 x 和结点 y 之间不断循环,最终得到

$$a_{xi}a_{yx}\{1 + a_{yx}(a_{xy} + a_{zy}a_{xz}) + [a_{yx}(a_{xy} + a_{zy}a_{xz})]^2 + \cdots\}$$
$$= a_{xi}a_{yx}[1 - a_{yx}(a_{xy} + a_{zy}a_{xz})]^{-1} \tag{10.3}$$

这一影响继续通过弧 (y, j) 最终传导至结点 j,从而得到产生于该路径上的完全影响,即

$$I^T_{(i \to j)p} = a_{xi} a_{yx} a_{jy} [1 - a_{yx}(a_{xy} + a_{zy} a_{xz})]^{-1} \quad (10.4)$$

在式（10.4）中，等号右边的第一项恰好为结点 i 传导至结点 j 的直接影响，即 $I^D_{(i \to j)} = a_{xi} a_{yx} a_{jy}$，第二项被定义为路径乘数 M_p，它反映了沿着基础路径传递的直接影响通过反馈回路被扩大的程度。这样，两个结点间的完全影响可以表示为直接影响和路径乘数的乘积，即

$$I^T_{(i \to j)p} = I^D_{(i \to j)p} M_p \quad (10.5)$$

通常，路径乘数 M_p 的值为两个行列式的商 Δ_p / Δ，其中，Δ 为行列式 $|I - A_n|$ 的值；Δ_p 为在 $|I - A_n|$ 的基础上，删除基础路径经过的各个结点后得到的子式的行列式的值。一方面，路径乘数的大小一般取决于路径的长度和反馈的强度：基础路径所经过的结点越多，该路径所包含反馈回路的概率就越高，路径乘数越大；但另一方面，路径所包含回路的反馈强度越大，路径乘数也将越大。

最后，计算单元路径上的间接损失。间接影响就是总的影响减去直接影响的值，即

$$I^{ID}_{(i \to j)p} = I^D_{(i \to j)p} M_p - I^D_{(i \to j)p} \quad (10.6)$$

继而可以在此基础上求出总的间接影响为

$$\sum_{p=1}^{n} I^{ID}_{(i \to j)p} = \sum_{p=1}^{n} (I^D_{(i \to j)p} M_p - I^D_{(i \to j)p}) \quad (10.7)$$

10.2.2 冲击影响的 CGE 实现路径

依据 SAM 表可以进行灾害间接损失的分析，也可以把 SAM 表的资料作为基础数据资料结合 CGE（computable general equilibrium，可计算的一般均衡）模型进行分析。后者对经济系统的分析加入了更多的经济数据，分析结果更接近经济系统的真实情况。SAM 表内置与 CGE 模型分析中的过程如图 10.3 所示。

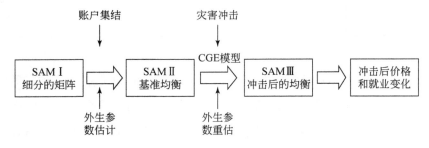

图 10.3　SAM 表和 CGE 模型结合分析灾害损失的过程

首先,根据投入产出资料和其他社会经济资料建立细化的 SAM Ⅰ,在此基础上根据研究的目的进行账户集结和外生参数估计建立 SAM Ⅱ,即建立基础的数据库和 CGE 模型;其次,考虑灾害的冲击,并在进行外生参数重估的基础上,用 CGE 模型求解 SAM Ⅲ;最后,把 SAM Ⅱ和 SAM Ⅲ的结果进行对照,分析比较主要经济指标的变化情况,例如,就业、经济总量指标和价格等的影响。

10.3 SAM 路径分析与乘数分析

10.3.1 SAM 乘数分析方法

表 10.1 是一张简化的 SAM 的示意图,通过分块矩阵的形式明确地表示账户间的相互联系和作用,其中,SAM 账户分为内生账户和外生账户。内生账户包括三个大类生产活动账户、要素账户和机构账户。生产活动账户是综合了经济系统中的各类生产活动;要素账户则是对农业劳动力、产业工人、技术人员、土地和资本等生产要素的集合;机构账户主要包括企业和居民,而居民又可以根据城乡和收入水平的高低划分为若干类。政府、资本和外部地区等账户统一归纳为外生账户(王其文和李善同,2008)。

表 10.1 简化的 SAM 示意图

项目		内生账户			外生账户	合计
		1. 生产活动	2. 要素	3. 机构		
内生账户	1. 生产活动	T_{11}		T_{13}	X_1	Z_1
	2. 要素	T_{21}			X_2	Z_2
	3. 机构		T_{32}	T_{33}	X_3	Z_3
外生账户		L_1	L_2	L_3	LX	Z_4
合计		Z_1	Z_2	Z_3	Z_4	

在以分块矩阵表示的 3×3 的内生账户域中,T_{11} 刻画了生产活动之间的中间投入需求,实质上就是投入产出表的中间流量部分;T_{13} 刻画了各个机构(通常为企业和居民)对产品的支出模式;T_{21} 刻画了生产活动创造的增加值在要素中间的分配;T_{32} 刻画了要素收入在不同类居民和企业之间的分配模式;T_{33} 刻画了收入流在企业和居民之间的直接转移。

在简化的 SAM 中可以定义平均支出倾向矩阵，类似于投入产出模型中的直接消耗系数矩阵，该矩阵中各元素的值是通过内生账户中的每个元素除以其所在列的合计值得到的，A_n 可表示为方块阵，即

$$A_n = \begin{bmatrix} A_{11} & 0 & A_{13} \\ A_{21} & 0 & 0 \\ 0 & A_{32} & A_{33} \end{bmatrix} \tag{10.8}$$

式（10.8）中的子矩阵就是投入产出模型中的直接消耗系数矩阵。由于在 SAM 中存在行和列及对应相等的关系，因此内生账户的收入合计 z_n 就可以表示为

$$z_n = A_n z_n + x_n \tag{10.9}$$

对式（10.9）进行变换，得到内生账户的收入 z_n 与外生账户的注入 x_n 之间的关系式，即

$$z_n = (I - A_n)^{-1} x_n = M_a x_n \tag{10.10}$$

式中，M_a 为账户乘数矩阵，这一矩阵类似于投入产出分析中的列昂惕夫逆阵，M_a 是各种 SAM 分析方法的核心，同样它也是结构化路径分析方法的起点。但是从 M_a 能获得的信息非常少，必须通过对 M_a 的分解，可以更清晰地理解外生账户变动如何对内生账户产生的影响。因此为分解 M_a，需要借助一个与矩阵 A_n 具有相同维度，且可逆的对角矩阵 $\tilde{A}_n$。

$$\tilde{A}_n = \begin{bmatrix} A_{11} & 0 & 0 \\ 0 & 0 & 0 \\ 0 & 0 & A_{33} \end{bmatrix} \tag{10.11}$$

分块矩阵 A_{11} 和 A_{33} 分别反映了生产活动账户和机构账户内部的支出转移关系。因为 $\tilde{A}_n$ 是可逆矩阵，同理可得 $(I - \tilde{A})$ 也是可逆矩阵。借助矩阵 $\tilde{A}_n$ 做如下的转换：

$$\begin{aligned} z_n &= A_n z_n + x = (A_n - \tilde{A}_n) z_n + \tilde{A}_n z_n + x \\ &= (I - \tilde{A}_n)^{-1} (A_n - \tilde{A}_n) z_n + (I - \tilde{A}_n)^{-1} x \\ &= A^* z_n + (I - \tilde{A}_n)^{-1} x \end{aligned} \tag{10.12}$$

由此可以得出

$$A^* z = (I - \tilde{A}_n)^{-1} (A_n - \tilde{A}_n) \tag{10.13}$$

将式（10.12）的两端同左乘 A^{*2}，之后通过式（10.12）获得的 A^*z 的表达式替换左端得出 $z_n-(I-\tilde{A})^{-1}x=A^{*2}z_n+A^*(I-\tilde{A})^{-1}x$，推导出

$$z_n=A^{*2}z_n+(1+A^*)(I-\tilde{A})^{-1}x \tag{10.14}$$

同理在式（10.12）的两端同左乘 A^{*2}，并通过式（10.13）获得的 $A^{*2}z$ 的表达式替换左端，得到

$$z_n=A^{*3}z_n+(I+A^*+A^{*2})(I-\tilde{A}_n)^{-1}x$$

推导出，

$$z_n=(I-A^{*3})^{-1}(I+A^*+A^{*2})(I-\tilde{A}_n)^{-1}x \tag{10.15}$$

在式（10.14）基础上，可以把账户乘数矩阵分解成三个因子相乘的表达式 M_a，即 $M_a=M_{a1}M_{a2}M_{a3}$，式中，$M_{a1}=(I-\tilde{A}_n)^{-1}$，$M_{a2}=(I+A^*+A^{*2})$，$M_{a3}=(I-A^{*3})^{-1}$。式中，$M_{a1}$ 为生产活动账户内部之间的乘数效应；M_{a2} 为机构账户内部之间的乘数效应；M_{a3} 为内生账户之间收入流循环关系。图 10.4 直观地表示了这三种乘数效应（王其文和李善同，2008；王康，2009）。

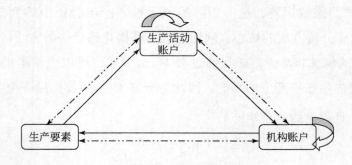

图 10.4 账户乘数矩阵分解的三种效应

注：单向实线箭头表示转移乘数效应，双箭头虚线表示开环、交叉乘数效应，弧形箭头表示闭环乘数效应

虽然本章很详细地分析了账户乘数矩阵（M_a）的三个不同分解因子的效应，但为方便对乘数分析，把 M_a 拆成加法的形式，这样更容易理解和表达，即

$$\begin{aligned}M_a&=I+(M_{a1}-I)+(M_{a2}-I)M_{a1}+(M_{a3}-I)M_{a2}M_{a1}\\&=I+T+O+C\end{aligned} \tag{10.16}$$

式中，矩阵 I 为初始外生的单位冲击；矩阵 T 为转移净效应的净贡献；矩阵 O 为开环净效应的净贡献；矩阵 C 为闭环净效应的净贡献。转移净效应（T）描述了内生账户内部的直接转移；开环净效应（O）描述了三大类内生账户之间的相互联系；闭环净效应（C）则描述了内生账户之间收入流的循环流动。

10.3.2 SAM 结构化路径分析理论

SAM 能通过外生变量影响内生变量进而影响全局，但是某些情况下乘数分析的结果不能明确分析全局影响的机构和行为机制。从政策角度来看，乘数分析的结果是很重要的；如果确定了沿其中一个给定的影响传播的各种路径，操作起来更加方便。SAM 的乘数分析的用处不是通过在多大程度上给予乘数值近似密切或不产生实际影响的外部冲击或政策的变化进行判断，而是如何分析影响和传播路径。结构性路径分析允许识别的各种途径传播的影响，因此，它能对经济结构变化做出透彻的分析，政策制定者通过哪些渠道冲击或改革会影响他们的经济体。同时结构路径分析提供了详细分解乘数的方式，确定整个网络，通过它的影响是从一个部门的原产地传送到其最终目的地，从而分析它的影响路径。

在路径化结构分析当中，用三种定量的形式（直接影响、完全影响和全局影响）来表达账户之间相互影响关系及大小程度。

假设除基础路径上的结点所代表的账户之外，其他账户保持不变，把账户 i 的收入变动 1 个单位对账户 j 收入的影响称为账户 i 沿对账户 j 引起的直接影响，平均支出倾向矩阵 A_n 中 (j,i) 的元素 a_{ji} 的数值，就等于账户 i 对账户 j 的直接影响，即

$$I^D_{(i \to j)} = a_{ji} \tag{10.17}$$

当 i 和 j 作为起始端和终端时，一条基础路径经过多个结点，因此直接影响的值就等于各段的影响值的乘积，即

$$I^D_{(i,\cdots,j)} = a_{jn}, \cdots, a_{mi} \tag{10.18}$$

由于社会经济系统的复杂性，大量因反馈效应而生的回路存在于一条基础路径上。完全影响表述为基础路径引起的直接影响与基于该基础路径上结点的回路产生的所有间接影响之和，即

$$I^T_{(i \to j)} = I^D_{(i \to j)} M_p \tag{10.19}$$

式中，$I^D_{(i \to j)}$ 为直接影响；M_p 为路径乘数，即两个行列式的商 Δ_p/Δ 为 M_p 的值，其中 Δ 为 $|I-A_n|$，Δ_p 是在 $I-A_n$ 上删除基础路径经过的结点后得到的子式的行列式，路径乘数（M_p）的值大小由反馈回路的强度和基础路径的长度决定，反馈回路的强度越大路径乘数 M_p 的值越大，基础路径所经过的结点越多路径乘数 M_p 的值也越大。

全局影响是对起始端和终端之全部路径效应的抽象和综合,账户乘数矩阵(M_a)中的(j,i)的元素m_{ji}的数值就是外生注入的作用账户i对内生变量账户j引起的全局影响。

全局影响包含了直接影响,并且包含了起始端和终端之间全部的基础路径所引起的影响,这样,可以假定起始端i和终端j之间有p条基础路径,因此三者影响之间的关系可表述为

$$I_{(i \to j)}^G = M_{aji} = \sum_{p=1}^{n} I_{(i \to j)p}^T = \sum_{p=1}^{n} I_{(i \to j)p}^D M_p \quad (10.20)$$

按照以上推导分析,基于 SAM 计算间接经济损失公式为

$$\begin{aligned} M_a &= I+(M_{a1}-I)+(M_{a2}-I)M_{a1}+(M_{a3}-I)M_{a2}M_{a1} \\ &= I+T+O+C \end{aligned} \quad (10.21)$$

式(10.14)也描述了作用于账户i的外生注入对内生变量账户j引起的变化,其中I为初始注入或是直接影响,因账户i的作用,账户j产生的净增值可表示为$M-I$,即$T+O+C$。假设$T=0.3$,$O=0.5$,$C=0$,在外生注入 100 元,产生的净增值为($T+O+C$)×100=80。同理可得一个账户因灾害损失的直接经济对另一个账户产生的间接经济损失,可表达净损失值为$T+O+C$。

10.4 结果分析

10.4.1 洪涝灾害影响的乘数分析

基于以上乘数分析模型,利用 1997 年的 SAM 表,计算的 1998 年洪涝灾害农业损失的经济效应结果见表 10.2。

表 10.2 1998 年洪涝灾害影响的乘数分析

外来冲击作用	账户分类	受影响终端账户	净效应=$T+O+C$	转移净效应(T)	开环净效应(O)	闭环净效应(C)
农业	生产活动账户	农业	1.911 701	0.250 141 (13.08%)	0	1.661 56 (86.92%)
		采掘业	0.091 799	0.031 745 (34.58%)	0	0.060 054 (65.42%)
		食品制造及烟草加工业	0.435 569	0.098 896 (22.71%)	0	0.336 673 (77.29%)
		纺织业	0.113 42	0.017 978 (15.85%)	0	0.095 442 (84.15%)

续表

外来冲击作用	账户分类	受影响终端账户	净效应 = $T+O+C$	转移净效应（T）	开环净效应（O）	闭环净效应（C）
农业	生产活动账户	服装皮革羽绒及其他纤维制品制造业	0.072 809	0.003 391（4.66%）	0	0.069 418（95.34%）
		木材加工及家具制造业	0.025 157	0.004 308（17.12%）	0	0.020 849（82.88%）
		造纸印刷及文教用品制造业	0.075 395	0.015 905（21.10%）	0	0.059 489（78.90%）
		石油加工及炼焦业	0.052 694	0.021 434（40.68%）	0	0.031 259（59.32%）
		化学工业	0.370 124	0.158 66（42.87%）	0	0.211 463（57.13%）
		非金属矿物制品业	0.049 535	0.011 596（23.41%）	0	0.037 939（76.59%）
		金属冶炼及压延加工业	0.064 509	0.017 088（26.49%）	0	0.047 421（73.51%）
		金属制品业	0.044 24	0.011 606（26.23%）	0	0.032 634（73.77%）
		机械工业	0.100 705	0.037 23（36.97%）	0	0.063 475（63.03%）
		交通、电子（气）等制造业	0.178 892	0.029 48（16.48%）	0	0.149 413（83.52%）
		电、气、水生产和供应业	0.074 511	0.023 747（31.87%）	0	0.050 764（68.13%）
		建筑业	0.015 436	0.004 992（32.34%）	0	0.010 444（67.66%）
		运输业	0.082 698	0.025 756（31.14%）	0	0.056 942（68.86%）
		邮电业	0.021 132	0.004 187（19.81%）	0	0.016 945（80.19%）
		商业	0.174 813	0.043 733（25.02%）	0	0.131 08（74.98%）
		饮食业	0.041 904	0.004（9.55%）	0	0.037 904（90.45%）
		金融保险业	0.066 962	0.014 268（21.31%）	0	0.052 694（78.69%）
		房地产业	0.045 585	0.002 056（4.51%）	0	0.043 529（95.49%）
		社会服务业	0.078 05	0.015 108（19.36%）	0	0.062 942（80.64%）
		教育科研及卫生业	0.075 812	0.019 604（25.86%）	0	0.056 208（74.14%）
		行政机关及其他行业	0	0	0	0

续表

外来冲击作用	账户分类	受影响终端账户	净效应=T+O+C	转移净效应（T）	开环净效应（O）	闭环净效应（C）
农业	要素账户	农业劳动力	0.860 867	0	0.748 3 (86.92%)	0.112 599 (13.08%)
		产业工人	0.225 537	0	0.207 1 (91.83%)	0.018 416 (8.17%)
		技术人员	0.107 167	0	0.091 (84.94%)	0.016 143 (15.06%)
		土地	0.116 921	0	0.101 6 (86.92%)	0.015 293 (13.08%)
		资本	0.404 906	0	0.354 3 (87.50%)	0.050 621 (12.50%)
	机构账户	城镇-最低收入户	0.018 39	0	(0.014 5) (78.63%)	0.003 931 (21.37%)
		城镇-低收入户	0.023 517	0	0.018 5 (78.63%)	0.005 025 (21.37%)
		城镇-中偏下收入户	0.056 05	0	0.044 6 (79.59%)	0.011 44 (20.41%)
		城镇-中等收入户	0.066 553	0	0.053 (79.64%)	0.013 551 (20.36%)
		城镇-中偏上收入户	0.079 714	0	0.062 5 (78.36%0)	0.017 253 (21.64%)
		城镇-高收入户	0.046 776	0	0.036 8 (78.72%)	0.009 953 (21.28%)
		城镇-最高收入户	0.059 463	0	0.045 8 (77.02%)	0.013 663 (22.98%)
		农村-最低收入户	0.060 986	0	0.052 1 (85.36%)	0.008 928 (14.64%)
		农村-低收入户	0.060 904	0	0.051 8 (84.98%)	0.009 148 (15.02%)
		农村-中偏下收入户	0.166 475	0	0.140 7 (84.52%)	0.025 762 (15.48%)
		农村-中等收入户	0.173 157	0	0.145 6 (84.06%)	0.027 593 (15.94%)
		农村-中偏上收入户	0.233 196	0	0.195 (83.64%)	0.038 149 (16.36%)
		农村-高收入户	0.179 774	0	0.149 5 (83.16%)	0.030 27 (16.84%)
		农村-最高收入户	0.227 462	0	0.188 8 (83.00%)	0.038 674 (17.00%)
		企业	0.323 527	0	0.283 1 (87.50%)	0.040 447 (12.50%)

由表10.2分析可见，1998年中国因洪涝灾害的影响造成农业直接经济损失为1159亿元，占总的直接经济损失的45.4%，说明洪涝灾害对农业部门的影响非常大，因此本章选择农业作为外生冲击进行分析。该表详细地描述了生产活

动账户中农业受洪涝灾害的影响损失 1 个单位的初始冲击时，对其他生产部门、要素、机构产生的影响。

首先，农业对生产活动账户的影响。例如，对农业的 100 个单位的外部冲击损失，这将导致采掘业净效应的产出损失 9.18 个单位，其中包括转移净效应 3.17 个单位和闭环净效应 6.01 个单位。表 10.2 中的生产活动账户中影响最大的部门是农业、食品制造及烟草加工业和化学工业，表明洪涝灾害对农业自身的波及击影响最大，此外农业是化学工业产品的主要使用方，为食品制造及烟草加工业提供原料，所以对这两个部门的影响位居前三位，而对邮电业、商业和行政机关及其他行业影响则较小；由于同在生产活动账户，所以开环净效应均为 0。如果农业和其他部门直接关联比较紧密，那么两者之间的转移净效应比例比较大，反之闭环净效应所在比例就较大；而表 10.2 中农业依靠转移净效应对其他部门发生的影响非常有限，因此农业和其他部门的直接关联不是很紧密；闭环净效应占总净效应比例全部在 57% 以上，所以其中总净效应主要依靠收入流循环产生的闭环净效应发生作用。

其次，农业对要素账户的影响。例如，对农业的 100 个单位的外部冲击损失，这将导致农业劳动力净效应的产出损失 86.1 个单位，其中包括开环净效应 74.8 个单位和闭环净效应 11.3 个单位。表 10.2 中可以发现，洪涝灾害对农业劳动力影响最大，这是可以理解的，中国的农业机械化水平不高，需要大量的劳动力投入。由于外部的初始冲击和终端账户属于不用类型的内生账户，因此转移效应为 0；表 10.2 中还发现各要素中的开环净效应占总净效应的比例很大，全部在 85% 以上，主要通过开环净效应进行影响。

最后，农业对机构账户的影响。例如，对农业的 100 单位的外部冲击损失，这将导致城镇最低收入户净效应的产出损失 1.84 个单位，其中包括开环净效应 1.45 个单位和闭环净效应 0.39 个单位。洪涝灾害对企业和农村中等偏下收入户以上影响很大，而对城镇收入户和农村中等偏下收入户基本影响很小。

10.4.2 基于 SAM 洪涝灾害影响路径分析

基于结构化路径系数分析方法计算的洪涝灾害损失和影响系数见表 10.3。

表 10.3 不同情境下的洪涝灾害损失和影响系数

情景	路径起点	路径终点	全局影响	基础路径	直接影响	路径乘数	完全影响	路径传导比例
1	2	3	4	5	6×7		8	8/3
I	农业	食品制造及烟草加工业	0.435 569	农业-食品制造及烟草加工业	0.065 197	2.278 151	0.148 528	34.10%
				农业-运输业-食品制造及烟草加工业	0.000 089	2.477 351	0.000 219	0.05%
				农业-社会服务业-食品制造及烟草加工业	0.000 125	2.516 023	0.000 314	0.07%
				农业-商业-运输业-食品制造及烟草加工业	0.000 003	2.860 216	0.000 008	0.00%
II	农业	纺织业	0.113 420	农业-纺织业	0.002 102	3.033 152	0.006 374	5.62%
				农业-化学工业-纺织业	0.002 390	4.664 705	0.011 148	9.83%
				农业-机械工业-纺织业	0.000 085	4.057 807	0.000 345	0.30%
				农业-木材加工及家具制造业-纺织业	0.000 088	3.943 112	0.000 347	0.31%
				农业-化学工业-机械工业-纺织业	0.000 008	6.205 872	0.000 050	0.04%
III	农业	化学工业	0.370 124	农业-化学工业	0.072 717	2.971 951	0.216 113	58.39%
				农业-电、气、水生产和供应业-化学工业	0.000 081	3.278 726	0.000 267	0.07%
				农业-石油加工及炼焦业-化学工业	0.000 156	3.187 934	0.000 496	0.13%
				农业-教育科研及卫生业-石油加工及炼焦业-化学工业	0.000 001	3.379 624	0.000 004	0.00%
IV	农业	技术人员	0.107 167	农业-技术人员	0.005 459	2.017 739	0.011 014	10.28%
				农业-食品制造及烟草加工业-技术人员	0.001 244	2.385 525	0.002 967	2.77%
				农业-纺织业-技术人员	0.000 036	3.191 501	0.000 116	0.11%
				农业-教育科研及卫生业-技术人员	0.004 325	2.109 548	0.009 125	8.51%
V	农业	资本	0.404 906	农业-资本	0.052 970	2.018 043	0.106 896	26.40%
				农业-食品制造及烟草加工业-资本	0.006 642	2.375 223	0.015 776	3.90%
				农业-木材加工及家具制造业-资本	0.000 123	2.621 881	0.000 323	0.08%
				农业-商业-资本	0.002 159	2.338 571	0.005 048	1.25%

续表

情景	路径起点	路径终点	全局影响	基础路径	直接影响	路径乘数	完全影响	路径传导比例
1	2	3	4	5	6×7		8	8/3
VI	农业	城镇-最低收入户	0.018 390	农业-资本-城镇最低收入户	0.000 18	2.038 66	0.000 37	2.00%
		城镇-低收入户	0.023 517	农业-资本-城镇低收入户	0.000 24	2.040 42	0.000 49	2.08%
		城镇-中偏下收入户	0.056 050	农业-资本-城镇中偏下收入户	0.000 60	2.069 01	0.001 24	2.21%
		城镇-中等收入户	0.066 553	农业-资本-城镇中等收入户	0.000 76	2.074 35	0.001 59	2.38%
		城镇-中偏上收入户	0.079 714	农业-资本-城镇中偏上收入户	0.001 06	2.079 84	0.002 20	2.76%
		城镇-高收入户	0.046 776	农业-资本-城镇高收入户	0.000 78	2.051 84	0.001 60	3.41%
		城镇-最高收入户	0.059 463	农业-资本-城镇最高收入户	0.001 41	2.054 17	0.002 89	4.86%
		农村-最低收入户	0.060 986	农业-资本-农村最低收入户	0.000 07	2.019 64	0.000 14	0.23%
		农村-低收入户	0.060 904	农业-资本-农村低收入户	0.000 08	2.020 00	0.000 17	0.28%
		农村-中偏下收入户	0.166 475	农业-资本-农村中偏下收入户	0.000 29	2.024 64	0.000 59	0.35%
		农村-中等收入户	0.173 157	农业-资本-农村中等收入户	0.000 36	2.026 34	0.000 74	0.42%
		农村-中偏上收入户	0.233 196	农业-资本-农村中偏上收入户	0.000 57	2.031 30	0.001 16	0.50%
		农村-高收入户	0.179 774	农业-资本-农村高收入户	0.000 51	2.029 36	0.001 04	0.58%
		农村-最高收入户	0.227 462	农业-资本-农村最高收入户	0.000 71	2.033 85	0.001 45	0.64%

情景Ⅰ、情景Ⅱ和情景Ⅲ生产活动账户农业对不同的生产活动账户的损失影响分析。

情景Ⅰ介绍了当自然灾害作用于农业时，对食品制造及烟草加工业的影响。结果表明：农业对食品制造及烟草加工业的影响主要依靠直接路径"农业-食品制造及烟草加工业"，这条基础路径传导的全局影响比例占到34.10%，剩余的全局影响由其他路径完成，如"农业-运输业-食品制造及烟草加工业"、"农业-社会服务业-食品制造及烟草加工业"和"农业-商业-运输业-食品制造及烟草加工业"。但是每条基础路径传导的影响都很弱，并且不通过以要素账户和居民账户进行传导。

情景Ⅱ中农业对纺织业的影响表现出不同的特点：农业传导另一个生产活动账户的全局影响中，直接基础路径传导的影响比非直接基础路径传导的影响要小，"农业-纺织业"传导了5.62%的全局影响，而以化学工业为中介的基础路径"农业-化学工业-纺织业"传导了9.83%的全局影响，高出直接基础路径约4个百分点，以其他行业为中介传导的影响很微弱。由此可见，基础路径越长传导的能力不一定会减弱，直接的基础路径并不意味传导的影响是最大的，基础路径传导的能力的强弱表明了路径所连接的各个部门之间的关联程度。

情景Ⅲ中，农业直接到化学工业传导的全局影响比例高达58.39%，占到一半以上，说明当农业受自然灾害时直接对化学工业产生的影响特别大，这是可以理解的，因为化学工业的生产以农业产品为原料。从表10.3中还可以发现，全局影响的传导大部分依靠非直接路径进行传导的。

上述情景Ⅰ、情景Ⅱ和情景Ⅲ着重分析了当农业因自然灾害受到损失时，对其他产业部门产生怎样的影响，又展现了具体不同的基础路径传导的效果，这可以为政府制定相关政策，完善经济结构和提高抵御自然灾害能力，并为灾后重建，提供了一系列的参考意见，使尽快恢复社会经济系统。

情景Ⅳ和情景Ⅴ生产活动账户农业对不同要素账户的损失影响分析。情景Ⅳ重点考察了农业产出损失对技术人员要素的影响，从表10.3中不同路径的计算结果得到，农业直接到技术人员的路径受到的影响最大，这条基础路径的完全影响占到全局影响的10.28%，其次是以教育科研及卫生业为中介的基础路径，即"农业-教育科研及卫生业-技术人员"的完全影响占到全局影响的8.51%，其他行业技术人员损失程度要小得多。情景Ⅴ着力分析了农业因灾受到损失时对资本要素的影响，考察不同的路径，自然灾害等外生冲击对农业的影响基本上依靠"农业-资本"的基础路径使资本要素受到损失，"农业-资本"这一基础路径的完全影响占到全局影响的1/4（26.40%），而其他的基础路径的传导能力很弱。综上，农业对技术人员的全局影响（0.107167）比资本的全局影响（0.404906）要小得多，说明资本与农业关联性很密切。

情景Ⅵ生产活动账户农业对不同收入层次居民账户的损失影响分析。在SAM表中，列向的生产活动账户农业和行向的居民账户之间没有发生流量关系，究其原因是居民收入的获得是依靠要素，因此生产活动账户对居民影响的最短基础路径必须通过要素账户。综合考虑农业分别对不同要素的直接影响和不同要素对居民的直接影响不能为 0，因此选择资本要素作为中间路径进行分析才有意义。

此情景重点分析了农业损失经由资本要素对城乡不同收入层次的居民账户的影响。首先从全局影响来说，农业产出损失 1 个单位，在城镇方面，对中偏上收入户的收入损失影响最大，收入损失影响最小的是最低收入户和低收入户；在农村方面，跟城镇具有相同结论，对中偏上收入户的收入损失影响最大，收入损失影响最小的是最低收入户和低收入户。并且农村居民收入损失比城镇居民损失大很多，这符合实际情况，农村的居民收入几乎依靠农业，所以政府必须加强农业抵抗自然灾害的能力，发生自然灾害时应向农村提供更多的物质以抵御风险。就路径传导比例的特点来看，城镇居民收入水平越高，路径传导占的比例也越大，同样农村居民也有相同的趋势；但是从总体上看，城镇居民路径传导占的比例远远大于农村居民路径传导占的比例，且占路径传导比重很小。

10.4.3 SAM 和 IO 模型评估结果对比分析

洪涝灾害损失评估具有不确定性，这种不确定不仅来源于经济影响分析的视角的不同，即从供给侧估算的间接损失不同于从需求侧估计的经济损失，而且也来源于选用的模型，因为不同模型分析的经济变量范畴不同，正如本章开头所述，基于 SAM 表涉及经济系统的消费领域，更重要的是 SAM 乘数中包含了 IO 表中作为外生的变量，所以 SAM 乘数一般大于 IO 乘数（Miller and Blair, 2009）。为了给洪涝灾害治理决策者提供实用参考，有必要比较不同模型评估结果（表 10.4）。

表 10.4 基于 IO 表与 SAM 的损失评估结果对比

部门	基于 SAM 评估的间接经济损失/亿元	排名顺序	基于 IO 表评估的间接经济损失/亿元	排名顺序
农业	2 215.66	1	304.44	2
采掘业	106.40	8	171.92	6
食品制造及烟草加工业	504.82	2	214.29	4
纺织业	131.45	6	71.61	18
服装皮革羽绒及其他纤维制品制造业	84.39	14	19.03	23
木材加工及家具制造业	29.16	22	63.28	19
造纸印刷及文教用品制造业	87.38	12	102.52	11

续表

部门	基于 SAM 评估的间接经济损失/亿元	排名顺序	基于 IO 表评估的间接经济损失/亿元	排名顺序
石油加工及炼焦业	61.07	17	226.83	3
化学工业	428.97	3	341.51	1
非金属矿物制品业	57.41	18	45.20	21
金属冶炼及压延加工业	74.77	16	90.23	12
金属制品业	51.27	20	81.62	15
机械工业	116.72	7	114.01	10
交通、电子（气）等制造业	207.34	4	74.56	17
电、气、水生产和供应业	86.36	13	183.00	5
建筑业	17.89	24	9.03	24
运输业	95.85	9	164.55	7
邮电业	24.49	23	75.18	16
商业	202.61	5	128.67	9
饮食业	48.57	21	61.64	20
金融保险业	77.61	15	130.92	8
房地产业	52.83	19	36.89	22
社会服务业	90.46	10	88.08	14
教育科研及卫生业	87.87	11	89.60	13
行政机关及其他行业	0.00	25	0.00	25
总计	4 941.34		2 888.61	

1998 年的洪涝灾害造成的全国农业直接经济损失为 1159 亿元。从表 10.4 中发现，基于 SAM 测算农业对其他部门（包括自身）造成的间接经济损失总和为 4941.3 亿元，而基于 IO 表测算农业对其他部门（包括自身）造成的间接经济损失总和为 2888.6 亿元；不论用何种方法计算间接经济损失，总的间接经济损失分别是农业的直接经济损失的 4.3 倍和 2.5 倍，说明间接经济损失的影响比直接经济损失影响要大。它还是刻画自然灾害强度、评估经济系统脆弱性和改善灾后重建决策的重要指标，因此评估间接经济损失非常重要。用不同方法计算的总的间接经济损失结果相差值达到 2052.7 亿元，主要的差距来自农业对自身造成的间接经济损失，基于 SAM 估算的农业间接经济损失比基于比基于 IO 表估算的农业间接经济多 1911.2 亿元，基本上接近两种不同方法计算的总的间接经济损失的相差值，说明用不同方法计算农业对自身造成的间接经济损失差距

很大，两种模型都是假设生产部门之间线性相关和固定相对价格，基于 SAM 估算间接经济损失大于基于 IO 表是因为在 SAM 中的列能展示额外的账户，如资本、土地和劳动力的因子账户，而这些账户在 IO 表中是缺乏的，从而不能分析灾害对要素市场的影响。

另外，对比不同的方法计算的间接经济损失，可以发现机械工业、社会服务业、教育科研及卫生业相差值不大，全部在 3 亿元以内，其他的产业相差值（除农业外）都在 300 亿元以内，用两种不同的方法计算的间接经济损失对同一部门损失大小排名顺序基本不相似，如石油加工及炼焦业基于 SAM 计算间接经济损失在全部产业部门中排名第 17 位，而在基于 IO 表计算间接经济损失在全部产业部门中排名第 3 位。建筑业和行政机关及其他行业排名保持不变分别位于第 24 位和第 25 位，农业和化学工业全部位于前 3 位。最后，分析表 10.4 可以发现，用不同方法计算间接经济损失对于农业自身和化学工业的影响非常大，因为化学工业需要大量的农业产品作为原料进行生产，农业产品供应不足，将导致化学工业严重的经济损失；农业明显对于自身的影响很大；对于建筑业和行政机关及其他行业影响很小，尤其是用不同方法计算间接经济损失行政机关及其他行业的间接经济损失保持不变仍为零。

10.5 小结

本章运用 SAM 乘数分解和结构化路径分析估算 1998 年洪涝灾害对农业和其他相关部门造成的间接经济损失和分析洪涝灾害对社会经济系统的影响作用机制和特点，比较了基于 SAM 和 IO 表估算结果的差异，研究发现如下。

1）农业因洪涝灾害造成损失，对自身以及食品制造及烟草加工业、化学工业、交通、电子（气）等制造业和商业冲击效应非常明显，引起的间接经济损失也是巨大的，农业产生的影响大多数是通过闭环净效应转移到其他部门。因此，洪涝灾害发生时，政府必须针对农业及关系紧密的部门制定相关政策，尽量减少不必要的损失，以及灾后尽快调整经济结构，促进经济可持续发展。农业通过不同的具体基础路径作用于不同账户，揭示了路径传导的机制和特点，因而政府得到更多具体的内在联系，进一步完善防灾减灾运行机制。

2）农业对农业劳动力要素关联效应非常紧密，且农业在整个国民经济系统中处于基础性地位和农业人口庞大,说明我国农业在20世纪90年代仍落后于发达国家,基础设施不健全,基本以初加工为主,产品附加值低,农业抵抗洪涝灾害的能力有待提高。此外,农村居民收入比城镇居民收入因农业损失受到的影响要大,抵御风险能力较差,政府需加强补贴和政策引导。

3)合理评估间接经济损失具有十分重要的意义,它是测算国民经济系统脆弱性的重要参考依据,也是灾后重建的重要指标。而基于SAM估算的间接经济损失比基于IO表估算的间接经济损失更加全面,这得益于SAM更加完善的配套数据、明确的收入分配的关系;但是,IO表也具有简洁、数据需求少的优点,到底使用哪种方法评估,需要依据实际需要而定。

虽然本章利用SAM的乘数分析及结构化路径分析方法,估算了洪涝灾害农业损失引起的其他部门的关联损失,但是,以下几方面仍需完善:①方法本身运用需要一定的前提假设条件。SAM要求是线性相关和价格固定,但是这与现实不符,因为社会经济发展处于不断波动情况下,且只能研究短期的影响,保证分析的结果与现实差距不大。②SAM的编制需要大量的统计数据,而且研究的结果具有时间滞后性。③进一步拓展乘数分析及结构化路径分析方法的理论研究,在SAM账户中单独设置受灾账户,分析洪涝灾害对经济系统的综合影响。④采用更完善的CGE模型克服线性假设和价格不变的问题,并且能够动态和长期的分析因灾受损的农业对其他部门的影响。

主要参考文献

唐文进,刘增印,徐晓伟. 2013. 基于社会核算矩阵的突发冲击结构化传导路径分析. 上海金融,(1):3-7.

王康. 2009. 基于甘肃省社会核算矩阵的乘数分析与结构化路径分析. 兰州:西北师范大学硕士学位论文.

王其文,李善同. 2008. 社会核算矩阵:原理、方法和应用. 北京:清华大学出版社.

Cole S. 1995. Lifelines and livelihood: A social accounting matrix approach to calamity preparedness. Journal of Contingencies & Crisis Management, 3 (4): 228-246.

Cole S, Pantoja E, Razak V. 1993. Social accounting for disaster preparedness and recovery planning. Nceer Bulletin, 7 (2): 1-5.

Miller R E, Blair P D. 2009. Input-Output Analysis: Foundations Extensions of Input-Output Analysis. Cambridge: Cambridge University Press.

Rose A. 2004. Input-Output economics and computable general equilibrium models. Structural Change and

Economic Dynamics, 6 (3): 295-304.

Rose A, Liao S Y. 2005. Modeling regional economic resilience to disasters: A computable generalequilibrium analysis of water service disruptions. Journal of Regional Science, 45 (1): 75-112.

Rose A, Lim D. 2002. Business interruption losses from natural hazards: Conceptual and methodological issues in the case of the Northridge earthquake. Global Environmental Change Part B Environmental Hazards, 4 (1): 1-14.

Tatano H, Tsuchiya S. 2008. A framework for economic loss estimation due to seismic transportation network disruption: A spatial computable general equilibrium approach. Natural Hazards, 44 (2): 253-265.

11 洪涝灾害风险及损失评估拓展路径及趋势

用定量化方法进行灾害损失评估,其结果的准确性历来受到广泛质疑,正如 Box（1976）所言:"一切模型都是错的,但是有些是有用的。"对隐蔽性和更加复杂的间接经济损失评估更是如此,以至于灾害损失评估有时候被认为是不精确的科学（Hewings and Mahidhara,1996）,因而其应用价值大打折扣。

因此,从学术研究和实际应用来看,以下两个课题有待深入探讨:第一,如何综合评估洪涝灾害对经济的综合影响;第二,如何验证评估结果的精度,提高其应用价值。

11.1 风险及直接经济损失评估

11.1.1 风险边界

目前的洪涝灾害风险研究与经济社会损失评估研究是分离的,一部分是水利工程措施解决的方案,另一部分是社会经济学家解决的重点问题。社会学者定义的风险和工程专家定义的风险的内容差别较大,所以,评估洪涝灾害损失的前提是对洪涝灾害损失边界进行明确的界定。

一般而言,灾害损失可以从福利经济学,一个与国民账户体系相联系的会计框架和宏观经济学进行定义,这三种定义的区别在于灾害影响经济的途径。①基于福利经济学的一个核心概念方法是消费者剩余的变化。除了公司财产损失之外,家庭也面临着福利的改变,市场条件改变、环境质量改变、娱乐设施的改变和心理压力,在成本-收益分析中它们尽量考虑灾害对非市场价值的影响。②通过在会计基础计算成本的框架经济学家完全依赖国民核算体系研究。

投入产出分析和可计算一般均衡模型给研究者提供了分析灾害地域尺度和国家尺度经济影响的工具。③宏观经济学家分析灾害问题主要关注灾害的恢复过程，宏观经济调控是灾害应对过程。政府出钱重建房屋、基础设施及机械设备的过程中，投资转移支付。

三种定义并不相互排斥。新的研究对灾害的影响可能会试图实现各种方法之间的集成。大规模灾害似乎是一个很好的研究这种整合的载体。

11.1.2　风险及经济影响评估过程

风险有不同的定义，它们分别使用于不同的场合，社会风险分析通常使用图 11.1 中左边的公式，自然工程学的风险定义风险往往使用图 11.1 右边的公式。

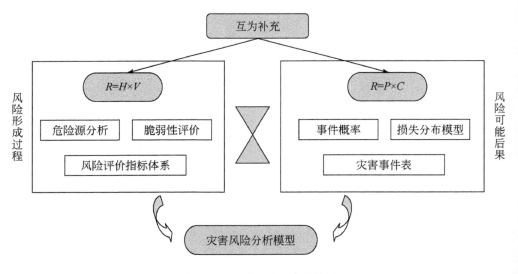

图 11.1　风险组成要素及关系

风险是客观存在和主观感知的结合，所以风险的内涵存在许多不同的理解。风险的二要素定义 $R=H\times V$，通常存在两种变体：第一，$R=H\times E\times V$，其中，从 vulnerability 中分离出 exposure（Dwyer et al.，2004）；第二，$R=H\times V/C$，其中，从 vulnerability 中分离出 cope capacity 部分。

另外，两种风险评估方法通常联系在一起使用，图 11.2 中所示为前向风险评估方法，具体过程包括三个步骤：危险因素分析，确定危险因素的时间和空间分布特点，强度和持续时间等。例如，水位及流速、风力大小。其中，更为重要的是分析灾害发生的概率,通常用超越概率计算。图11.3回顾性分析框架包括以下内容:首先,估算灾害损失;其次,进行暴露分析,对人口和资产暴露情况进行量化分析,分析承灾体的fragility(sensiitility或者susceptibility),量化过程就是建立剂量–响应函数关系;最后,进行风险分析,即风险=损失×概率(Mechler,2005)。

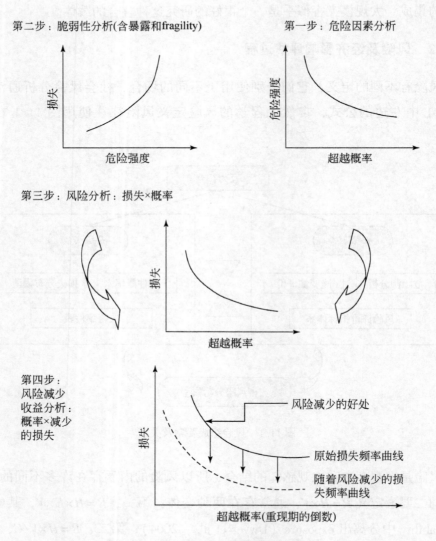

图11.2 风险损失分析的前瞻性分析框架

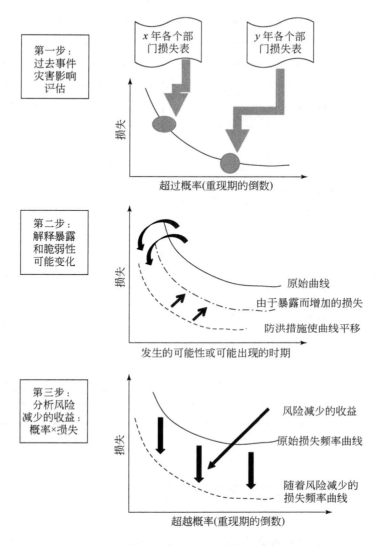

图 11.3　风险损失分析的回顾性分析框架

图 11.3 中，x 年和 y 年需要核算的内容见表 11.1（Mechler，2005）。

表 11.1　减轻风险避免的损失总表

项目	货币损失		非货币损失	
	直接	间接	直接	间接
社会家庭			● 伤亡的数量 ● 受伤的数量 ● 疾病的数量	● 疾病的增加 ● 压力的症状

续表

项目	货币损失		非货币损失	
	直接	间接	直接	间接
经济				
私人部门 家庭	房屋受损或毁坏	工资的减少、购买力的减少		贫穷的增加
公共部门 ➢ 教育 ➢ 健康 ➢ 水和污水 ➢ 电 ➢ 交通 ➢ 紧急加速	资产毁坏或损坏：建筑、路、机械等	基础设施服务的减少		
经济部门 ➢ 农业 ➢ 工业 ➢ 商业 ➢ 服务业	资产毁坏或损坏：建筑、机械、作物等	由于生产减少产生的损失		
环境			自然栖息地的流失	生物多样性的影响
总和				

11.2 灾前风险损失预估与灾后调查统计

本书研究及其他相关研究发现，对同次灾害直接经济损失和间接经济损失评估结果存在差别，有时候差别很大，存在这种差异的原因：①选取模型差异；②影响经济系统的角度差异，即前向连接传导机制和后向连接传导机制的差异；③部门细化程度差异；④部门闭合边界差异等。虽然，本书研究发现评估结果的相对性较稳定，目前的数据及处理能力下能够指导灾害管理实践，但是，这种差异可能导致对评估结果适用性的产生怀疑，所以未来研究的目标是依靠获取多源及高精度数据同时进行估算结果的不确定性分析以提高估算的精度。

11.2.1 洪涝灾害风险损失预估

洪涝灾害风险损失预估过程如图 11.4 所示，事件发生的不确定性、衰减性、建筑的脆弱性和信息的不完整性相结合，产生建筑物损失评估的不确定性。为了提高讨论的明确性，由事件发生（OR）的不确定性产生的影响进一步地从现场危险性和建筑脆弱性（SV）所形成的不确定模型产生的影响中分离出来。SV 不确定性也被称为损失不确定性事件，这是我们首先要解决的问题（Wong et al.，2000）。

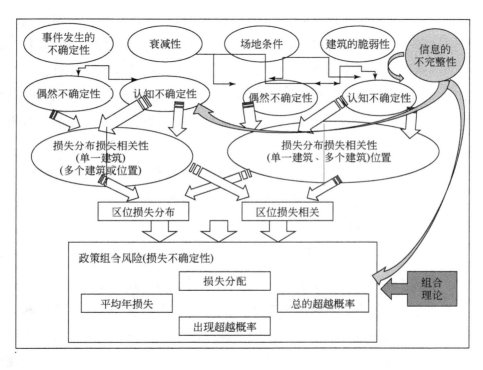

图 11.4 洪涝灾害损失评估过程

假设给定一个事件，衰减性、建筑物脆弱性和信息不完整性所导致的损失不确定性可以分为两种：偶然不确定性和认知不确定性。偶然不确定性导致某地建筑损失发生概率上的变化，因此建筑物损失存在不确定性，损失变化符合某种概率分布。将这种效应称为重点分布式损失。认知不确定性的影响更加复杂，它能通过形式单一建筑或者复合建筑来描述，谈及单一建筑的损失，认知不确定性更能促使损失的分散。它拓宽了损失的分布范围。谈及多个位置上的建筑群时，由于某一事件的发生，认知的不确定性会导致产生建筑物损失的相关性（即某一地点的损失高于平均水平时，那么不同的但与之相关的地点产生的损失同样很高）。产生损失相关性的主要因素是地理条件（位于同一土壤类型区域中的建筑）、建筑脆弱性、地质条件和事件发生的偶然性，认知效应的关系在图 11.4 中有详细说明。

通过 OR 不确定性模型来确定所产生的效应，这在目前假定 SV 不确定性为 0 的情况下是有利的。若给定一个已经发生的特定事件，那么建筑物的损失将会是确定的。这一确定的损失称为 L_i，其中 i 表示特定事件。建筑物损失是具有或然性的，它对应于一个事件，该事件的发生受泊松过程的控制，平均年损失记为 AAL，值等于 λ_i 乘以 L_i，其中 λ_i 表示事件发生概率。事件发生概率解释了事件发生的偶然性。当概率本身不确定时（即模型参数的认知不确定性，一个事件两个事件甚至更多事件发生的概率不确定性等），事件年发生率会有所不同，因此最终损失的概率分布会受影响。尤其是平均年损失，它是任意的，由平均年损失的均值和平均年损失的方差决定：

$$\overline{AAL} = \overline{\lambda_i} L_i \text{ 和 } Var(AAL) = \sigma_{\lambda_i}^2 L_i^2 \tag{11.1}$$

式中，$\overline{\lambda_i}$ 和 σ_{λ_i} 分别为事件发生概率的均值和标准差。如果把 SV 不确定性归并这个计算中则式 (11.1) 变为

$$\overline{AAL} = \overline{\lambda_i} \overline{L_i} \text{ 和 } Var(AAL) = \overline{\lambda_i}^2 \sigma_{L_i}^2 + \overline{L_i}^2 \sigma_{\lambda_i}^2 + \sigma_{\lambda_i}^2 \sigma_{L_i}^2 \tag{11.2}$$

式中，$\overline{L_i}$ 和 σ_{L_i} 分别为由 SV 不确定性产生的建筑损失的均值和标准差。

在一个类似的但更加复杂的方法中，事件发生的超越概率（OEP）和总超越概率（AEP）的阈值因为事件发生的不确定性，而从一个确定值发展成一个概率。其中，细节过于冗杂而不在这里作详述，可以这么说，更高层次的建筑损失概率的变化速率更快；严重的自然灾害不造成巨大损失，这是罕见的，另外这些事件的相关数据比较缺乏。

至此，不确定性中的偶然性和认知性要素造成损失的分散性，认知要素还导致产生了损失相关性，损失相关性增加了多个建筑和组合建筑总损耗的范围，反过来，这些效应也影响了决策参数，如平均年损失、超越概率和分配的损失。

11.2.2 灾后损失调查法

灾后损失评估通常用实地调查的方法，通常要设计详细的调查问卷，调查

问卷内容要针对具体洪涝灾害特点和当地经济发展水平，调查问卷设计涉及灾害影响的时空边界及灾害管理的整个阶段。附录列出了具体调查问卷设计案例（Islam，1997），该调查问卷分别针对家庭和工业企业损失状况设计。

11.3 经济系统尺度界定及直接损失的表达

11.3.1 经济系统尺度界定

用于灾害损失分析的投入产出表尺度包括空间尺度和部门详细程度。目前，投入产出表编辑的空间地域尺度见表11.2。

表11.2 不同地域尺度的投入产出表

空间尺度	地区	文献
城市	Buffalo, New York State	Cole（1987，1999）
社区	Community in Idaho	Robinsn（1991）、Robison 等（2010）
市区和郊县	Districts and Countries in Chicago Metropolitan Area	Hewings 等（2010）
国家	51 State in US	Jackson 等（2006）、Schwarm 等（2006）
	荷兰	Bockarjova（2004）
	澳大利亚	West（1990）
国际区域	欧盟	Hoen（2002）
	东南亚	IDE-JETRO（2006）
国家地区混合模型	东亚、东南亚和中国的区域	Development Studies Center 和 IDE-JETRO（2007）
世界模型	最大范围包括189个国家和区域	Leontief（1974）、Leontief 等（1977）、Duchin（2004）、Duchin 和 Lange（1994）

在洪涝灾害损失评估实践中，往往存在投入产出表的区域范围与洪涝灾害受灾地域范围不一致问题，所以，编制合适的尺度的投入产出表成为损失评估的关键问题之一。尽管表1.2所列显示不同尺度的投入产出表均能编制，但是，就中国地域特点，本书认为以县域为基本单元更为合理。因为，比较而言，我国县域内地形起伏不大，降水与河流条件相似，传统的省级单元面积过大，其内的种自然条件（如气象、地形、人口和经济水平等）在同一省内的不同部分

差异较大，这种差异不利于灾害管理，难以发挥具体单元的特殊潜力，乡镇级单元的面积往往较小，相关的基础数据（如气象数据、社会统计数据等）难以获取，而县级单元的相关基础统计数据丰富，内部社会经济环境条件较一致，县与县之间的差异也相对较明显，并且政府部门的相关灾害治理政策大都也是以县域为基本单元的，故以县域为基本研究单元最为合适。

确定了合适的基本单元后，另外一个关键技术难点是划分合适的部门数量。一般原则是，经济发达地域部门数尽量多，相对落后地域部门数量可以少些。

11.3.2 直接经济损失在评估模型中的表达

如前所述，在进行洪涝灾害间接经济损失评估时候，直接经济损失在投入产出或者社会核算矩阵中的表达方式对结果有很大影响，洪涝灾害风险要素与投入产出表结合成为损失评估必须考虑的重要问题。以下以 Bockarjova（2004）论文中提到的方法为例对这个问题进行分析。Bockarjova 认为区域之间的投入产出数据，尽管涉及了经济活动的诸多方面，但是，投入产出表仍然没有任何空间位置信息，不能反映经济关系的地域联系。因此，她把代尔夫特水力学提供水文模型（HIS-SSM，荷兰洪涝灾害管理信息系统–死亡和损失估计模块，in Dutch：hoogwater informatiesysteeem schzde-en slachtoffer）的产出与投入产出表用 GIS 进行连接，提出一个整合水文和社会经济要素概念框架，经济数据使用 D&B 数据集，它含 SBI 编码，用这个与地理位置的 x 和 y 坐标对应，使它成为有地理坐标的经济数据，整合的过程如图 11.5 所示。

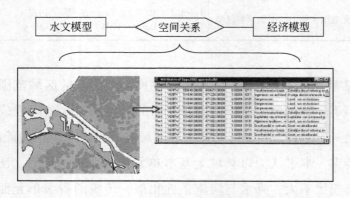

图 11.5　水文–经济耦合模型及空间和经济数据之间的联系

灾害可以影响需求或者供给，Bockarjova 构建了洪涝灾害影响人力资本的间接损失评估模型，通过计算洪涝灾害影响就业人数的比例，在假定就业与总产出成比例条件下，计算洪涝灾害总损失，其计算过程如图 11.6 所示。

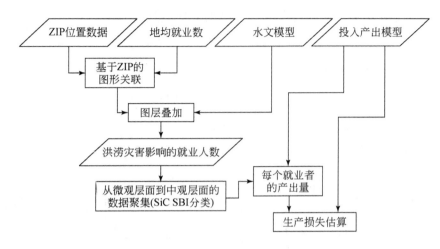

图 11.6 数据整合与洪涝灾害损失评估过程

11.4 评估模型和评估过程改进

众多研究者从数学和经济适用性方面对灾害损失评估模型方法进行了理论论证，这些为灾害损失评估方法改进提供了基础。

11.4.1 评估模型改进

Miller 和 Blair（2009）对传统的经济影响评估模型改进进行了分析，提出典型的 IO 扩展模型主要是假设提取法（HEM）和结构分解分析（SDA）。

（1）假设提取模型（HEM）

HEM 进行经济影响评估包括三个步骤。

第一，部门提取前的总产出。假设构建了分块的投入产出系数矩阵，部门 1 代表待评价重要性的部门，部门 2 代表其他部门，结果子矩阵 A_{11} 就是 1 行 1 列的矩阵，A_{12} 是 1 行 $n-1$ 列矩阵，A_{21} 是 $n-1$ 行 1 列的矩阵，A_{22} 是 $n-1$ 行 $n-1$ 列的矩阵。

$$A = \begin{bmatrix} A_{11} & \cdots & A_{12} \\ \vdots & \vdots & \vdots \\ A_{21} & \cdots & A_{22} \end{bmatrix} = \begin{bmatrix} A_{11} & A_{12} \\ A_{21} & A_{22} \end{bmatrix} \tag{11.3}$$

以上公式用分块矩阵形式求得的列昂惕夫逆矩阵是

$$B = (I-A)^{-1} = \begin{bmatrix} H & \cdots & HA_{12}a_{22} \\ \vdots & \vdots & \vdots \\ a_{22}A_{21}H & \cdots & a_{22}(I+A_{21}HA_{12}a_{22}) \end{bmatrix} \tag{11.4}$$

式中，$H = (I - A_{11} - A_{12}a_{22}A_{21})^{-1}$，$a_{22} = (I - A_{22})^{-1}$

用对应的分块矩阵形式表示的影响分析可以表示为

$$X = \begin{bmatrix} X_1 \\ \vdots \\ X_2 \end{bmatrix} = \begin{bmatrix} H & \cdots & HA_{12}a_{22} \\ \vdots & \vdots & \vdots \\ a_{22}A_{21}H & \cdots & a_{22}(I+A_{21}HA_{12}a_{22}) \end{bmatrix} \begin{bmatrix} F_1 \\ \vdots \\ F_2 \end{bmatrix} \tag{11.5}$$

它计算突发事件发生前需求变化导致的总产出变化，它没有考虑突发事件对经济系统技术系数的影响。

第二，提取部门后的总产出。假设某种突发事件导致部门1完全倒闭，这样它与其他部门的关联影响完全消失。于是，用分块矩阵形式表示的直接消耗系数矩阵为

$$A^e = \begin{bmatrix} 0 & \cdots & 0 \\ \vdots & \vdots & \vdots \\ 0 & \cdots & A_{22} \end{bmatrix} \tag{11.6}$$

根据特殊分块对角矩阵的逆矩阵求解方法，求得的 A^e 的列昂惕夫逆矩阵是

$$B^e = \begin{bmatrix} I & \cdots & 0 \\ \vdots & \vdots & \vdots \\ 0 & \cdots & a_{22} \end{bmatrix} \tag{11.7}$$

和上面同样处理，用修正的列昂惕夫逆矩阵和分块形式的最终需求提出部门之后的产出为

$$X^e = \begin{bmatrix} X_{11}^e \\ \vdots \\ X_{22}^e \end{bmatrix} = \begin{bmatrix} I & \cdots & 0 \\ \vdots & \vdots & \vdots \\ 0 & \cdots & a_{22} \end{bmatrix} \begin{bmatrix} F_1 \\ \vdots \\ F_2 \end{bmatrix} \tag{11.8}$$

第三，剔除部门之后的产出影响。通过比较剔除部门前和剔除部门后的产出，可以计算剔除部门之后的产出变化，即

$$\Delta X^e = \begin{bmatrix} X_1 - X_1^* \\ \vdots \\ X_2 - X_2^* \end{bmatrix} = \begin{bmatrix} H-I & \cdots & HA_{12}a_{22} \\ \vdots & \vdots & \vdots \\ a_{22}A_{21}H & \cdots & a_{22}A_{21}HA_{12}a_{22} \end{bmatrix} \begin{bmatrix} F_1 \\ \vdots \\ F_2 \end{bmatrix} \quad (11.9)$$

式（11.9）是部门 1 重要性的测度，因为它去掉了部门 1 的前向、后向和内部的关联影响，这种简单的有无假设分析方法也叫做产业完全破产情景分析法，这似乎是分析自然或者人为灾害影响的合理的方法，但是，整个部门完全倒闭情况是极端的情况，实际上灾害只是影响部门的部分生产能力。例如，洪涝灾害只是影响产业中的位于洪涝灾害区的那些公司，而其他公司可能影响小或者没有影响。Robinson 等（2010）使用部分提取法分析畜牧业对密苏里州的重要意义。这种方法通常的做法是比例下调影响部门销售或者购买，其他部门的需求再不能得到满足，这得靠进口。像完全假设提取法一样，部分假设提取法也是用原来的消耗系数矩阵和部分提取的直接消耗消耗系数，即

$$\Delta X^e = (I-A)^{-1}\Delta F - (I-A^e)^{-1}\Delta F = [(I-A)^{-1} - (I-A^e)^{-1}]\Delta F \quad (11.10)$$

这两个影响结果的差反映缺失一些公司生产活动的完全前向影响和后向影响。

（2）结构分解分析法（SDA）

灾害发生时候，往往部门之间的技术关系系数和最终需求都发生改变。假如想比较经济系统在突发事件发生前和突发事件发生后的两个特殊阶段产出的变化，设定基本情景见表 11.3。

表 11.3　结构分解情景模式

结构	项目	突发事件动态	
		突发事件前（1）	突发事件后（2）
分解途径	生产技术	B_1	B_2
	最终需求	F_2	F_1

$$\Delta X = X_2 - X_1 = (I-A_2)^{-1}F_2 - (I-A_1)^{-1}F_1 \quad (11.11)$$

进一步假定突发事件不影响价格，要分析总产出的改变多大部分是由于结构改变，多大部分是由于最终需求的变化。现在用两种方式计算产业活动的改变：

1) 突发事件后的列昂惕夫逆矩阵和突发事件前的最终需求 (B_2/F_1)

$$\Delta X = B_2(F_1+\Delta F)-(B_2-\Delta B)F_1 = \Delta B F_1 + B_2 \Delta F \quad (11.12)$$

2) 突发事件前的列昂惕夫系数变化和突发事件后的最终需求

$$\Delta X = (B_1+\Delta B)F_2 - B_1(F_2-\Delta F) = \Delta B F_2 + B_1 \Delta F \quad (11.13)$$

但是，考虑的时间参照点存在前瞻性和回顾性的差别，这对产业部门产出的改变结果产生影响。所以，往往采取这种方法求其平均值，

$$\Delta X^d = \frac{1}{2}\Delta B(F_1+F_2) + \frac{1}{2}(B_1+B_2)\Delta F \quad (11.14)$$

右边第一项反映技术系数变化，第二项反映最终需求变化。实际上，技术系数变化还可以继续分解为各个部门的变化。根据 $S_2=(I-A_2)^{-1}$，得到

$$S_2(I-A_2) = I = B_2 - B_2 A_2 \quad (11.15)$$

右边等式继续乘上 B_1 并经过整理得到

$$B_2 B_1 - B_1 - B_2 A_2 B_1 \quad (11.16)$$

同样的方法可以得到

$$B_2 B_1 - B_1 - B_2 A_1 B_1 \quad (11.17)$$

两个等式相减得到

$$\Delta B - B_2 - B_1 + B_2 A_2 B_1 - B_2 A_2 B_1 = B_2 \Delta B B_1 \quad (11.18)$$

技术系数矩阵的改变（ΔA）能够表示为

$$\Delta A = \Delta A^1 + \Delta A^2 + \cdots + \Delta A^j \quad (11.19)$$

注意此处 ΔA^j 包含 ΔA 的第 j 列，其余都为 0，即

$$\Delta A^j = \begin{bmatrix} 0 & \cdots & \Delta a_{1j} & \cdots & 0 \\ \vdots & \ddots & \vdots & \ddots & \vdots \\ 0 & \cdots & \Delta a_{nj} & \cdots & 0 \end{bmatrix} \quad (11.20)$$

把公式代入部门产出变化公式得到

$$\begin{aligned} \Delta X^d &= \frac{1}{2}B_2 \Delta A^1 B_1(F_1+F_2) \quad &\text{changes due to sector 1} \\ &\quad \frac{1}{2}B_2 \Delta A^{21} B_1(F_1+F_2) \quad &\text{changes due to sector 2} \\ &\quad \vdots \quad &\vdots \\ &\quad \frac{1}{2}B_2 \Delta A^n B_1(F_1+F_2) \quad &\text{changes due to sector n} \\ &\quad \frac{1}{2}(B_1+B_2)\Delta F \quad &\text{changes due to final demand} \end{aligned} \quad (11.21)$$

式（11.21）可以分解总产出变化为不同部门的变化和最终需求的变化（Muldrow and Robinson，2014）。

（3）考虑人类适应性行为活动的影响

地区自适应投入产出灾害损失评估（ARIO）模型自出现以来，在许多灾害损失评估中得到广泛应用，其核心的建模思想是把人类的行为因素加入投入产出分析中，从而减小了投入产出表对需求和产出刚性的假定的影响。ARIO模型中加入的是灾后人类生产适应行为对灾后损失的影响，投入产出模型主要分析了生产瓶颈和人类扩产行为要素多整个经济活动的影响，主要过程如图11.7所示（Koks，2015）。

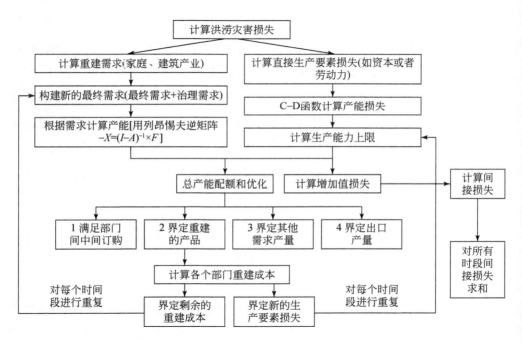

图11.7 地区灾害自适应投入产出模型主要步骤

（4）基于投入产出闭合模型的研究

基于投入产出的灾害损失评估研究，需要进一步把开放的投入产出模型变成部分闭合的投入产出模型，把家庭作为地区经济的内生变量，因为家庭经济行为在很多方面受洪涝灾害的影响。例如，财产损失、健康损失生活成本增加和工作日损失。此外，家庭也是劳动力供应的重要部门，能够引起经济部门的波及效应。

投入产出局部闭模型介于投入产出开模型和投入产出闭模型之间,是指将部门最终需求内生化的投入产出模型,其通过两种途径实现,一种是将居民消费内生化,另一种是将固定资产形成内生化。在原本投入产出开模型的基础上,将居民部门作为一个生产部门纳入中间流量的矩阵中。居民部门对各部门的投入(行)是各部门支付的劳动报酬及通过利润分配给居民的收入,即居民从各部门得到的总收入,居民部门的列是居民部门对各种消费品和劳务的消费额。

将居民消费纳入内生部门是因为居民消费是劳动力再生产链条上的重要环节,是拉动社会生产服务活动的起点,是社会经济活动的基本依据和条件。劳动力则是各部门不可或缺的投入要素,部门劳动成果用于居民消费,以实现劳动力的再生产。社会通过劳动报酬的支付与居民对产品、服务的购买,使居民的收入与消费关联起来,成为拉动生产、推动社会经济运行的重要组成部分,此外,劳动报酬与材料、动力的相似,与产出大致上具有线性关系,居民劳动报酬对各部门生产具有连锁反应,即劳动报酬增加后,居民对各部门产品和劳务的需求必然随之而扩大,从而刺激各部门生产的发展,这种连锁反应在通常的投入产出开模型中反映不出来,可以利用投入产出局部闭模型反映出来。

将居民纳入生产部门后,投入产出开模型中的直接消耗系数矩阵变成如下:

$$A^* = \begin{bmatrix} a_{11} & \cdots & a_{1n} & a_{1,n+1} \\ \vdots & & \vdots & \vdots \\ a_{n1} & \cdots & a_{nm} & a_{n,m+1} \\ a_{n+1,1} & \cdots & a_{n+1,n} & a_{n+1,n+1} \end{bmatrix} 0 = \begin{bmatrix} A & C \\ W^{*\prime} & c \end{bmatrix} \quad (11.22)$$

式(11.22)中,$W^{*\prime}$为居民从各部门所得到的收入系数行向量;C为居民收入中各部门产品的消费额的比例;c为居民对居民的支付系数。在扩展的A^*基础上,可以计算扩展的完全消耗型系数矩阵$B^* = (I-A^*)^{-1} - I$和扩展的完全需要系数矩阵$\tilde{B} = (I-A^*)^{-1}$,$(I-A^*)^{-1}$不仅反映了最终需求通过中间投入而引起的对各部门产品的直接和间接的需求,而且反映了由居民收入增加引起的对各部门产品的需求。令

$$\tilde{B}^* = (I-A^*)^{-1} = \begin{bmatrix} \tilde{B}^*_{11} & \tilde{B}^*_{12} \\ \tilde{B}^*_{21} & b^* \end{bmatrix} \quad (11.23)$$

则称$\tilde{B}^*_{21}$为完全收入系数向量,其元素表示单位最终需求(不包括居民消费)变

化对各部门产品收入的完全的影响；$\tilde{B}_{12}^*$为居民部门单位收入所完全诱发的全社会所有部门的产出量。若扩展的直接消耗系数矩阵中$c=0$，则$\tilde{B}_{21}^* = W^{*\prime}\tilde{B}_{11}^*$，因为$A$和$A^*$均是列和小于1的非负元素矩阵，所以，$(I-A^*)^{-1} = I + A^* + A^{*2} + A^{*3} + \cdots$，并可以证明$\tilde{b}_{ij}^* \geq \tilde{b}_{ij}$（$i, j = 1, 2, \cdots, n$），这样得出的灾害损失评估值更能反映经济系统的受灾状况。

11.4.2 综合影响的评价

前文分别从需求减少和供给不足两个方面，对洪涝灾害对经济系统的影响进行了分析，实际上，洪涝灾害不仅单独在两个方面对经济系统产生影响，而且可能同时对经济活动产生干扰。前几章讨论的三个模型（减少需求、供应侧和产出侧）都是作为单独的模型提出的。例如，第4章和第5章，每个模型基本对应不同类型的扰动。例如，洪涝灾害导致工人无法上班而造成的作业停工是一个供应输入问题，影响了工业生产产出的能力。它可以通过输出扰动（q）来求解。供应方价格波动涉及投入产出的增值部分增加所引起的价格上涨或产业产出价格的直接变化（扰动p或z^*），另外，将外生最终需求的需求侧扰动应用于需求减少情况，消费者往往会谨慎行事，减少消费（扰动c^*），在一个单一的危险事件中，所有的扰动都可能发生，未来需要探讨如何使用减少需求、供应侧和产出侧模型，以及数量模型和价格模型对经济部门相互依赖而产生的影响程度进行分析，有必要解决所有类型的扰动，把输出端模型处理为两种类型：①最终需求和输出扰动；②增加值和输入扰动。这样输出侧模型就存在混合外生模型和内源模型两种，同时也需要构建两种序贯建模方法：①产出量–供给价格序列；②供给价格–最终需求量序列。只有通过全面分析这些复合影响才能估算出合理的灾害损失值。

主要参考文献

Bockarjova M. 2004. Major Disasters in Modern Economies: an Input Output Based Approach at Modeling Imbalances and Disproportions. Enschede: VU University Amsterdam.

Box G E P. 1976. Science and statistics. Publications of the American Statistical Association, 71 (356): 791-799.

Cole S. 1987. Growth, Equity and dependence in a de-industrializing city region. International Journal of Urban and Regional Research, 11 (4): 461-477.

Cole S. 1999. In the spirit of miyazawa: Multipliers and the metropolis// Geoffrey J D, Sonis H M, Madden M, et al. Understanding and Interpreting Economic Structure. Berlin: Springer.

Development Studies Center, Institute of Developing Economies-Japan External Trade Organization (IDE-JETRO). 2007. Transnational Interregional Input-Output Table between China and Japan, 2000. Asian International Input-Output Series, No. 68. Tokyo: Development Studies Center, IDE-JETRO.

Duchin B F, Lange G M. 1994. The Future of the Environment. New York: Oxford University Press.

Duchin B F. 2004. International trade: Evolution in the thought and analysis of wassily Leontief.

Dietzenbacher E, Lahr M L. 2004 Wassily Leontief and Input-Output Economics. Cambridge, UK: Cambridge University Press.

Dwyer A, Zoppou C, Nielsen O, et al. 2004. Quantifying Social Vulnerability: A Methodology for Identifying Those at Risk to Natural Hazards. Canberra: Geoscience Australia.

Erik D, Lahr M L. 2013. Expanding extractions. Economics Systems Research, 25 (3): 341-360.

Harry W, Gordon P, James E, et al. 2007. The Economic Costs and Consequences of Terrorism. Cheltenham, UK: Edward Elgar.

Henry R M, Miller J R. 1988. Cross-hauling and nonsurvey input-output models: Some lessons from small-area timber economies. Environment and Planning A, 20 (11): 1523-1530.

Henry R M. 1997. Community input-output models for rural area analysis with an example from central Idaho. Annals of Regional Science, 31 (3): 325-351.

Hewings G J D, Mahidhara R. 1996. Economic impacts: Lost income, ripple effects, and recovery// Changnon S. The Great Flood of 1993. Boulder: WestView Press.

Hewings G J D, Okuyama Y, Sonis M. 2010. Economic interdependence within the Chicago metropolitan area: A miyazawa analysis. Journal of Regional Science, 41 (2): 195-217.

Hoen A R. 2002. An input-output analysis of European integration. Amsterdam: Elsevier Science.

Institute of Developing Economies-Japan External Trade Organization (IDE-JETRO). 2006. Asian International Input-Output Table 2000. Vol. 1 "Explanatory Notes" (IDE Statistical Data Series No. 89). Chiba (Tokyo): IDE-JETRO.

Islam K M N. 1997. The Impacts of Flooding and Methods of Assessment in Urban Aresas of Banggladesh. London: Middlesex University.

Jackson R W, Schwarm W R, Okuyama Y, et al. 2006. A method for constructing commodity by industry flow matrices. Annals of Regional Science, 40 (4): 909-920.

Koks E E. 2015. Integrated direct and indirect flood risk modeling: Development and sensitivity analysis. Risk Analysis, 35 (5): 882-900.

Leontief W. 1974. Structure of the world economy: Outline of a simple input-output formulation. American Economic Review, 64: 823-834.

Leontief W, Carter A P, Petri P A. 1977. The Future of the World Economy. New York: Oxford University Press.

Mechler R. 2005. Cost-benefit Analysis of Natural Disaster Risk Management in Developing Countries. Berlin: Deutsche Gesellschaft für Technische Zusammenarbeit GmbH.

Miller R, Blair P. 2009. Input-Output Analysis: Foundations Extensions of Input-Output Analysis. Cambridge: Cambridge University Press.

Muldrow M, Robinson D P. 2014. Three Models of Structural Vulnerability: Methods, Issues, and Empirical Comparisons. San Antonio, TX: Paper presented at the 2014 Annual Meeting of the Southern Regional Science Association.

Piet B, Oosterhaven J. 1992. A double-entry method for the construction of bi-regional input-output tables. Journal of Regional Science, 32 (3): 269-284.

Robinson D P, Johnson T J, Mishra B. 2010. The Importance of Animal Agriculture to the Missouri Economy. Columbia: Community Policy Analysis Center, University of Missouri.

Robison M. 1991. Central place theory and intercommunity input-output analysis. Papers in Regional Science, 70 (4): 399-417.

Schwarm W R, Jackson R W, Okuyama Y. 2006. An evaluation of method for constructing commodity by industry flow matrices. Journal of Regional Analysis and Policy, 36 (4): 909-920.

West G R. 1990. Regional trade estimation: A hybrid approach. International Regional Science Review, 13 (1-2): 103-118.

Wong F S, Chen H Y, Dong W. 2000. Uncertainty Modeling For Disaster Loss Estimation. http://www.iitk.ac.in/nicee/wcee/article/0364.pdf [2015-07-15].

附录
洪涝灾害经济损失调查问卷表

第1部分——家庭损失

基本资料：

1. 户主姓名_____
2. 父亲的姓名_____
3. 填卷人姓名_____

   （如果与户主不同）

4. （a）填卷人的性别　　　　　男　　1
   　　　　　　　　　　　　　　女　　2

   （b）文化水平　　　　　　　受过教育　1
   　　　　　　　　　　　　　　文盲　　　2

5. 地址（持有编号/街道）_____

房屋特征（1988年）：

6. 住宅类型

   （a）墙体的构成材料

稻草、竹子	1
泥	2
木材	3
混凝土、砖	4
其他	5　详细说明_____

   （b）底层地板的构成材料

泥	1
混凝土、水泥	2
其他	3　详细说明_____

（c）屋顶的构成材料

稻草、竹子	1
木材	2
混凝土、砖	3
其他	4　详细说明＿＿＿＿＿＿

7. （a）外墙总长度　　　＿＿＿＿＿＿（ft①）

　　（b）中间墙总长度　　＿＿＿＿＿＿（ft）

　　（c）建筑物主要部分的年龄（1988年）

0~5年	1
6~10年	2
11~20年	3
21~50年	4
>50年	5

8. 外部条件（通过目视评估）

破旧的	1
一般的	2
较好的	3

9. 你是这栋房子的主人吗？

是	1
不是	2

10. 你住在这栋房子多久了？
　　＿＿＿＿＿年

11. 家庭居住的面积和楼层

	现在	1998年
（a）现场建筑数量	＿＿＿	＿＿＿
主建筑		
（b）层数	＿＿＿	＿＿＿
（c）地面面积（ft²②）	＿＿＿	＿＿＿
（d）地板面积（ft²）	＿＿＿	＿＿＿

---

① 1ft≈0.3048m。

② 1ft²≈0.0929m²。

(e) 休憩用地面积（ft²）　　　_____　　_____

(f) 总建筑面积（ft²）　　　　_____　　_____
　　（所有建筑物）

(g) 天花板面积（ft²）　　　　_____　　_____

12. 在1988年的情况下，该房产的市场价值约为多少？

　　一楼　　_____

　　（仅建筑）

洪涝灾害经验

13. 自从你住在这里以来，这房子（房子里面）被淹过多少次了？

　　　　_____

1988年洪水

14. (a) 在1988年的洪水中，你房子的最大洪水深度是多少？

　　　　_____（in①）

(b) 房子里进了多久的洪水？

　　　　_____（天）

(c) 在1988年发洪水时，你的房子的楼层高度是多少？

　　　　_____（in）

(d) 自1988年洪水后，你是否提高楼层高度？

　　　　是　　　1
　　　　否　　　2

(e) 如果有的话，现在的楼层高度是多少？

　　　　_____（in）

(f) 你有没有采取其他措施（自1988年洪水以来）来防止洪水淹进你的房子？

　　　　有　　　1
　　　　没有　　2

(g) 如果有采取，是什么？（逐字记录）

　　　　_____

　　　　_____

_____

① 1in＝2.54cm。

洪涝灾害的直接损失

A 房屋结构

15. 深度和持续时间的界限值

    （a）洪水在楼层以上的什么高度开始损坏您的财产（无论洪水持续时间多短）？

        （i）房屋结构_____（in）

        （ii）库存资产_____（in）

    （b）你的房产在损坏前被淹没多少天？（无论洪水的深度多少）

        （i）房屋结构_____（in）

        （ii）库存资产_____（in）

16. 1988年的洪水对你建筑结构造成了什么损害？

    是   1

    不是   2

    如果是，

17. 损后价值是多少？   金额

    （a）地板   _____（Tk）

    （b）墙   _____（Tk）

    （c）屋顶   _____（Tk）

    （d）围墙   _____（Tk）

    （e）设备   金额

        气   _____（Tk）

        电   _____（Tk）

        水   _____（Tk）

        其他   _____（Tk）

    （f）共计   _____（Tk）

18. 房子的结构有什么问题吗？（塌陷、潮湿、腐烂）

    有   1

    没有   2

    如果有，

    是什么样的问题（逐字记录）？

    _____

    _____

19. 在你进行的所有建筑修缮中，你是自己做的，还是付钱给工人做的？个人贡献是

什么？[通过 17（a）、（b）、（c）、（d）、（f）的部分回答，然后加起来]

	是	不是	不适用	%	不适用	你自己
	1	2	-8	—	-8	
雇佣者	1	2	-8	—	-8	

20. （a）你是否已完全完成洪水造成损坏的修缮和更换？

是	不是	不适用	已修复百分比	不适用
1	2	-8	___	-8

（b）你修复这项工作花了多长时间？

恢复时长_____（月）

（c）如果尚未完全修复，你预计还需要多久才能完成 1988 年洪水破坏的剩余修复工作？

_____（月）

不适用　　　-8

不确定　　　-9

（d）你能告诉我们为什么要花这么长时间吗（如果是这样的话）？（逐字记录）

_____

_____

_____

B 清理费用

21. 1988 年洪水过后，打扫房子花了多长时间？

_____天

22. 洪水过后，你是自己做清理工作还是付钱给工人去做？

自己、家庭成员	1
工人	2
混合	3
不适用	-8

23. 在清理工作（修复工作除外）上花费的额外时间是多少？你能估计清理费用是多少吗？

	人（天）	花费（TK）	不适用
（i）自己、家庭成员	_____	_____	-8
（ii）工人	_____	_____	-8

　　　　(iii) 总计　　　　　　_____　　　_____　　　-8

C 资产清单

24. 在 1988 年洪水发生时，你是否拥有下列物品？它们的价值是多少？如果一件物品被洪水损坏，损后价值是多少（修复或更换的费用，如你已经完成的，还有工作要做吗）？

国内的	拥有数量	价值	损后价值
收音机			
电视机			
冰箱			
影像播放机			
磁带录音机			
录像带、磁带盒			
电工			
缝纫机			
刀具			
器具			
炉子、炊具			
其他			
小计			

家具	拥有数量	价值	损后价值
陈列柜（木）			
沙发组（木）			
书架（木头）			
地毯			
垫子			
抽屉柜（木）			
抽屉柜（钢制）			
衣柜（木材）			
衣柜（钢）			
餐桌（木头）			
餐椅（木）			
梳妆台（木头）			

单人床（木头）

双人床（木）

阅读桌（木）

阅读椅（木）

圆桌（木）

园椅（木）

窗帘

其他

小计

交通工具	拥有数量	价值	损后价值
小船			
手推车			
自行车			
黄包车			
汽车、黄包车			
摩托车			
汽车、公共汽车、卡车			
其他			
小计			

私人物品	数量	价值	损后价值
衣			
书			
装饰品			
化妆品			
食物储备等			
其他			
小计			
总计			

（稍后计算）

25. 我现在想让你们考虑一下将来可能发生的洪水。根据您 1988 年的洪水经验，您能否估计如果发生以下四种假设洪水情景，对以下每个部分造成的潜在损失是多少？（参照 1988 年洪水损失价值的百分比）

（注：首先确定，1988年洪水可能与下列洪水情景之一相匹配，然后在其他三种情况下进行估计–参照问题17、23、24）。

(a) 房屋结构

洪水情景	深度	持续时	参照1988年洪水损失价值的百分比
1	2	7	_____
2	2	14	_____
3	4	7	_____
4	4	14	_____

1988年的情况＝100

(b) 清理费用

洪水情景	深度	持续时间（天）	参照1988年洪水损失价值的百分比
1	2	7	_____
2	2	14	_____
3	4	7	_____
4	4	14	_____

1988年的情况＝100

(c) 库存资产损失

洪水情景	深度	持续时间	参照1988年洪水损失价值的百分比
1	2	7	_____
2	2	14	_____
3	4	7	_____
4	4	14	_____

1988年的情况＝100

26. (a) 你有否遗失无法替代的东西？

　　　　是　　　1
　　　　否　　　2

(b) 如果是，是什么

项目	是	否	不适用
(i) 照片	1	2	-8

(ii)	证书	1	2	-8
(iii)	文档	1	2	-8
(iv)	古董	1	2	-8
(v)	其他	1	2	-8

D 健康与压力

27. (a) 你认为洪水影响了你或你家人的健康吗？

    是　　　1

    否　　　2

    不确定　8

    如果是，

    (b) 有多少家庭成员受到影响？

    _____ Nos

    (c) 有什么问题？影响有多严重？将影响按照以下程度从0（无影响）至5（最大影响）进行划分：

    _____

    0　1　2　3　4　5

    (i) 疾病暴发　　　　　　（代码0~5）

    (ii) 精神压力和抑郁　　　（代码0~5）

    (iii) 受伤　　　　　　　（代码0~5）

    (iv) 其他　　　　　　　（代码0~5）

28. (a) 在水浸期间或在水浸后不久，你认为你的家人有否直接还是间接因为水浸死亡？

    是　　　1

    否　　　2

    (b) 如果是，死亡家庭成员的数量

    _____数量

    (c) 请提供任何此类死亡的详细情况

    _____

29. (a) 与1988年水浸前的6个月比较，你是否认为在水浸期间及水浸后6个月的家庭医疗开支是

    相同　　　1

    更高　　　2

更低　　　　　　3

(b) 与水浸前比较，有多少百分比差异？
　　　_____%

(c) 你家平时的月平均医疗费用是多少？
　　　_____ (TK)

30. 下面是人们经常对洪水发表的一些看法。你同意还是不同意？

　　同意 –1　　　不同意 –2　　　不确定 –3

(a) 我们习惯了洪水，所以我们很少担心它们的发生_____
(b) 下大雨时我们很担心_____
(c) 当暴风雨来临的时候我们很害怕_____
(d) 当下大雨时，我们会检查河水的水位_____
(e) 当洪水在全国其他地区发生时，我们开始担心_____
(f) 当邻近地区开始发生洪水时，我们非常担心_____
(g) 当我们意识到洪水的可能性时，我们会储备燃料、干粮和其他物资_____
(h) 我们觉得我们无能为力，这是真主的行为，我们必须与它一起生活_____

31. 我们还有没有讨论过的对你家庭的其他影响吗？

　　　　　有　　　1
　　　　　没有　　2

如果有，是什么？

项目	价值（TK）	损后价值（TK）
(i) 树，水果树	_____	_____
(ii) 畜禽渔业	_____	_____
(iii) 其他、其他房屋	_____	_____

32. 总之，你认为洪水对你的健康和财产造成多大的风险？（代码0，无风险；5，对于非常高的风险）

(a) 健康
　　_____（代码0~5）_____
　　0　　1　　2　　3　　4　　5

(b) 财产
　　_____（代码0~5）_____
　　0　　1　　2　　3　　4　　5

警告

33. (a) 在1988年的洪水中，你被警告过洪水的可能性吗？

       是   1

       否   2

  如果是，

(b) 你是否被警告有下列任何一种可能性？

	是	否	NA
水开发委员会	1	2	−8
洪水部	1	2	−8
商会	1	2	−8
其他政府部门	1	2	−8
警察	1	2	−8
地方当局	1	2	−8
自治市	1	2	−8
地区官员	1	2	−8
乌兹别克斯坦、萨那当局	1	2	−8
红十字会	1	2	−8
媒体（无线电、电视）	1	2	−8
其他（具体说明）	1	2	−8

(c) 你收到警告信息时有何反应？

  相信信息 1

  一点不信 2

  不确定   3

  不知道   4

  不适用   −8

34. 你在洪水进入你的房产前多少小时被警告过？

  之前_____（h）

  NA   −8

  感知（非正式警告）

35. 不考虑官方发出的任何警告，你能感觉到洪水将要发生吗？

      是   1

                否   2
            如果是，

36. 你是如何意识到洪水将要发生的可能性的？（提到三个最重要的来源）
    通过
        读报纸   1
        雨水过多   2
        邻近地区水浸   3
        附近河流水位上升   4
        来自朋友、亲戚的信息   5
        老一辈的印象   6
        大鼠的迁徙   7
        其他   8
        不适用   -8

37. 在洪水发生之前多少小时你意识到洪水将在你所在地区发生？
        _____   (h)
        不适用   -8

38. 你知道洪水进入你的城镇需要多少小时开始进入你自己的财产？
        _____   (h)
        不适用   -8

损失调整与社会联系

39. （a）你的房屋总价值中有多少比例是有风险的？（请参阅问题24中提供的检查列表）
            _____ （%）
    （b）根据先前正式的或非正式的洪涝灾害警告经验，你是否采取任何行动来减少潜在的损害？
                是   1
                否   2
            如果是，
    （c）你有否把一些家居用品搬到较安全的地方？
                是   1
                否   2
            如果是，

(d) 你移搬走的可能被淹的用品占房屋总价值的多少比例？（请参阅问题 24 中提供的检查列表）

_____%

(e) 你主要把这些财产搬到哪里？

到

	是	否	%
房屋、建筑物内	1	2	___
当地拥有的房屋	1	2	___
其他地区拥有房屋	1	2	___
当地的邻居	1	2	___
当地的朋友	1	2	___
其他地区的朋友	1	2	___
当地的亲戚	1	2	___
其他地方的亲属	1	2	___
公共建筑	1	2	___
救济营	1	2	___
不适用	−8		

(f) 贵国为减少潜在损害采取了哪些其他行动？（逐字记录）

_____

_____

(g) 你能否估计所避免的损害赔偿总额（如果有的话，包括的内容和其他方面）？

_____（TK）

40. 你能告诉我们你在 1988 年洪水期间的主要职业是什么吗？（代码按职业代码）

职业代码		职业代码	
零售（自有）	1	人力车夫	14
零售业（就业）	2	汽车、卡车司机	15
批发（自有）	3	拉车机	16
批发（受雇）	4	船夫	17
小型工业（自有）	5	其他运输工人	18
美国工业（就业）	6	教育	19
大型工业（自有）	7	农业工人	20

工业（就业）	8	有偿服务	21
承包人	9	有偿家务劳动	22
传教工作	10	失业的	23
木匠	11	退休的	24
其他非农业革命工作	12	家庭主妇	25
运输业务	13	其他（具体说明）	26

(a) 你当时是否有任何其他附属职业吗？

　　　　　是　　　　1
　　　　　否　　　　2

　　如果是，

(b) 是什么？

　　　　_____

41. (a) 在1988年水浸时，你家中有多少人住在这间屋内？

	NO	Earner No
孩子们	_____	_____
成年人——健全的	_____	_____
——残疾的	_____	_____
总数	_____	_____

(b) 你能告诉我你家里所有来源的年收入是多少吗？

　　　　_____ （TK）

42. (a) 1988年水浸（及其后果）对任何家庭成员（包括你自己）的就业、收入有否影响（正面或负面）？

　　　　　是　　1
　　　　　否　　2

　　如果是，

(b) 在就业和收入方面对你的家庭有什么影响？

	就业 增加、减少的天数	收入 增加、减少的数额
所有家庭成员（包括你自己）		
洪水期间	_____	_____
洪水之后	_____	_____

（增益+ve，损耗-ve）

43. 1988 年洪水过后，你如何弥补财产和收入损失？

来自……的支持	是	否	%
政府援助	1	2	___
储蓄	1	2	___
附属职业收入	1	2	___
家庭成员收入	1	2	___
雇主贷款	1	2	___
机构来源贷款	1	2	___
亲友贷款	1	2	___
减少消费（基本商品）	1	2	___
减少消费（豪华马桶）	1	2	___
保险	1	2	___
其他	1	2	___
不适用	−8		

44. 你认为在你的城镇洪水之后，作为短期效应，你的？

 （a）就业机会

   保持不变（代码0）_____

   下降（%）_____

   增加（%）_____

   不确定（代码9）_____

 （b）收入

   保持不变（代码0）_____

   下降（%）_____

   增加（%）_____

   不确定（代码9）_____

 （c）食品消费

   保持不变（代码0）_____

   下降（%）_____

   增加（%）_____

   不确定（代码9）_____

 （d）购买工业物品

   保持不变（代码0）_____

　　　　下降（%）　　　　_____
　　　　增加（%）　　　　_____
　　　　不确定（代码9）　_____
　（e）食品价格
　　　　保持不变（代码0）_____
　　　　下降（%）　　　　_____
　　　　增加（%）　　　　_____
　　　　不确定（代码9）　_____
　（f）工业项目价格
　　　　保持不变（代码0）_____
　　　　下降（%）　　　　_____
　　　　增加（%）　　　　_____
　　　　不确定（代码9）　_____
　（g）农业活动中的工资率
　　　　保持不变（代码0）_____
　　　　下降（%）　　　　_____
　　　　增加（%）　　　　_____
　　　　不确定（代码9）　_____
　（h）工业活动中的工资率
　　　　保持不变（代码0）_____
　　　　下降（%）　　　　_____
　　　　增加（%）　　　　_____
　　　　不确定（代码9）　_____

45. 人们常说，商人利用洪水泛滥的不正常局面，囤积和人为制造必需品短缺，牟取暴利。

你对这一关于1988年洪水的说法同意或不同意？请按比例将您的意见表示为完全同意（编码5）到完全不同意（编码0）

　　完全不同意0　　1　　2　　3　　4　　5 完全同意

撤离

46. 在1988年洪水期间或之后，你或你的任何家庭成员是否为了一个更安全的地方撤离你的房子？

　　　　　是　　　　1

否　　　　2

如果是，

(a) 谁转移到了安全的地方？

整个家庭　　　　　　1

除你之外的人　　　　2

一些成员　　　　　　3

(b) 撤离了多久？

_____（天）

(c) 搬迁到哪个主要地点？

在其他地方拥有房屋　　1

在这个地方拥有房子　　2

这个地方的邻居　　　　3

这个地方的朋友　　　　4

其他地方的朋友　　　　5

这个地方的亲戚　　　　6

其他地方的亲属　　　　7

公共建筑　　　　　　　8

救济营　　　　　　　　9

不适用　　　　　　　 −8

47. (a) 洪水期间，你是否帮助过任何人进行疏散或其他救援行动？

是　　　　　　　　　　1

不，我忙于我自己的事　2

不，我不够健康　　　　3

不，不需要　　　　　　4

如果是，

(b) 你帮助了谁？

	是	否
同样是'bari'的亲戚	1	2
其他'bari'的亲属	1	2
'gusti'内的亲戚	1	2
为你工作的人	1	2
朋友	1	2

邻居	1	2
不认识的人	1	2

(c) 你提供了什么样的帮助？

	是	否
移动人员或运送货物	1	2
治疗疾病	1	2
在我家提供庇护所	1	2
向受害者提供食物	1	2
组织救灾	1	2
清理受害者的房子	1	2
财政援助	1	2
其他	1	2
不适用	−8	

(d) 你是否得到其他人的帮助、支持？

    是   1

    否   2

如果是，

(e) 接受何种类型的帮助、支持？

	是	否
在搬运我的家人、货物时	1	2
在接受医疗帮助时	1	2
在别人家里避难	1	2
在接受食物时	1	2
在清理工作中	1	2
财政援助	1	2
其他	1	2
不适用	−8	

(f) 你认为，与正常时间相比，洪水期间的社区精神会变得怎么样？

    提高   1

    降低   2

    相同   3

    不确定   −9

(g) 在1988年水浸期间，如果你曾协助水灾灾民进行疏散或救援行动，你为何要这样做？

	是	否
道德满足	1	2
社会义务	1	2
宗教义务	1	2
政治目标	1	2
商业	1	2
不确定		−9

(h) 如果你住在多层大厦的单位，你会否准备在水浸期间协助住在一楼的住户？

是的，当然	1
是的，可能	2
不见得	3
不确定	−9

如果是，

(i) 您准备提供什么类型的帮助？

	是	否
把物品放在我家	1	2
家庭成员庇护所	1	2
提供食物	1	2
为他们做饭	1	2
其他（具体说明）_____	1	2

(j) 在1988年的水浸中，上一层的居民有否挺身而出，协助下一层的居民？

是的，全部	1
是的，很多	2
是的，一些	3
非常少	4
没有	5
不知道	−9

(k) 在1988年水浸期间，你认为居住在该地区的社会中较富裕和富裕阶层的角色为何？

尽力帮助	1
提供有限的帮助	2
很少出现	3
一点也没有站出来	4
不确定	−9

48. （适用：1993年山洪暴发时的 Q（a&b）；q（1991年潮汛）

现在最后，根据你在1991~1993年度最后一次水浸中所受损害的经验，你可否将下列各项所受损害的总额（单位%）分别按水浸、水流速度、风暴和盐度划分：

损坏百分比

	结构	库存资产	其他
(a) 仅淹没（正常速度）			
(b) 水的速度			
(c) 暴风			
(d) 盐污染			

&&&&&&&&&&&&&&&&&&&&&&&&&&&&&&&&&&&&&&&&&&&&&&&&&&&&&&

第2部分——工商企业损失

基本信息

<u>企业</u>

1. （a） 企业名称_____
   （b） 地址_____
   （c） 商业活动类型（详情）_____
   _____
   _____
   （d） 被调查者的职位
      老板 1
      经理 2
   （e） 被调查者的文化程度
      受过教育 1

文盲　　2

洪涝灾害经历

2. （a）这个企业有自己的经营场址吗？

　　　　　　　是的　　1

　　　　　　　没有　　2

（b）这项业务、活动在这里进行了多少年？

_____年

（c）在过去的 10 年里，这个地方（不一定在主楼内）有多少次被淹没（或者你在这里开始营业不到 10 年）？

_____

1988 年洪水

3. （a）1988 年洪水的最大水深是多少？

_____（英寸）

（b）洪水在你房里停留了多久？

_____（天）

（c）在 1988 年洪水的时候你公司的楼层高度是多少？

_____（英寸）

（d）自 1988 年洪水以来，你有没有提高楼面高度？

　　　　　　　是的　　1

　　　　　　　没有　　2

如果是

（e）现在的楼层高度是多少？

_____（英寸）

（f）你有采取任何其他措施以防止洪水灌入的你的经营场址？

　　　　　　　是的　　1

　　　　　　　没有　　2

如果是，那是什么（逐字记录）

_____

_____

建筑和结构

4. 楼层面积和楼层数　　　　　现在　　　1988 年
   （a）建筑物数量　　　　　_____　　_____
   主要建筑物
   （b）楼层数　　　　　　　_____　　_____
   （c）地面面积（ft²）　　　_____　　_____
   （d）地板面积（ft²）　　　_____　　_____
   （e）休憩用地面积（ft²）　_____　　_____
   （f）总预售面积（ft²）　　_____　　_____
   （g）天花板空间面积（ft²）_____　　_____
   墙（一楼）
   （a）外墙总长度　　　　　_____　　_____
   （b）内墙总长度　　　　　_____　　_____
   （c）墙体主要成分（％）
       （ⅰ）稻草、竹　　　_____　　_____
       （ⅱ）CI 片　　　　 _____　　_____
       （ⅲ）混凝土、砖　　_____　　_____

5. （a）地板（底层）主要构成
       （ⅰ）混凝土、水泥　　1
       （ⅱ）泥　　　　　　　2
       （ⅲ）其他（指定）　　3_____
   （b）屋顶主要成分（％）
       （ⅰ）稻草、竹　　　_____
       （ⅱ）CI 片　　　　 _____
       （ⅲ）混凝土、砖　　_____

资本输出周转率和就业率

6. 你的业务、行业固定投资的近似值是多少？
   （建筑、机器设备和固定装置——不是土地，是位于底层）
   （ⅰ）现在
   （a）建筑　　　　　_____
   （b）机械、设备　　_____
   （c）其他　　　　　_____

(d) 总共 _____

(ⅱ) 1988

(a) 建筑 _____

(b) 机械、设备 _____

(c) 其他 _____

(d) 总共 _____

7. 你的营运资金的价值是多少（全年的平均水平，包括投入、完成和未完成的货物（不包括信贷、现金或银行））？

(ⅰ) 现在

(a) 股票的投入 _____

(b) 完工、未完成工的货物 _____

(c) 总共 _____

(ⅱ) 1988 年

(a) 股票的投入 _____

(b) 完工、未完成工的货物 _____

(c) 总共 _____

8. 你每月的平均产出值是多少？

现在 _____

1988 年 _____

9. 你每月的平均工作时间是多少？（工作量）

	工作量	
	现在	1988 年
(a) 家庭、个人	_____	_____
(b) 长期聘请	_____	_____
(c) 短期聘请	_____	_____
(d) 总共	_____	_____

10. 你能告诉我们你们工人的平均工资是多少吗？

	工资率	
	现在	1988 年
(a) 长期聘请（Tk/每天）	_____	_____
(b) 短期聘请（Tk/每天）	_____	_____

11. 你估计的产出、营业额中有多少是净收入？

	现在	1988 年
比例（%）	_____	_____

直接损失

1988 年洪水

A 建筑结构

12. 在 1988 年的洪水中，你的建筑结构有什么直接的损坏吗？

    是的 1

    没有 2

如果是的

13. 损失的价值是多少？

 （a）楼层 数量（Tk）_____

 （b）墙体 数量（Tk）_____

 （c）屋顶 数量（Tk）_____

 （d）设施

   气 _____

   电 _____

   水 _____

   其他 _____

   总共 _____

恢复

14. 这一切都是你自己做的，还是你付钱给工人？各自的比例是多少？

	是的	没有	NA	%
（a）家庭、个人	1	2	-8	____
（b）普通工人	1	2	-8	____
（c）临时工	1	2	-8	____

15. （a）你是否已完全修复及更换因洪水而造成的损失？

是的	没有	NA	恢复%
1	2	-8	_____

 （b）完成修复工作需要多长时间？

   恢复期（月）_____

 （c）如果尚未完成修复工作，你预计会在多长时间内完成对 1988 年洪水损害的剩余修复工作?

  月数 _____

  不适用 -8

  不确定 -9

(d) 为什么要用这么长的时间(如果是这样的话)?(逐字记录)

_____

_____

B 清理成本

16. (a) 洪水结束后,你自己做清理工作还是付钱给工人做?

  (ⅰ) 个人、长期工人 1

  (ⅱ) 雇用临时工 2

  (ⅲ) 混合 3

(b) 你估计的清理工作的费用总共是多少?

	人工天数	花费 Tk	不适用
(ⅰ) 个人、长期工人	_____	_____	-8
(ⅱ) 雇用临时工	_____	_____	-8
(ⅲ) 总共	_____	_____	-8

(c) 在洪水过后,清理房屋需要多长时间?

  _____ 天

C 机械和设备

17. 你在这些地方有任何损失吗?

	是的	没有	花费	不适用
机械、设备	1	2	_____	-8
其他	1	2	_____	-8
总共	1	2	_____	-8

成本:参见手册

D 股票损失

18. 你在这些地方有任何损失吗

	是的	没有	成本	不适用
R/M 和其他投入	1	2	_____	-8
未完成的产品	1	2	_____	-8
制成品(股票出售)	1	2	_____	-8

总共		1	2	____	−8

19. 你能确定1988年洪水对你的财产造成的长期直接影响吗？你是否也可以提供成本估算来克服这些影响？

	是的	没有	费用代码	费用	NA
（a）基本损坏	1	2			−8
（b）墙体裂缝	1	2	_____	____	−8
（c）地板裂缝	1	2	_____	____	−8
（d）屋顶裂缝	1	2	_____	____	−8
（e）石膏衰变	1	2	_____	____	−8
（f）油漆褪色	1	2	_____	____	−8
（g）CI片生锈	1	2	_____	____	−8
（h）木制品腐烂	1	2	_____	____	−8
（i）总共	1	2	_____	____	−8

费用代码：

费用不包括在以前的估计中＝1

费用包括在以前的估计中＝2

费用没有产生（没有做好）＝3

潜在的直接损失

<u>深度和持续时间的界限值</u>

20. （a）洪水漫到什么高度以上的楼层开始破坏你的财产（无论洪水持续的时间是多久）？

   （ⅰ）对机械等　　_____（in）

   （ⅱ）对库存　　　_____（in）

 （b）在洪水期间，从什么时候开始洪水会破坏你的财产（无论洪水的深度是多少）？

   （ⅰ）对机械等　　_____（天）

   （ⅱ）对库存　　　_____（天）

21. 现在我想让大家想想未来可能发生的洪水，根据你1988年洪水的经验你可以估计下列四种假设情况下下列各部分的潜在损失是多少吗？（参照1988年洪水损失的价值%）

 （注：1988年的洪水可能与其中的一种洪水情景相匹配——先确定之后再进行其他三种情况的估计——参见问题第14、17、18、19）

  （a）房屋结构

洪水场景	深度（m）	时间（天）	参照1988年洪水损失价值的百分比
1	2	7	_____
2	2	14	_____
3	4	7	_____
4	4	14	_____

1988 的洪水情况 = 100

(b) 清污费

洪水场景	深度（m）	时间（天）	参照1988年洪水损失价值的百分比
1	2	7	_____
2	2	14	_____
3	4	7	_____
4	4	14	_____

1988 的洪水情况 = 100

(c) 机械和设备损坏

洪水场景	深度（m）	时间（天）	参照1988年洪水损失价值的百分比
1	2	7	_____
2	2	14	_____
3	4	7	_____
4	4	14	_____

1988 的洪水情况 = 100

(d) 存货的损失

(i) 原材料

洪水场景	深度（m）	时间（天）	参照1988年洪水损失价值的百分比
1	2	7	_____
2	2	14	_____
3	4	7	_____
4	4	14	_____

1988 的洪水情 = 100

(ii) 半成品和成品

洪水场景	深度（m）	时间（天）	参照1988年洪水损失价值的百分比
1	2	7	_____
2	2	14	_____
3	4	7	_____
4	4	14	_____

1988 的洪水情 = 100

间接损失(1988年洪水)

22. 除了直接损坏你的建筑、厂房、机械等，在1988年的洪水中生产或经营有遭受到任何中断吗？

      是的 1

      没有 2

  如果是

23. 洪水是否导致了使你生产停产（天数）？

  如果是，持续了多久？

                _____天

24. （a）如果洪水真的发生的话，你能告诉我你需要花多长时间才能恢复部分生产经营活动（例如恢复正常运行大于0%小于100%）？

                _____天

  （b）在部分生产期间，你平均的正常胜场经营活动的比例是多少？（从你开始生产经营活动到你完全回到原始状态时的平均产量）

                _____%

修缮

25. 你能不能稍后弭补上你刚才提到的全部和部分关闭的业务、生产？

      能   1

      不能 2

26. 如果能

  那么最终能回收的占全部损失中的多少呢？在这个过程中所涉及的额外费用（如果有的话）是多少呢？

  （a）生产损失恢复% _____

  （b）额外费用（Tk） _____

  不适用   −8

注：估计第一个工作日，加班等相关费用，随后相加成额外费用

潜在的间接损失

27. 根据你刚刚指出的1988年的经验，你能估计一下在以下洪水深度和持续时间下你的生产经营活动将受到怎样的影响？

洪水场景	深度（m）	时间（天）	关闭天数		部分生产期的平均（%）
			完全地	部分地	
1	2	7			
2	2	14			
3	4	7			
4	4	14			

28. 你认为在全部关闭和部分生产过程中，你可能会损失的业务、生产可以恢复吗？

     可以   1

     不可以 2

29. 如果可以

请估计在下列情况下，可能会出现的损失的业务、生产的比例，这个过程中还需要额外的费用吗？

洪水场景	深度（m）	时间（天）	可能恢复（%）	额外费用（Tk）
1	2	7		
2	2	14		
3	4	7		
4	4	14		

可转移能力和分支机构

30. 这个企业有其他的分公司或者场址有生产、经营活动吗？

     是的 1

     没有 2

31. 如果是的，你可以将你任何一个中断的活动转移到这些场所中的任何一个吗？

     是的 1

     没有 2

32. 如果是这样的话，你在1988年的洪水中可以转移到这些场址上的损失产量的百分比是多少？

            _____%

33. 你能告诉我你的买主在多大程度上依赖你吗？（他们能轻易地转投你的竞争对手吗？）

现在

	是的	没有	NA
高	1	2	-8
中	1	2	-8

	是的	没有	NA
低	1	2	−8
完全不会	1	2	−8

1988 年

	是的	没有	NA
高	1	2	−8
中	1	2	−8
低	1	2	−8
完全不会	1	2	−8

注意：高 = >50%，中 = 25% ~ 50%，低 = <25%

34. 你能告诉我们你在多大程度上依赖你现在供应商吗？（还有其他供货商可以供你转投吗？）

现在

	是的	没有	NA
高	1	2	−8
中	1	2	−8
低	1	2	−8
完全不会	1	2	−8

1988 年

	是的	没有	NA
高	1	2	−8
中	1	2	−8
低	1	2	−8
完全不会	1	2	−8

注意：高 = >50%，中 = 25% ~ 50%，低 = <25%

35. 如果生产或者进货被洪水导致暂停你能从库存中满足多少天的正常需求？

_____%

36. 如果你不能在洪水过后向你的客户提供你的产品，他们将会有多大比例？

(a) 能依靠他们自己的存货经营他们的业务吗？

_____%

(b) 从你的竞争对手那里购买？

_____%

(c) 被耽搁并且失去生产经营能力？

_____%

37. 你认为你在 1988 年的生产、业务有多少份额被以下的竞争对手抢走？

你所在小镇的竞争对手 _____%

区域内的竞争对手 _____%

其他国家的竞争对手 _____%

外国公司 _____%

不受任何竞争影响造成损失 _____%

区域=其余更大地区

38. 在发生任何一种洪水的情况下，你认为你的生产、业务损失的比例将由下列竞争对手占据多少？

你所在城市的竞争对手 _____%

区域内的竞争对手 _____%

其他国家的竞争对手 _____%

外国公司 _____%

不受任何竞争影响造成损失 _____%

39. 1988年发生的水灾是否导致任何外国或当地的合同被取消？

     是的 1

     没有 2

40. 如果是的，损失的价值是多少？

（ⅰ）当地的 _____（Tk）

（ⅱ）外国的 _____（Tk）

41. 你能告诉我们你们企业目前的产能利用率是多少吗？

_____% 现在

_____% 洪水之前

运输

42. 你是使用何种运输方式将货物运输给你客户的？

	是的	没有	不适用	使用的%	NA
公路	1	2	-8	_____	-8
铁路	1	2	-8	_____	-8
货轮	1	2	-8	_____	-8
船只	1	2	-8	_____	-8
航运	1	2	-8	_____	-8

43. 你在采购产品时一般使用何种运输方式？

	是的	没有	NA	使用的%	NA
公路	1	2	-8	_____	-8
铁路	1	2	-8	_____	-8
货轮	1	2	-8	_____	-8

船只	1	2	−8	_____	−8
航运	1	2	−8	_____	−8

44. 如果你使用的道路被淹没了，你能通过水路来管理你的生意吗？

     是的 1

     没有 2

45. 如果是的

 与道路相比，在多大程度上使用船只

 （a）就资金而言

	是的	没有	不适用	程度%	NA
更昂贵的	1	2	−8	_____	−8
更便宜的	1	2	−8	_____	−8
等价的	1	2	−8	_____	−8
不确定	1	2	−8	_____	−8

 （b）就时间、便利程度而言

	是的	没有	不适用	程度%	NA
有劣势的	1	2	−8	_____	−8
有优势的	1	2	−8	_____	−8
等价的	1	2	−8	_____	−8
不确定	1	2	−8	_____	−8

产业关联（只适用于工业企业）

前向联系（输出）

46. 列出你的主要输出并显示其占总价值的比例

 输出   总价值%

 _____ _____

47. 根据你所知道的，你能确定你的主要产品的最终用途吗？（对于这个问题的回答应该基于团体访谈，包括企业家、管理者及工人等）

最终用途	是的	没有	不适用	比例（%）
消费者	1	2	−8	_____
农民	1	2	−8	_____
工业	1	2	−8	_____
出口	1	2	−8	_____

48. 你通常或者最多在哪里销售你的产品？（回答一个最符合的）

 本城市内   1

本区域内   2

本国家内   3

国外   4

（区域界定为大区）

反向联系（输入）

49. 列出你的主要输入（原材料）并显示其在总使用价值中的比例。

输入	总使用价值（%）
_____	_____

50. 根据你所了解的，你能确定你的主要输入的来源吗？

来源	能	不能	比例（%）
工业	1	2	_____
农业	1	2	_____
进口	1	2	_____

51. 你通常在哪里购买你的输入？

来源

本城市内   1

本区域内   2

本国家内   3

国外   4

52. 如果你不能在洪水期间和之后从你的客户那里购买进货，他们的比例将有多少？

（a）能够卖给你的竞争对手的？

_____%

（b）被耽搁，无法生产、经营？

_____%

53. 除了修理和更换因 1988 年洪水造成的损失之外，你能告诉我们你自 1988 年以来的投资情况吗？

项目	年份	投资（Tk）
购买、更换机器	_____	_____
购买新的建设用地	_____	_____
增加的前期投入	_____	_____
增加工资	_____	_____
其他	_____	_____

54. 你有没有在1988年以后因为同样的原因减少投资、设备？

     是的 1

     没有 2

 如果是的

项目	年份	总共（Tk）
出售旧机器	_____	_____
出售新机器	_____	_____
出售房屋、土地	_____	_____
出售其他资产	_____	_____
减少的前期投入	_____	_____
减少工资	_____	_____
其他	_____	_____

55. 你能描述一下你减少投资的原因吗？（逐字记录）

 _____

 _____

 _____

56. 与1988年洪水之前的6个月相比，洪水之后的6个月（特别是洪水造成的影响）是否相同？

 给出洪水前的百分比：洪水前=100，（不适用=-8）

 （ⅰ）行业收入   _____%

 （ⅱ）对输出的要求   _____%

 （ⅲ）行业就业机会   _____%

 （ⅳ）行业工资率   _____%

 （ⅴ）工业品价格   _____%

警告

57. 在1988年的洪水中，你曾经被警告过洪水的可能性吗？

     是的 1

     没有 2

58. 如果是的

 （a）你是否曾被下列任何一种警告过可能发生的洪水？

	是的	没有
水开发板	1	2
洪水监测部门	1	2

商会	1	2
其他政府部门	1	2
警察	1	2
地方当局	1	2
直辖市	1	2
地方官员	1	2
UZ/Thana 权威机构	1	2
红十字会	1	2
媒体（电视、广播）	1	2
其他（指定）	1	2

（b）在洪水到来之前多久你收到警告？

在_____ h 前

（c）当你收到警告时，你的反应如何？

相信这条信息	1
完全不相信	2
不确定	3
不知道	4
不适用	−8

预测（非正式预警）

59. 不考虑任何官方警告你都能察觉到洪水将要发生吗？

是的	1
没有	2

60. 如果是的

你是怎么意识到洪水发生的可能性？（提出三个重要来源）

通过

阅读报纸	1
雨水过多	2
洪水在邻区	3
附近河流水位上升	4
朋友亲人的消息	5
老一辈的印象	6
老鼠迁徙	7
其他（详细说明）	8

61. 在洪水发生前多少个小时，你意识到洪水将会在你那里发生？

_____ h

62. 你知道洪水进入你的小镇多少个小时后才开始进入你自己的不动产吗？

_____ h

63. 在你收到任何正式或者非正式的消息时

你能设法将你的货物、材料移到一个比较安全的地方吗？

    是的 1

    没有 2

64. 如果是的

下列材料中有多少是你能移到安全的地方？

材料	风险价值（%）	移除项（%）	移除总金额（Tk）	避免潜在损失（Tk）
进货的库存				
输出的库存				
机械、设备				
其他				
总共（稍后计算）				

65. 如果你要把这些货物、材料移走，那么你会把这些东西转到哪里去了？（提出三个重要地方）

移去：

  公司的其他场址 1

  本地自己的房子 2

  外地自己的房子 3

  本地邻居家中 4

  本地朋友家中 5

  外地朋友家中 6

  本地亲戚家中 7

  外地亲戚家中 8

  公共建筑、救济营 9

  不适用 −8

66. 总的来说，洪水改变了你的经营管理，如果没有洪水，你将如何运作？（逐字记录）

_____

_____

_____

67. （适用：问题（a&b）1993年山洪暴发；问题（a, b, c&d）为1991年潮汐洪水）

现在，最后根据你在1991~1993年最后一次洪水中给你造成的损失的经验。你可以将你的全部损失（按照百分比）分成以下几项：水淹、水流速度、风暴及盐度。

占总损失比例（%）

	建筑物结构	机械等设备	库存
(a) 水淹（正常速度）			
(b) 水流速度			
(c) 风暴			
(d) 盐侵			